U0890946

C语言程序设计

蒋安纳　章春芳　**主编**
沈丽容　吴东洋　薛联凤　**副主编**

东南大学出版社
SOUTHEAST UNIVERSITY PRESS
·南京·

内容简介

本书立足国家新工科建设与课程思政育人要求，以培养学生信息素养、计算思维和创新实践能力为根本目标，聚焦C语言核心技术及其在林业领域的创新应用。全书共十六章，通过“基础语法一综合实践”的双轨教学模式，引导学生精研C语言编程精髓，系统培养解决林业实际问题的技术能力。

教材系统解析数据类型、程序结构、指针及文件操作等核心语法，强化易错点剖析与调试实战训练，筑牢编程根基。首创林业场景综合实践模块，依托病虫害传播模拟、林火蔓延模型等综合案例，构建从单文件算法实现到多文件系统工程的进阶路径，全面强化算法设计及工程协作能力，实现从语法认知到系统思维的质变。

本书可作为高等学校计算机、林业信息化等相关专业教材，亦适合作为C语言自学教程及计算机等级考试二级考试参考用书。通过丰富的课后习题与行业级案例，助力读者构建“理论一实践一创新”的能力链条，为智慧林业开发奠定坚实基础。

图书在版编目(CIP)数据

C语言程序设计 / 蒋安纳，章春芳主编. -- 南京 ：
东南大学出版社，2025. 8. -- ISBN 978-7-5766-2216-4

Ⅰ. TP312.8

中国国家版本馆CIP数据核字第2025YA0016号

责任编辑:夏莉莉 **责任校对**:子雪莲 **封面设计**:王 玥 **责任印制**:周荣虎

C语言程序设计 C Yuyan Chengxu Sheji

主　　编 蒋安纳 章春芳
出版发行 东南大学出版社
出 版 人 白云飞
社　　址 南京市四牌楼2号(邮编:210096)
经　　销 全国各地新华书店
印　　刷 丹阳兴华印务有限公司
开　　本 787 mm×1092 mm 1/16
印　　张 22.00
字　　数 504千字
版　　次 2025年8月第1版
印　　次 2025年8月第1次印刷
书　　号 ISBN 978-7-5766-2216-4
定　　价 56.00元

本社图书若有印装质量问题，请直接与营销部联系，电话:025-83791830。

前　言

在生态文明建设上升为国家战略的时代背景下，物联网、大数据与人工智能等新一代信息技术正深度重塑林业发展模式，编程成为驱动林业智能化、实现“数字林草”愿景的核心引擎。面对国家“发展智慧林业”“构建天空地一体化感知体系”的战略需求，我国亟须培育兼具编程能力与林业素养的复合型人才。作为嵌入式控制、高性能计算及林业物联网终端开发的基石语言，C语言直接决定着智能装备的功能边界与系统效能。系统学习C语言，其价值远超语法规则习得本身——它不仅承载着计算机科学的历史积淀，更是理解操作系统、嵌入式架构与性能优化的核心窗口。通过严谨的系统训练，学生将精准掌握结构化、模块化开发思想，高效锤炼抽象建模、算法设计、问题分解及调试能力，从而实质性提升计算思维水平，不仅为掌握Python/Java/C++等现代语言奠基，更能有效应对未来技术变革，赋能智慧林业创新发展。

本书共分为十六章，全面覆盖C语言程序设计的核心知识体系：从基础语法（数据类型、运算符、表达式）、程序结构（选择结构、循环结构），到进阶主题（数组、函数、字符串处理、预处理），再到核心概念（指针、结构体、共用体、链表、文件操作）。特别在第十六章综合案例中，通过多个综合案例（包括病虫害传播模拟、林火蔓延模拟、森林演替模拟、森林资源管理系统、森林火险预测系统等）展示C语言在林业等实际场景中的应用。通过理论与实践的结合，旨在帮助读者将所学知识转化为解决实际问题的能力，为后续专业学习和职业发展奠定坚实基础。

本书由深耕计算机基础教学一线多年、经验丰富的教师团队倾力编写（第一、二、三、七、八、十一至十六章由蒋安纳老师执笔，第四、五章由吴东洋老师完成，第六、九章由章春芳老师完成，第十章由薛联凤老师完成），沈丽容老师提供了大量案例和宝贵意见和建议。全书由蒋安纳老师和章春芳老师审阅。在编撰过程中，我们不仅参考了经典的纸质教材与学术专著，也广泛查阅了高质量的中英文网络学术资源、权威技术文档。我们力求在参考文献中详尽列出所有引用的核心内容，并对这些宝贵知识源泉的作者及贡献者，致以最诚挚的谢意。

为了进一步助力学习者深入掌握C语言知识，提升学习效果，本书特别配备了与之配套的在线课程。学习者可以登录“学堂在线”平台，搜索作者团队精心打造的“程序设计(C语言)”在线课程。该课程将以丰富多样的教学形式、深入浅出的讲解方式，为大家带来更全面、更系统的学习体验，让大家能更好地将书本知识与线上教学相结合，加深对C语言的理解与运用。

尽管编者竭尽所能、精益求精，但受限于信息技术领域的快速迭代特性、教学实践经验的局限，以及成稿时间的约束，书中恐仍有考虑欠周或阐述不足之处。我们热切期望使用本书的师生、广大读者及业内同仁不吝赐教，提出宝贵的批评与建议，以使本书在未来的修订中不断完善，更好地服务于程序设计人才的培养。

编者

2025年4月

目　　录

第一章 引 言

C 语言虽是一门古老的语言，但至今仍活跃在编程语言的舞台之上。它是最常用的单片机编程语言之一，作为一种接近底层硬件的高级编程语言，其允许直接访问物理地址，能够对二进制位、字节和地址进行操作，具有较高的效率和灵活性，广泛用于嵌入式系统开发。随着个人电子消费产品和开源软件的流行，C 语言凭借底层控制和性能方面的优势，成为芯片级开发（嵌入式）和 Linux 平台开发的首选语言。在通信、网络协议、安全渗透、3D 引擎、操作系统、驱动、单片机、手机、PDA（Personal Digital Assistant，个人数字助理）、多媒体处理、实时控制等领域，C 语言正在用一行行代码证明它从应用级开发到系统级开发的强大和高效。

学习 C 语言，不只是能够掌握甚至精通一门程序设计语言，更可以锻炼我们的逻辑推理能力和计算思维能力。通过理解计算机工作原理，提高我们使用计算机解决问题的能力。面对日益发达的信息化社会，当代大学生具备一定的编程能力已成为不可或缺的竞争力。

1.1 C 语言的发展历程

美国贝尔实验室的肯尼斯·汤普森（Kenneth L. Thompson）在 1969 年以 BCPL 语言为基础设计出 B 语言，并用它编写了第一个 UNIX 操作系统。随后，丹尼斯·里奇（Dennis M. Ritchie）对 B 语言进行了改进，最终设计出了 C 语言。最初的 C 语言只是为描述和实现 UNIX 操作系统提供一种工作语言而设计的，谁也没有想到，命运的齿轮就此开始转动。1973 年，肯尼斯·汤普森和丹尼斯·里奇合作把 UNIX 的 90%以上的代码用 C 语言改写，随着 UNIX 的流行，C 语言也自然广为人知。1978 年，布莱恩·克尼汉（Brian W. Kernighan）和丹尼斯·里奇合著了一本名为《C 程序设计语言》（*The C Programming Language*）的书籍，它虽然不是 C 语言的第一个标准，但它对于 C 语言的推广和标准化有着重要的贡献，人们熟知的“Hello, World”程序就是由本书首次引入的。1982 年，软硬件生产商、学者和程序员等相关人士组成了 C 标准委员会，推动 C 语言规范化进程。1983 年，美国国家标准协会 ANSI（American National Standards Institute）开始制定 C 语言标准草案，并于 1989 年正式公布完整的 C 语言标准，即“C89 标准”，也称“ANSI C 标准”。这个标准对 C 语言进行了标准化，使得 C 语言在不同的编译器和平台上有更好的兼容性。1990 年，国际标准化组织 ISO（International Organization for Standardization）接受 C89 作为国际标准 ISO/IEC 9899:1990。1999 年，国际电工委员会 IEC（International Electrotechnical Commission)和国际标准化组织 ISO 联合发布了 C 语言的第二个官方标准 C99。2011 年、2018 年发布的新的 C 语言标准，简称 C11 和 C17(也称为 C18)。C23 则是 C 语言的最新修订版，发布于 2023 年，它引入了一些新的功能和改进，如二进制字面量、属性语法等。

本教材基于 ANSI C 标准，旨在介绍 C 语言的基本语法知识，帮助读者掌握 C 语言编程基础。随着学习的深入和能力的提高，读者可以进一步探索并应用新版 C 语言标准。

1.2 编辑器简介

想要编写代码，就必须搭建编程环境，集成开发环境(Integrated Development Environment, IDE)正是一个专门为程序开发而设计的应用程序，它集成了代码编辑器、编译器(或解释器)、调试器，部分 IDE 还会集成图形界面设计工具和版本控制系统等其他工具。简单而言，你需要安装 Dev-C＋＋、Visual Studio Code、Visual C＋＋、Sublime Text、Code::Blocks，或其他的编辑器来编写 C 语言代码。

1.2.1 Dev-C++简介

Dev-C＋＋是 Windows 环境下的一个轻量级 C/C＋＋集成开发环境，它是免费的、开源的、绿色的，且安装包体积小，支持单个源文件的编辑。虽然 Dev-C＋＋已于 2015 年 4 月停止更新，但仍不妨碍它是一款非常适合初学者使用的软件。下面将逐步介绍在 Dev-C＋＋中编辑、编译和运行 C 程序的方法。

1）下载安装 Dev-C＋＋

可在 sourceforge. net 网站下载该软件，下载完成后双击“Setup. exe”文件进行安装，语言可以选择“Simplified Chinese”。一般按照默认选项安装，安装路径默认在 C 盘，也可以改到其他盘符(如 D 盘)和路径。

2）编辑程序

打开 Dev-C＋＋，在菜单栏中依次选择“文件”|“新建”|“项目”，然后选择“Console Application”，选择“C 项目”，在名称文本框内给项目命名，这里命名为“test”，如图 1. 1 所示。点击“确定”，设置项目保存的位置，使用默认的文件保存类型“. dev”，点击“保存”，项目建立完成，如图 1. 2 所示。项目建立完成就可以编辑程序了，如图 1. 3 所示。编辑完成后可使用快捷键“Ctrl＋S”保存源文件，文件名可以自己命名，但是注意扩展名一定要为“. c”，如图 1. 4 所示。

3）执行程序

在菜单栏中依次选择“运行”|“编译运行”，或单击工具条上“编译运行”按钮，如图 1. 5 所示。程序输出的结果如图 1. 6，按任意键(一般是敲击回车键)关闭运行窗口。

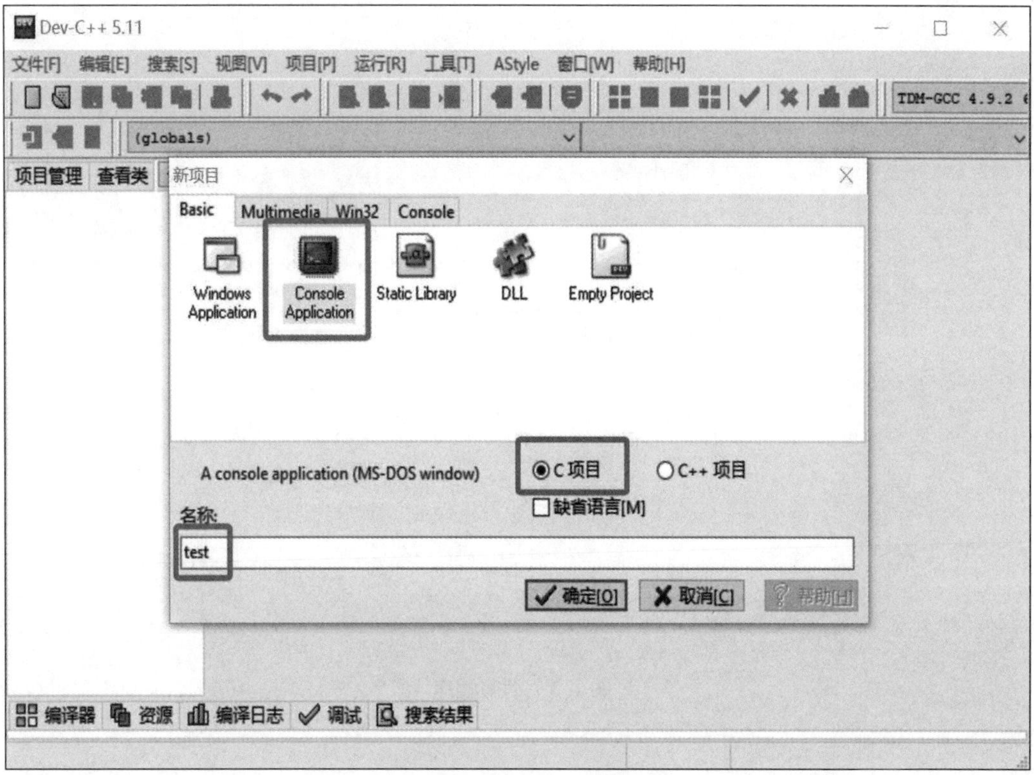

图 1.1 新建一个项目

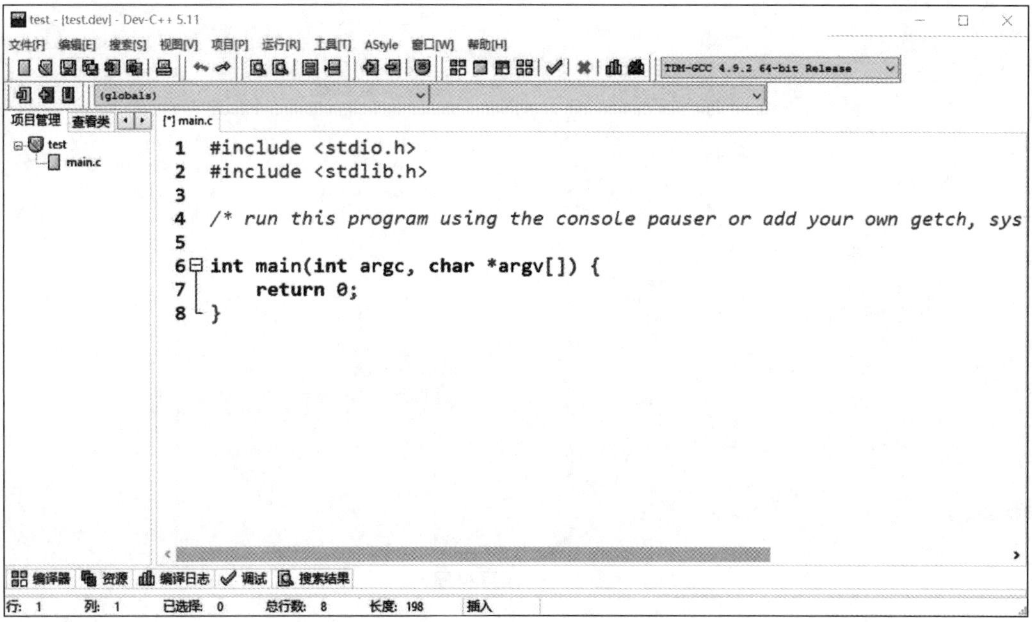

图 1.2 项目建立完成

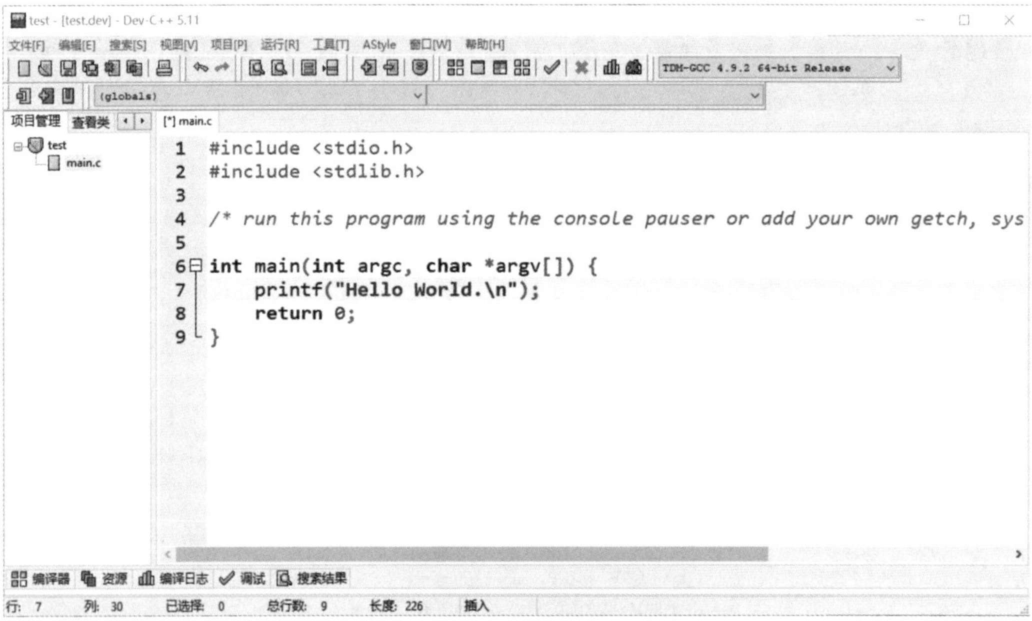

图 1.3　编写程序

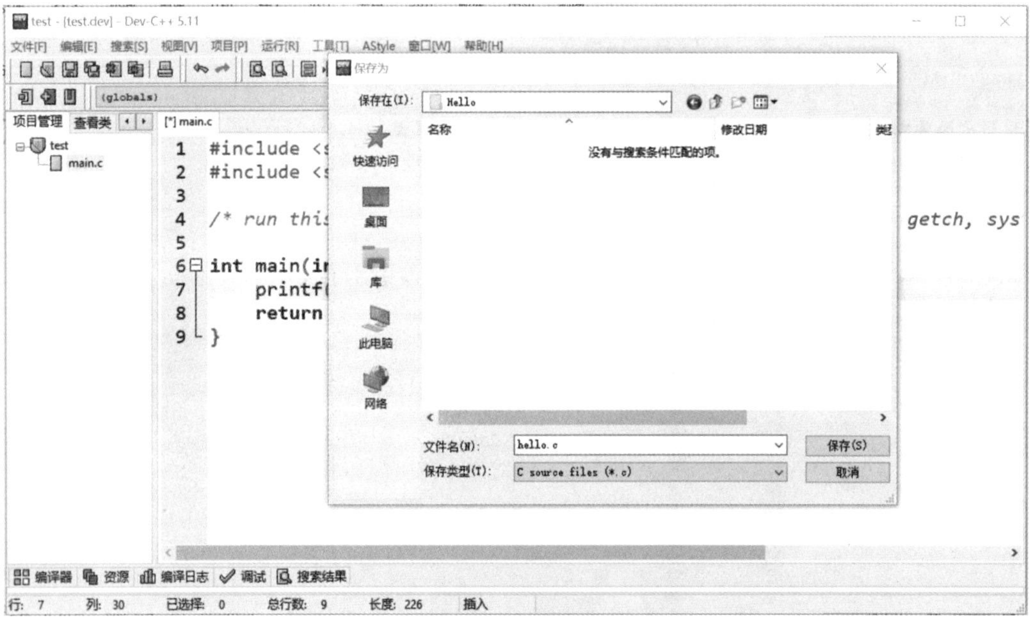

图 1.4　保存程序

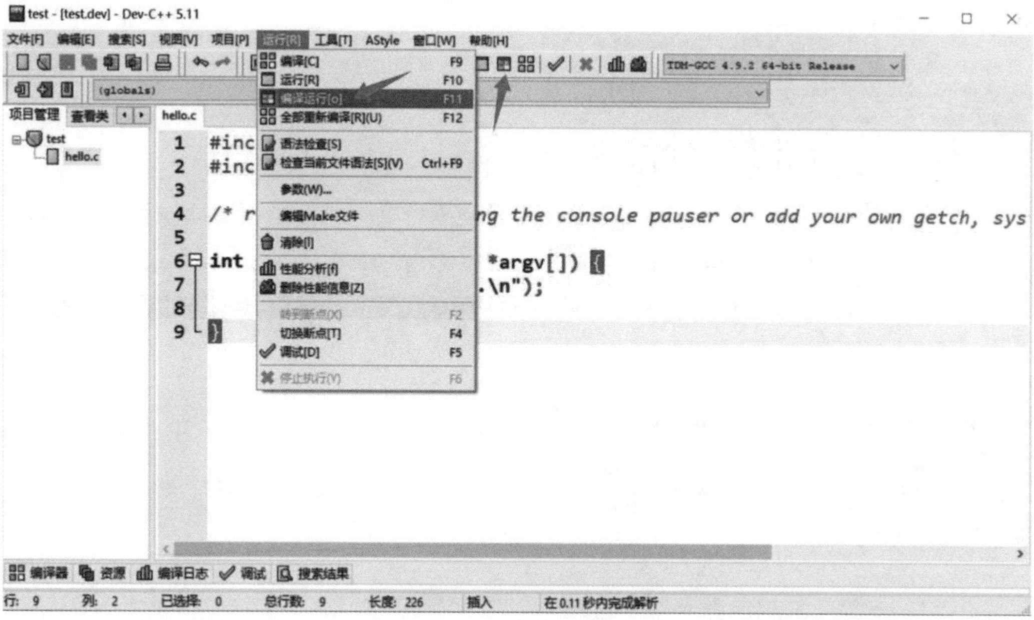

图 1.5 编译运行程序

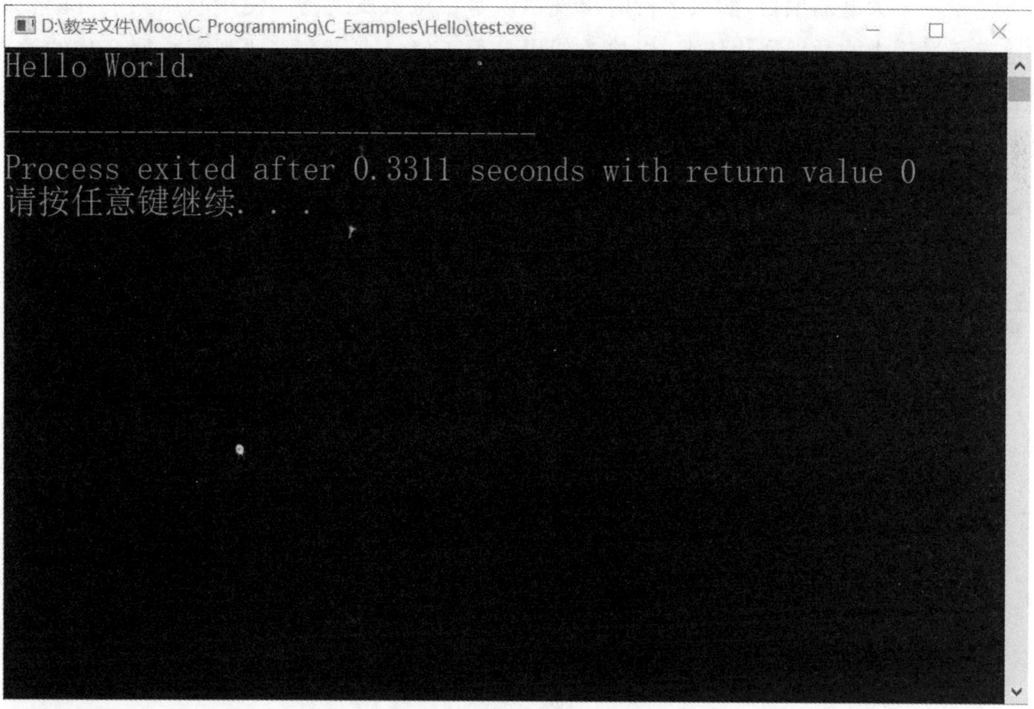

图 1.6 程序运行的结果

程序如果编译出错，则在底部“编译器”窗口会给出提示(如图 1.7 所示)，给出提示信息和出错所在行。修改之后，需要重新进行编译调试。

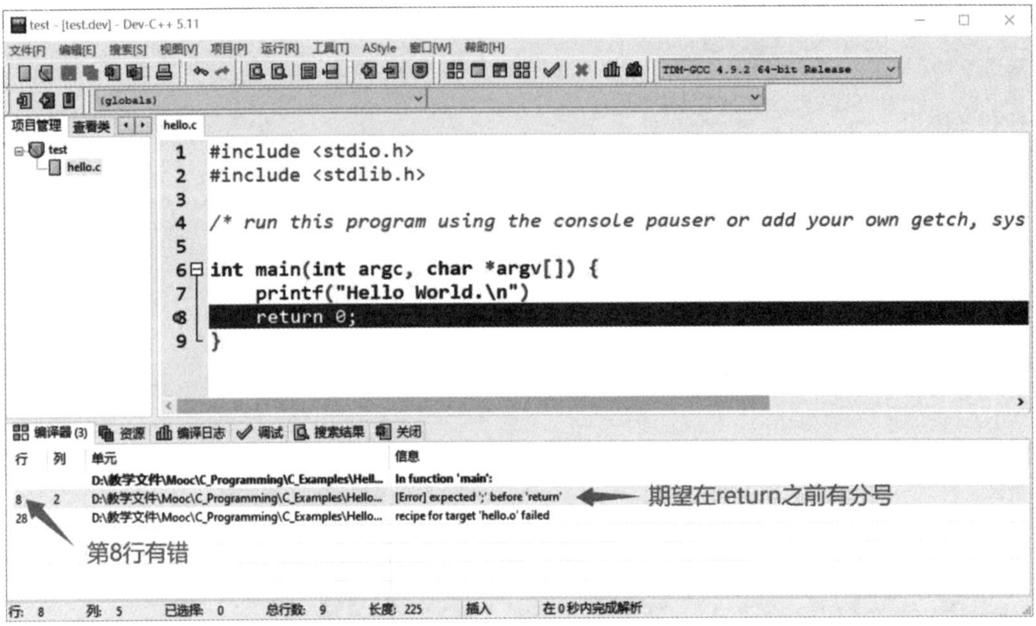

图 1.7　程序编译出错

对于一个大型的项目,如果运行时出现错误是很难被发现的。使用断点调试可以查看程序运行过程中的数据变化情况,以检查代码是否正确。直接在需要观察数据变化的地方设置断点,然后运行程序即可。点击代码左侧行号数据会出现小红点,即为断点(如图 1.8 所示),再次单击红点即为取消断点。

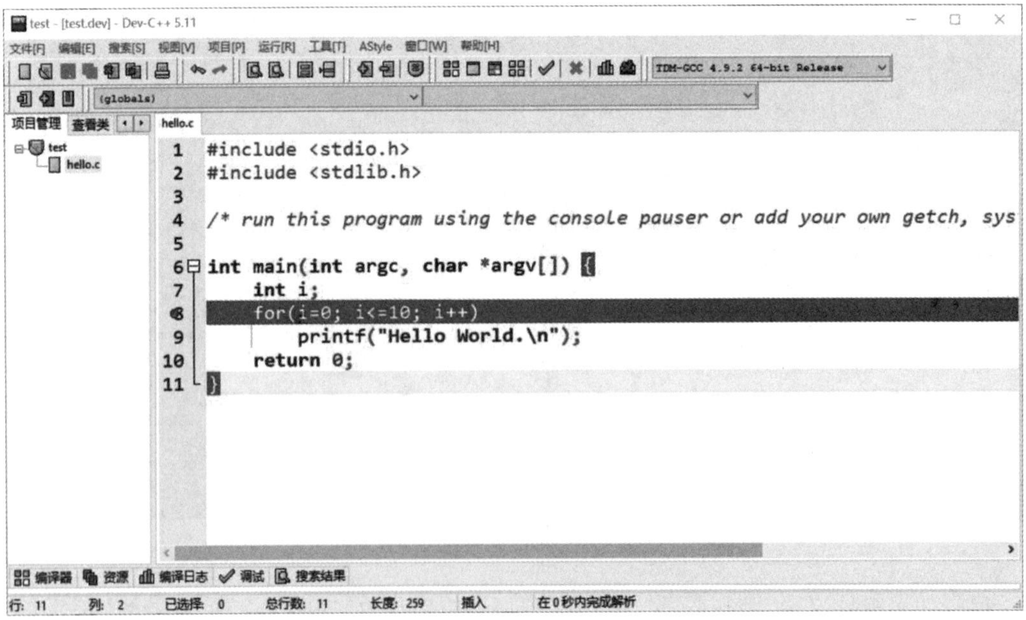

图 1.8　设置断点

设置完毕进行调试,点击菜单栏中的“运行”|“调试”,底部出现调试窗口,点击“添加查

看"按钮，在弹出的对话框中输入变量名"i"，若想观察多个变量的变化，可以重复此操作，如图 1.9 所示。不断点击"下一步"按钮进行单步调试，窗口左侧变量值会随之发生变化，从而检查运行过程中是否有误，如图 1.10 所示。

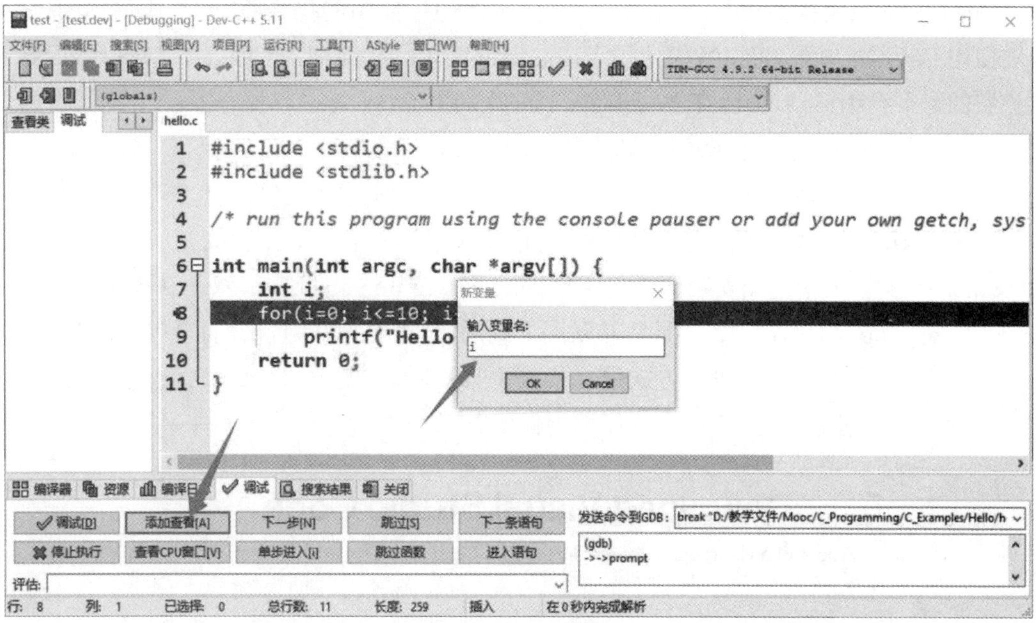

图 1.9 断点调试

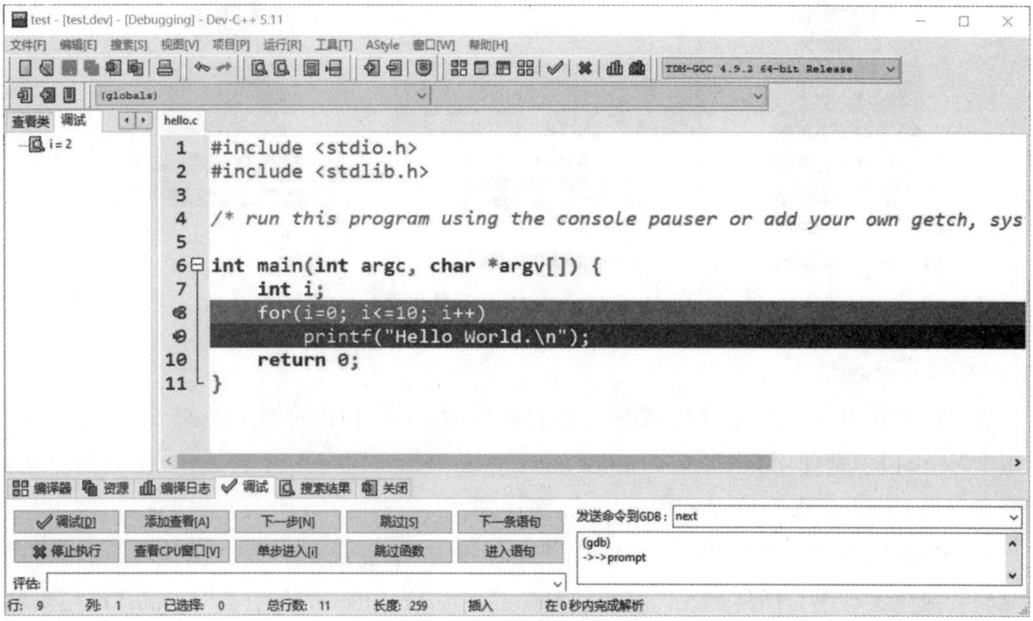

图 1.10 查看变量变化

1.2.2 Visual Studio Code 简介

1）下载安装 Visual Studio Code

Dev-C++只能在 Windows 系统上运行，所以如果使用的操作系统是 macOS，那么就无法使用 Dev-C++了，可以考虑使用 Visual Studio Code（简称 VS Code）。VS Code 是一款免费的跨平台编辑器，可以在 Windows、macOS 和 Linux 等多种操作系统上运行。这里以 macOS 系统为例，介绍下载安装 VS Code 的方法。

进入 VS Code 官网，网站会根据用户的操作系统自动选择合适的版本供下载，也可以单击“other platforms”链接按钮选择其他版本下载，如图 1.11 所示。下载完成后，在“下载”（Downloads）文件夹中解压安装压缩包 VSCode-darwin-universal. zip，双击解压出的 Visual Studio Code. app 文件，提示文件是从互联网下载的，是否要打开，点击“打开”按钮即可。为了今后编程方便，可以建立快捷方式放在桌面上，或者双击打开 VS Code 后，在底部“程序坞”中辅助点按并选择“选项”|“在程序坞中保留”。

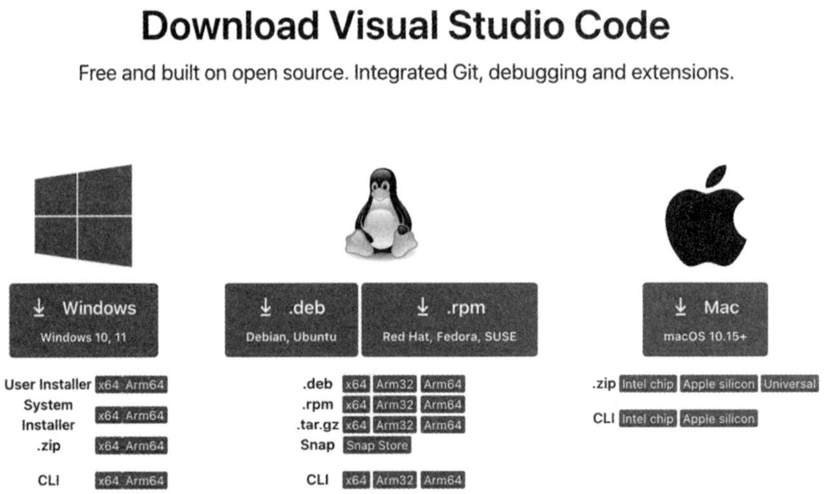

图 1.11　VS Code 下载页面

2）配置环境

第一次使用时会展现如图 1.12 所示的起始页面，如果下载的 VS Code 是 1.96.1 及以上版本，还可以免费使用 GitHub Copilot，在 Copilot Chat 窗口中开启 AI 开发之旅。前提是需要登录 GitHub 账户并注册 Copilot 免费计划。

点击界面的第三个选项“Rich support for all your language”，点击“浏览”按钮，软件界面左侧会弹出编程语言插件列表，这里选择“C/C++ Extension”并点击“Install”按钮安装，如图 1.13 所示。

在插件列表顶部的搜索栏里输入“Chinese”，选择简体中文选项，单击软件窗口右下角的“Change Language and Restart”按钮（如图 1.14 所示），软件自行汉化并重启，界面也换成中文版本了。

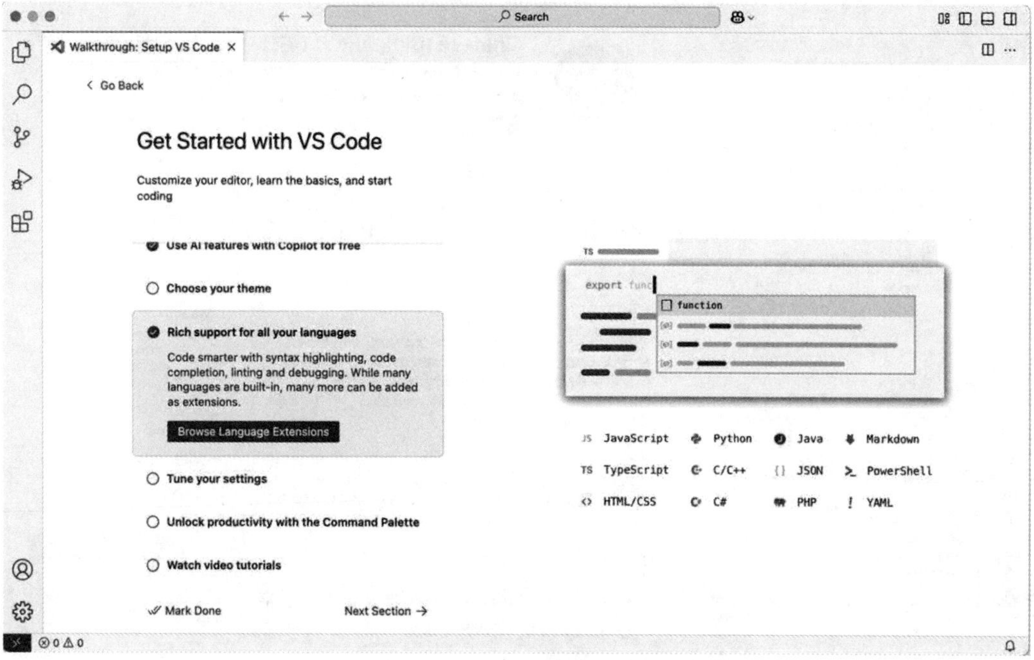

图 1.12 起始页面

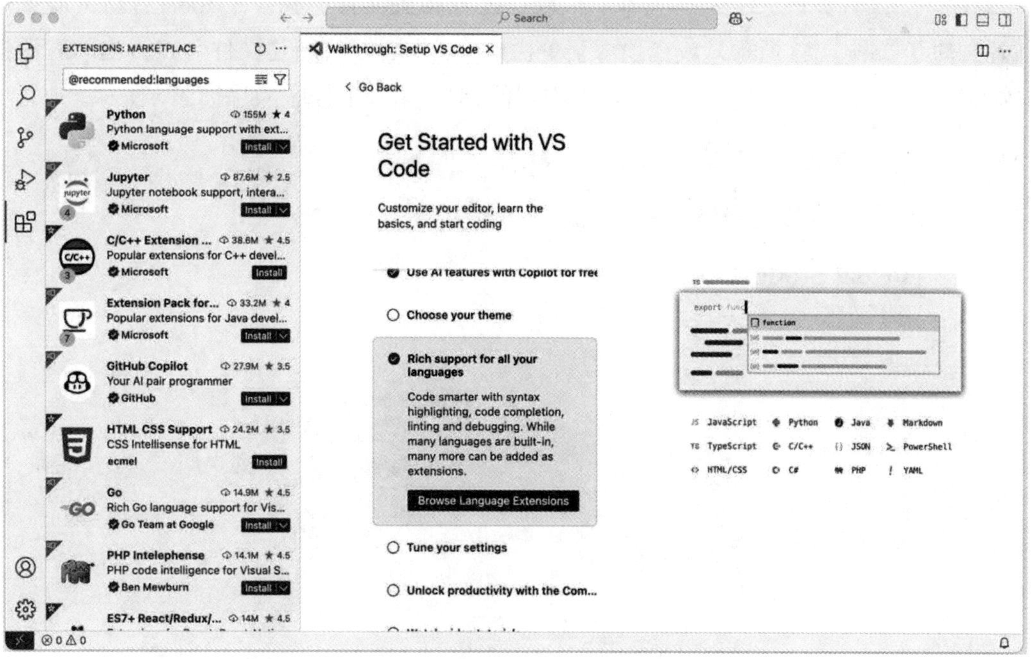

图 1.13 安装 C/C++扩展插件

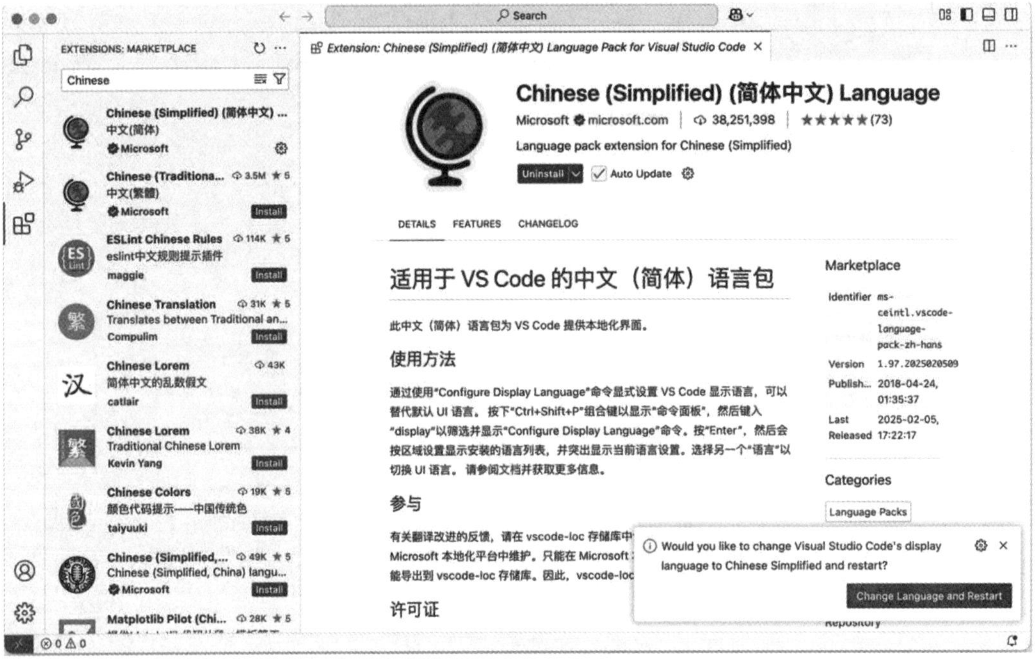

图 1.14　汉化 VS Code

3）编辑程序

新建一个文件夹如“C_work”，用于存放“. c”及相关文件。在 VS Code 启动页面点击“新建文件”（如图 1.15 所示），或在顶部菜单栏里单击“文件”|“新建文件”，在弹出的对话框中输入“hello. c”，保存至“C_work”文件夹中，开始编写第一个程序，如图 1.16 所示。

图 1.15　启动页面

图 1.16　编写一个程序

4）调试执行程序

程序编写后，需要编译、链接、运行才能看到最终结果。可以点击窗口右侧三角形按钮，在弹出的选项中选择“clang”或“gcc”进行调试运行（如图 1.17 所示），或选择顶部菜单栏“运行”|“启动调试”，还可以直接按 F5 功能键。

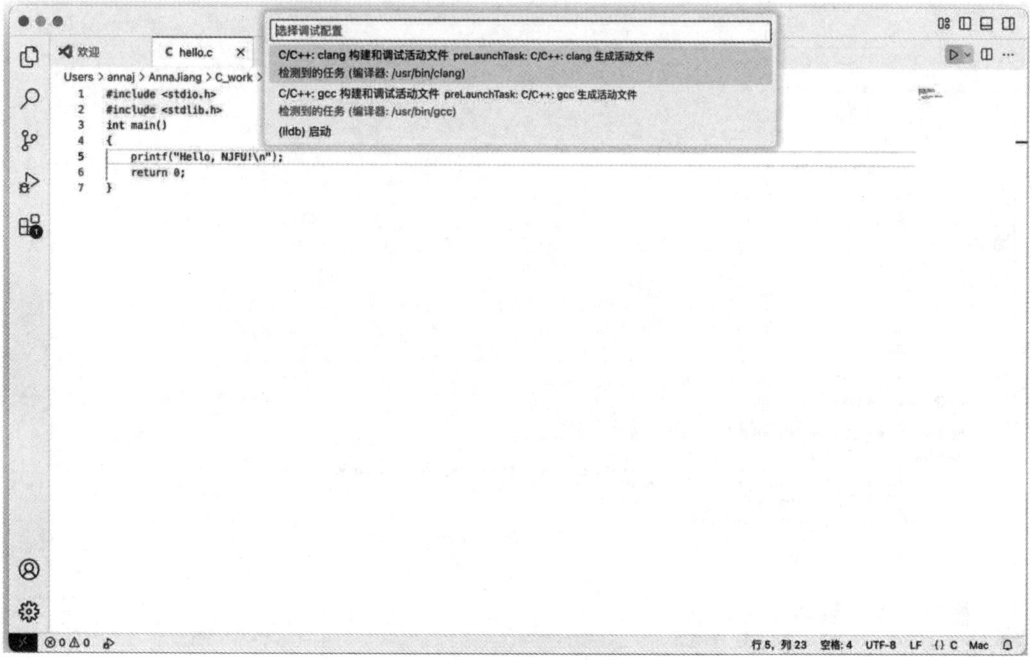

图 1.17　调试程序

调试运行后底部会出现菜单栏，默认显示“终端”窗口，程序如果正确无误，切换到“调试控制台”窗口，可以看到最终的运行结果(如图1.18所示)。程序如果编译出错，则在“终端”窗口会给出提示(如图1.19所示)，给出提示信息和出错所在行。修改之后，需要重新进行编译调试。

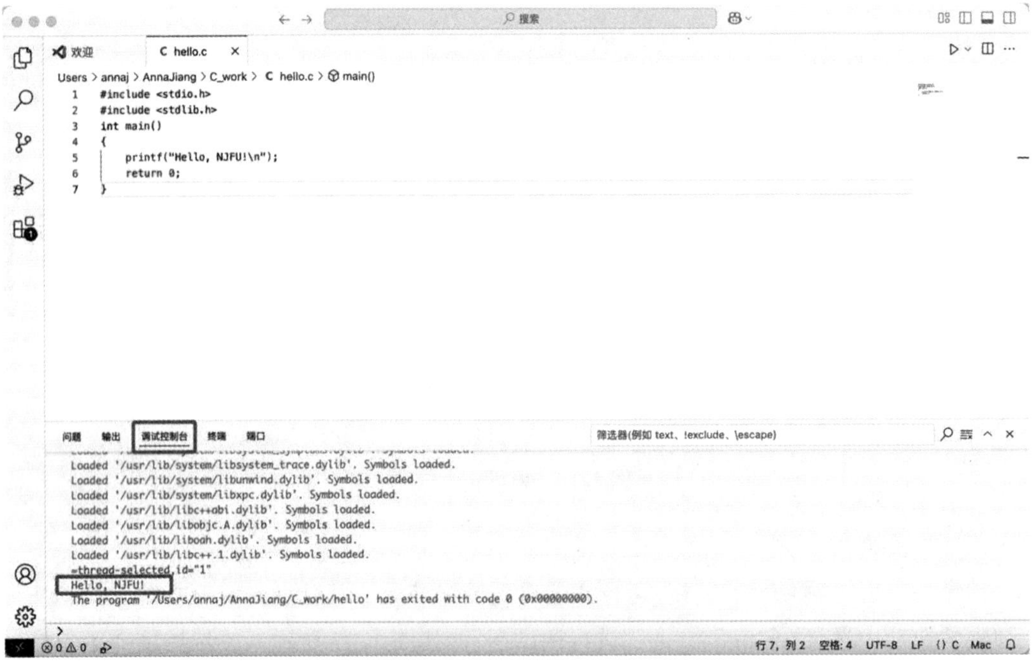

图1.18 查看运行结果

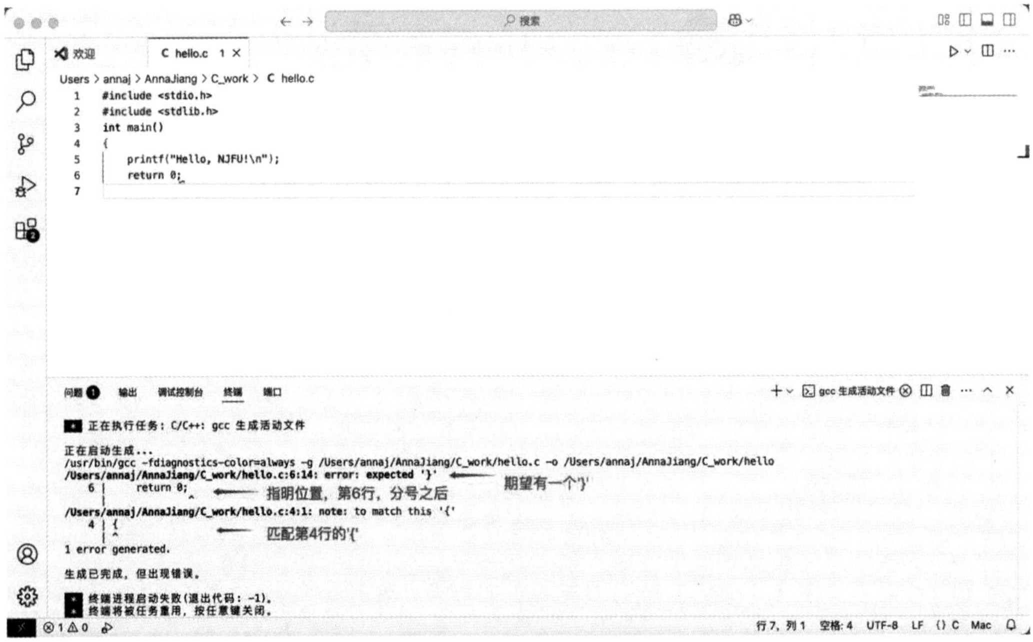

图1.19 程序编译出错

使用断点调试查看程序运行过程中的数据变化情况，检查代码是否正确。在需要观察数据变化的地方设置断点，然后运行程序。点击行号会出现小红点，即为断点，设置完毕进行调试，窗口顶部会出现断点工具条，窗口左侧出现相关变量，如图 1.20 所示。不断点击工具条上的向下箭头按钮进行单步调试，窗口左侧变量值会随之发生变化，从而检查运行过程中是否有误。

图 1.20 断点调试

第二章　数据类型、运算符和表达式

在正式学习编写程序之前，需要先了解数据的基本类型和各类运算符。这一章内容细碎繁多，初学容易出错，因此不要求大家一次性掌握所有内容，可在后续章节中结合实际的样例，细细品味，加深理解。本章内容可以作为数据类型和运算符的总结篇，遗忘时常常回来翻阅查看。

2.1　基本数据类型

C 语言具有丰富的数据类型（如图 2.1 所示），这也意味着它对现实世界的描述能力很强。本小节将介绍基本数据类型和使用 typedef 定义类型，其他数据类型将在后续章节中逐个介绍。

- 数据类型
  - 基本类型
    - 整型
    - 字符型
    - 实型
    - 枚举类型
  - 构造类型
    - 数组类型
    - 结构体类型
    - 共用体类型
  - 指针类型
  - 空类型

图 2.1　C 语言的数据类型

不同的平台对不同的数据类型分配的字节数是不同的，一般来说，数据类型的字节数是由 CPU 位数、编译器和 C 标准规范决定的。目前常见的计算机操作系统为 64 位，也有些计算机操作系统为 32 位。这里的位是指 CPU 一次性可处理的数据量，32 位处理器可以一次性处理 4 个字节的数据量，而 64 位则可以一次性处理 8 个字节的数据量。32 位系统与 64 位系统各数据类型的字节数详见表 2.1。

表 2.1　基本数据类型的字节数

数据类型		字节数		取值范围
		32 位	64 位	
布尔类型	bool*	1	1	true、false

续表

数据类型		字节数		取值范围
		32 位	64 位	
字符型	char	1	1	−128～127
无符号字符型	unsigned char	1	1	0～255
有符号短整型	[signed] short [int]	2	2	−32768～32767 $(-2^{15}\sim2^{15}-1)$
无符号短整型	unsigned short [int]	2	2	0～65535 $(0\sim2^{16}-1)$
整型	int	4	4	−2147483648～2147483647 $(-2^{31}\sim2^{31}-1)$
无符号基本整型	unsigned [int]	4	4	0～4294967295 $(0\sim2^{32}-1)$
有符号长整型	[signed] long [int]	4	8	−2147483648～2147483647 $(-2^{31}\sim2^{31}-1)$(4 字节) −9223372036854775808～ 9223372036854775807 $(-2^{63}\sim2^{63}-1)$(8 字节)
无符号长整型	unsigned long [int]	4	8	0～4294967295 $(0\sim2^{32}-1)$(4 字节) 0～18446744073709551615 $(0\sim2^{64}-1)$(8 字节)
超长整型	long long [int]*	8	8	$-2^{63}\sim2^{63}-1$
无符号超长整型	unsigned long long [int]*	8	8	$0\sim2^{64}-1$
单精度浮点数	float	4	4	$-3.4\times10^{-38}\sim3.4\times10^{38}$ 精度为 6～7 位有效数字
双精度浮点数	double	8	8	$-1.7\times10^{-308}\sim1.7\times10^{308}$ 精度为 15～16 位有效数字
扩展精度浮点数	long double	8	8	$-1.2\times10^{-4932}\sim1.2\times10^{4932}$ 精度为 15～16 位有效数字
指针类型	*	4	8	

注：用“[ ]”括起来的是可选项，在定义变量时可以省略。标有 * 的数据类型为 C99 新增类型，本书暂不涉及。指针类型使用方法详见第十一章。

如果你不确定自己操作系统的字长，或者单纯想测试一下数据类型的字节数，可以使用运算符(亦是关键字)sizeof 获得。尝试把下面这个程序输入到编译器中,看看会输出什么结果。

```
/* * * * * * * * * * * * * * * * * * * * * * * * * * *
 * 程序名:dt_len.c                                    *
 * 求解数据类型长度                                    *
* * * * * * * * * * * * * * * * * * * * * * * * * * * /
# include < stdio.h>
int main(void)
{
     int len= sizeof(char);
①    printf("length of char =  % lu\n", len);
②    printf("length of int =  % lu\n", sizeof(int));
     return 0;
}
```

这段代码的①处,双引号括起来的内容称为格式字符串,其中等号前面的内容会原样输出,等号后面的%lu是格式说明符,表示这里的数据类型是 unsigned long int,即无符号长整型,\n是换行符。逗号将格式字符和输出列表分隔开,这里输出列表只有一个表达式,就是 sizeof(char)。程序运行时会将 sizeof(char)的计算结果替换%lu 并输出换行。②也是一样的,会输出 int 类型的长度。因此这个程序的输出结果是

```
length of char =  1
length of int =  4
```

还可以尝试修改①、②处的代码,看看其他数据类型的长度是多少。

如果编译没有通过,看到"[Error] exponent has no digits"这样的错误,检查是否把数字 1 和小写字母 l 搞混了。容易混淆的还有数字 0、小写字母 o 和大写字母 O,输入时一定要留心。如果看到"[Error] stray '\243' in program"、"[Error] stray '\273' in program",那么检查逗号是否为中文状态下的逗号。

数据不仅有类型,还可以根据其值是否改变分为常量和变量。常量在整个程序运行期间其值都不会发生变化,而变量的值在程序运行期间则会发生改变。

2.1.1 常量

数值型数据分为整型和实型两种。整型有整型常量和整型变量,实型亦然。

1) 数值型常量

整型数据是不包含小数部分的数值型数据,在内存中以二进制补码形式存储。整型常量共有三种表示形式:

(1) 十进制形式,如 345、−567、0 等。若在整型常量后加上字母 u 或 U,则认为是 unsigned int 型;如果加上字母 l 或 L,则认为是 long int 型;加上字母 ll 或 LL,则认为是 long long int 型。如 3u 是无符号整型常量,0L 则是长整型。

(2) 八进制形式，特点是以 0 开头(0 称作八进制数的前导符)，由 0～7 之间的数字组成，如 012。

(3) 十六进制形式，特点是以 0x 或 0X 开头(0x、0X 称作十六进制数的前导符)，由 0～9、a～f(或 A～F)之间的字符组成，如 0x23。

八进制、十六进制与对应的十进制举例见表 2.2。

表 2.2　八进制、十六进制与对应的十进制

八进制	对应十进制	十六进制	对应十进制
012	10	0x23	35
－0123	－83	0xAE6	2790
0177	127	－0Xff	－255

实型数据也称为实数或浮点数，在内存中按照指数形式进行存储，将尾数和指数分开存放。实型常量有两种表示方法：十进制小数形式和指数形式。

十进制小数形式：由数码 0～9 和小数点组成，注意必须有小数点，如 1.23。

指数形式：由十进制数、阶码标志符 e 或 E 和阶码(十进制整数)组成，十进制数和阶码二者都不可省略。如 2.1E5。

一个实数有多种指数表示形式，其中有一种称为规范化指数形式，即在 e 或 E 之前的小数部分小数点左边有且只有一位非零的数字，如：1.252e3。

实型常量表示方法和常见错误见表 2.3。

表 2.3　实型常量表示方法和常见错误

实型常量举例	说明
0.0、25.0、100.、－123.45、.23	合法，拥有小数点
E7	非法，阶码 E 前无数字
－5e	非法，无阶码
53.－E3	非法，负号位置不对
2.3478E5	规范化指数形式实型
0.123e2	非规范，小数点左边不是非零整数
13.5e4	非规范，小数点左边非零的数字超过 1 位

2) 符号常量

符号常量的定义格式为：

```
# define 符号常量名　数值
```

如：

```
# define  PI  3.14              /* 圆周率的值 * /
```

```
# define  DNA_BASE  4           /* DNA的4个碱基 * /
```

以上两行语句不是C语言语句,因此末尾一般不加分号。符号常量名按惯例使用大写字母表示。很明显,PI代表圆周率,其近似值为3.14,这里使用PI表示符号常量名,PI取值3.14,程序中的PI全部会被替换为3.14。符号常量的值不一定是浮点数,也可以为整数,如符号常量名DNA_BASE取值4,代表着DNA的4个碱基A、C、T、G。实际上符号常量的值甚至可以是一个字符串,仅仅用来替换程序中出现的符号常量。因此符号常量不存在数据类型一说。

```
  /* * * * * * * * * * * * * * * * * * * * * * * * * *
   *  程序名:sym_const.c      *
   *  关于符号常量             *
  * * * * * * * * * * * * * * * * * * * * * * * * * * /
  # include < stdio.h>
① # define PI  3.14              /* 设置圆周率的值,PI和3.14之间至少留一个空格 * /
  int main(void)
 {
②      printf("Pi = % f\n", PI); /* 使用圆周率的值 * /
  }
```

符号常量的定义一般放在程序的开头,①处设置了圆周率的值为3.14,在②处使用了它,%f是另一个常见的格式说明符,用于输出单精度浮点数,默认情况下输出6位小数,如果没有6位则在后面补0,因此输出的结果为

```
Pi =  3.140000
```

如果把①处改成#define PI 3.14159,则结果为

```
Pi =  3.141590
```

当程序中需要多处使用圆周率的值,使用符号常量的形式显然比直接使用数字3.14要方便得多:只需要修改①处就能修改程序中所有的圆周率值。

关于更多符号常量的内容,请参看第十章。

3) 字符常量

字符数据主要指ASCII码(American Standard Code for Information Interchange,美国标准信息交换码)字符。标准的ASCII码表有128个字符(详见附录二),其中有95个为可显示字符,包括阿拉伯数字、大小写英文字母和标点符号等,这些字符可以从键盘上直接输入。其余33个字符为控制字符,不能在屏幕上显示,如删除键、换行键、空字符等。扩展的ASCII码字符集有256个字符。

字符常量分为普通字符和转义字符两种。普通字符常量是由一对单引号括起来的单个字符,如:'a','3','A','*'等都是普通字符常量。

转义字符是一类特殊的字符常量,它由一对单引号、反斜杠和特定字符构成,其含义不

是反斜杠后面的字符本身所表示的含义，而是其他特殊含义。如，'\n'代表的含义并不是字符'n'，而是表示换行操作。C 语言中会用到很多转义字符，如表 2.4 所示。需要注意的是，不论是普通字符，还是转义字符，也不论是 32 位的机器还是 64 位的机器，其在内存中都只占用 1 个字节。

表 2.4　转义字符

转义字符	意义
\a	响铃
\b	退格，将光标移到前一列
\f	换页，将光标移到下一页开头
\n	换行，将光标移到下一行开头
\r	回车，将光标移到本行开头
\t	将光标移到下一个制表位，如第 9 列，第 17 列，以此类推
\v	垂直制表(VT)
\\	代表一个反斜线字符
\'	代表一个单引号(撇号)字符
\"	代表一个双引号字符
\0	空字符(NULL)(ASCII 码 0)
\ddd	1 到 3 位八进制数所代表的 ASCII 码字符
\xhh	1 到 2 位十六进制数所代表的 ASCII 码字符

这里尤其需要注意，表中'\ddd'中的'ddd'是 1 到 3 位八进制数，不是一定要 3 位八进制数，1 位或 2 位也是可以的。把 ddd 转换为十进制，再去查看 ASCII 表即可知道其表达的是哪个字符。'\xhh'同理。

```
/*******************************
 * 程序名:esc_char.c           *
 * 查看转义字符 escape character *
*******************************/
#include <stdio.h>
int main(void)
{
    /* 打印一个标尺 */
①   printf("123456789012345678901234567890\n");
②   printf("Math\tChinese\tEnglish");
③   printf("\n");
④   printf("83\t92\t97\n");
⑤   printf("\141 \x42 \77 \n");
    return 0;
}
```

为方便查看'\t'的效果,我们先打印一个标尺并换行(见①处)。在②处打印 Math、Chinese、English 三门课程的名称,中间使用'\t'分隔。由于②处打印语句末尾没有换行,因此在③处补上打印一个换行符。在④处打印对应的成绩,中间使用'\t'分隔,结尾使用'\n'换行。⑤处使用'\ddd'和'\xhh'规则打印出对应的字符。输出结果如下:

```
1234567890123456789012345678 90
Math    Chinese English
83      92      97
a B ?
```

从标尺可见 Math 的 M 位于第 1 列,Chinese 的 C 位于第 9 列,English 的 E 位于第 17 列。相关课程的成绩也左对齐课程名称。如果②处的课程名称较长,如将 Chinese 改成了 AncientChinese,长度超过了 8 个字符,那么 English 将会从哪一列开始输出呢?动手试一下吧。

如果输出换行符没有效果,检查一下是否打印成了斜杠"/"。如果有'\018'、'\79'这样的符号,反斜杠后面的数字超过了八进制,该如何处理呢?遇到这种情况编译器会遵循贪心匹配原则,尽量向后结合,因此'\018'只能看作字符'\01'和字符'8','\79'看作是字符'\7'和字符'9'。

另外需要注意的是,'\0'、'0'和 0 是三个不同的符号,'\0'称为字符串结束标识符,是 ASCII 码值为 0 的字符,在屏幕上无法输出,后继学习中你会发现它大有用处。'0' 是一个字符常量,其 ASCII 码为 48,会在屏幕上输出一个字符"0"。0 才是真正的零,是整型常量。

4) 字符串常量

字符串常量是指用一对双引号括起来的一个字符序列,如姓名马冬梅"MaDongmei",或是一句问候"Hello NJFU"。

字符串常量在计算机内存储时,系统会自动在其末尾加一个字符串结束标志符'\0',即空字符。字符串结束标志符在内存中占用一个字节,但不计入字符串长度,输出时也不会输出。字符串的长度是指该字符串中第一个空字符之前所有字符的个数,又称作有效字符个数,不包括双引号。

如字符串"Hello NJFU"在内存中占 11 个字节的存储空间,但其实际长度为 10,即空字符前面有 10 个非空字符。

H	e	l	l	o		N	J	F	U	\0

初学时,常容易混淆字符常量和字符串常量,它们的区别是:

(1) 字符常量由单引号括起来,字符串常量由双引号括起来。如:'N'是字符常量,而"NJFU"是字符串常量。

(2) 字符常量能且只能包含一个字符(转义字符除外),而字符串常量则可以包含一个或多个字符。

(3) 字符常量(包括转义字符)仅占一个字节的内存空间,而字符串常量占用的字节数则为其长度再加 1,因为字符串结束标志符('\0')也要占用一个字节的存储空间。如:字符常量'N'、转义字符'\n'和字符串常量"N"在内存中存储情况是不同的,'N'和'\n'均占一个字节,而"N"则占两个字节。

2.1.2 变量

1) 标识符

标识符是用作程序的某元素名字的字符串或用来标识源程序中某个对象的名字。标识符的命名规则是:

(1) 只能由字母、数字和下划线组成,且只能以字母或下划线开头。

(2) 不能将C语言的关键字用作用户自定义标识符。

(3) 严格区分大小写字母,一般变量名通常用小写字母表示,而符号常量通常使用大写字母。

(4) 标识符应尽量做到“见名知意”。这一点不强求,但是最好做到。比如使用a表示姓名就不如使用name更清晰。

(5) 标识符长度是由计算机的编译系统决定的。

C语言的标识符包括关键字、预定义标识符(如符号常量)和用户自定义标识符(如变量)。

C语言共有32个关键字,按功能分类如下:

表示数据类型的关键字有:char、const、int、float、double、signed、unsigned、short、long、void、struct、union、typedef、enum、volatile。

表示存储类别的关键字有:auto、extern、register、static。

用于控制程序流程的关键字有:do、while、for、if、else、switch、case、default、goto、continue、break、return。

用于求字节数的关键字为sizeof。

C99标准又新增了5个C语言关键字:inline、restrict、_Bool、_Complex和_Imaginary。

判断一个标识符是否合法,关键是看其中是否包含非法字符,开头是否是字母或下划线,是否是关键字。如:A1、_3m、INT、b5、_123都是合法的标识符,而a * b、2m、float都是非法的标识符。

变量的命名必须遵循标识符的命名规则。

2) 变量的定义

所有的变量都要先定义后使用。若变量未定义就使用,编译程序时编译器会报错。变量的定义为:

数据类型 变量名;

```
/* * * * * * * * * * * * * * * * * * * * * * * * * * * * *
 * 程序名:chk_var.c           *
 * 检查变量名 check variable   *
* * * * * * * * * * * * * * * * * * * * * * * * * * * * * /
```

```
    # include < stdio.h>
    int main(void)
    {
①       int count;                  /*  定义计数器变量 * /
②       float height;               /*  定义身高变量 * /
③       double money;               /*  定义金额变量 * /

④       int year, month, day;       /*  定义出生日期三个变量 * /
⑤       float weight, waist;        /*  定义体重和腰围两个变量 * /

⑥       int 2name;                  /*  错误的变量名 * /
⑦       float enum;                 /*  错误的变量名 * /

        return 0;
    }
```

数据类型和变量名之间至少空一个空格,如①、②、③处,也可以同时定义多个相同类型的变量,变量之间用逗号间隔,如④、⑤处,其中逗号、分号皆为英文半角符号。⑥处和⑦处定义了错误的变量名,2name 以数字开头,错误提示为“[Error] invalid suffix "name" on integer constant”;enum 则是关键字,错误提示为“[Error] multiple types in one declaration”。

3) 枚举类型变量

有时会遇到这种情况,即一个变量其取值的个数是有限的。例如,人的性别只有男和女两种,一个星期只有 7 天,一年只有 12 个月等。对于这些类型的数据,C 语言可以把其每一个可能的取值依次列举出来,这种方法称为枚举。用这种方法定义的数据类型被称为枚举类型。

枚举类型的定义形式较为复杂:

```
enum 枚举类型名 { 枚举元素取值表 };
```

例如:

```
enum weekdays {sun, mon, tue, wed, thu, fri, sat};
```

定义好的枚举类型可以用来定义枚举变量,如:

```
enum weekdays workday;
```

则 workday 的取值范围只能是 sun 到 sat。有关枚举类型的更多内容,请参见第十二章。

2.1.3 用 typedef 定义类型

C 语言允许用户通过 typedef 定义新的类型名来代替已有的类型名,你可以理解为给类型名起个昵称。这个新的类型名和 C 语言提供的类型名一样也可以定义相应的变量。使用 typedef 的优点是它使得程序更加易于理解,如某人存款包括银行存款和股票投资,定义变量语句为:

```
float bank_account, stock_account;
```

若有：

```
typedef float Money;
```

并随后写出：

```
Money bank_account, stock_account;
```

这样的写法，较之前的写法更有实际意义。本部分内容我们会在第十三章中再给大家详细介绍。

2.2 运算符与表达式

2.2.1 概述

1) 运算符

C 语言丰富的运算符和表达式使得它的功能十分完善。除了有我们比较熟悉的算术运算符、关系运算符、逻辑运算符之外，还有位运算符、赋值运算符、条件运算符、逗号运算符、指针运算符，之前介绍过的字节数运算符以及一些特殊的运算符。C 语言的运算符按照类别分类如表 2.5 所示。大部分运算符是双目运算符，即需要两个操作数进行运算，如加、减、乘、除、模，关系运算符等，少量运算符是单目运算符，如正号、负号，非运算符，位运算符等，条件运算符是唯一的一个三目运算符，即需要三个操作数。

表 2.5　C 语言的运算符

名称	运算符	用途
算术运算符	+(正号)、-(负号) +(加)、-(减) *(乘)、/(除)、%(求余或模运算) ++(自增 1)、--(自减 1)	用于各类数值运算
关系运算符	>(大于)、<(小于) >=(大于等于)、<=(小于等于) ==(等于)、!=(不等于)	用于比较运算
逻辑运算符	!(非)、&&(与)、||(或)	用于逻辑运算
位运算符	&(按位与)、|(按位或) ~(按位取反)、^(按位异或) <<(左移)、>>(右移)	按二进制位运算

续表

名称	运算符	用途
赋值运算符	=(简单赋值) +=、-=、*=、/=、%=(复合算术赋值运算) &=、|=、^=、>>=、<<=(复合位运算赋值)	用于赋值运算
条件运算符	?:(三目运算符)	用于条件判断
逗号运算符	,	用于把若干表达式组合成一个表达式
指针运算符	*(指针运算符)、&(间接访问运算符)	用于取值和取地址
字节数运算符	sizeof	用于计算数据类型所占的字节数
特殊运算符	()(函数调用),[ ](下标) ->(指向),.(成员)	用于函数调用,使用在数组、 结构体、共用体等方面

2) 表达式与语句

表达式由运算符和变量或常量连接而成。例如,length * width 称为算术表达式,length = 10 称为赋值表达式。

在表达式末尾加上分号就可以构成语句,如 area=length * width 称为赋值表达式,而"area=length * width;"则称为赋值语句。

在学习过函数调用后,你会发现,函数调用后面加上一个分号,就构成了函数调用语句,如"printf("%d", area);"。

一个分号也可以构成一条语句,则称该语句为空语句,空语句是什么也不执行的语句。在程序中它可以用来延时,也可以用作空循环体。

用一对大括号{}(又称为花括号)将若干语句括起来,则这些语句称为复合语句。例如:

```
{
    length= 10;
    width= 6;
    area= length* width;
}
```

复合语句可以看成是一条语句,如果它被执行,则括号中的所有语句都要被执行。复合语句在选择语句和循环语句中很常见。

3) 运算符优先级和结合性

当表达式包含多个运算符时,其含义可能会存在二义性。如表达式 a+b * c,可以理解为 a 加上 b 乘以 c 的结果,也可以理解为 a 加上 b 再乘以 c。C 语言采用运算符优先级来解决这个问题。正号、负号运算符的优先级为第 2 级,乘、除、模三个运算符的优先级为第 4 级,加、减运算符的优先级为第 5 级,因此 a+b * c 的含义是第一种解释。若想表达第二种解释,则可以使用括号,即(a+b) * c。

当表达式包含两个甚至更多相同优先级的运算符时,仅有优先级优先规则是不够的,必须考虑运算符的结合方向。例如，四则运算符的结合方向为自左向右结合，而正号、负号的结合方向为自右向左，因此，a+b−c 等价于(a+b)−c，− + a 等价于−（+ a）。

运算符的优先级和结合方向参见附录一。若想减少优先级和结合方向带来的困扰，那就多加括号吧。需要注意，结合方向和运算方向并不是一回事。

2.2.2　算术运算符与算术表达式

1）四则运算符

C 语言的加、减、乘、除法运算规则和数学中的加、减、乘、除法规则类似。要特别注意乘法的运算符为“*”，且 C 语言中乘法运算符不能省略。

还需要注意的是，C 语言的整数进行除法时，结果是向零取整，如 7/3 的结果是 2，−7/3 的结果是−2。

2）模运算符

模运算即求余运算，运算结果为被除数除以除数的余数，余数的符号位同被除数。模运算符为“%”。模运算要求被除数和除数都必须是整型数据，否则将报语法错误。

```
/* * * * * * * * * * * * * * * * * * * * * * * * * * * * * * * * *
 * 程序名:arith_opr.c                  *
 * 算术运算符 arithmetic operator      *
* * * * * * * * * * * * * * * * * * * * * * * * * * * * * * * * * /
# include < stdio.h>
int main(void)
{
①      int x= 1, y;/*  定义了 2 个整型变量 * /

②      printf("% d\n", y= 2* x);
③      printf("% d,% d,% d\n", 10/2, 185/100, 1/3);
④      printf("% f, % f, % f\n", 124.5/10, 2/5.0, 1.2/4.8);
⑤      printf("12% % 5= % d,5% % 8= % d\n", 12% 5, 5% 8);
⑥      printf("% d, % d, % d, % d\n", - 3% 9, - 12% 7, 13% - 7, - 15% - 7);

       return 0;
}
```

在①处定义了 2 个整型变量，使用逗号分隔开，其中 x 被赋值为 1。②处输出 y 值，即 2 倍的 x 的值。③处输出了 3 个除法表达式的值，由于两边的操作数都是整数，因此结果也是整数，使用%d 格式说明符；④处除法两边的操作数有浮点数，因此结果为浮点数，使用的是%f 格式说明符。⑤处和⑥处进行的是模运算，想要在屏幕上输出%就必须使用两个%才行；模运算的结果符号同第一个操作数。整个程序输出的结果如下：

```
2
5,1,0
12.450000, 0.400000, 0.250000
12% 5= 2,5% 8= 5
```

```
-3, -5, 6, -1
```

如果把②的语句改成“printf("%d\n", y=2x);”,则会提示错误“[Error] invalid suffix 'x' on integer constant”,因为乘法运算符不可以省略;如果把⑤处的语句改成“printf("%d\n", 12%2.5);”,则会提示错误“[Error] invalid operands to binary expression ('int' and 'double')”,因为模运算的操作数只能是整数,不能是浮点数。

2.2.3 赋值运算符与赋值表达式

在 C 语言中“=”是赋值运算符,其作用是将一个数据赋给一个变量,运算方向为自右向左,除了逗号运算符,就数赋值运算符的优先级最低了。由赋值运算符将一个变量和一个表达式连接起来的式子称为“赋值表达式”。

1) 整型变量赋值

先来看看整型变量的赋值。看看下面这个小程序。

```
/*********************************
 * 程序名:assignment_opr.c       *
 * 赋值运算符 assignment operator *
*********************************/
# include < stdio.h>
int main(void)
{
①      int length;
②      int width= 6;

③      length= 10;

        printf("length= % d\n", length);
        printf("width= % d\n", width);

        return 0;
  }
```

先定义整型变量 length(①处),再将整型常量 10 赋给变量 length(③处),所以 length 的值为 10。也可以在定义变量的同时给变量赋初值,这种赋值方法称为变量的初始化,②处就表示在定义变量 width 的同时赋初值 6。改写一下 assignment_opr. c:

```
/*********************************
 * 程序名:assignment_opr_modify.c *
 * 赋值运算符 assignment operator  *
*********************************/
# include < stdio.h>
int main(void)
{
①    int length, width, height;

②    length= width= height= 5;
```

```
    printf("length= % d, width= % d, height= % d\n", length, width, height);
    return 0;
}
```

①处表示定义了 length、width、height 三个整型变量，②处将 5 赋给为变量 height，接着将 height 的值赋给变量 width，最后再将 width 的值赋给变量 length，所以最终 length、width、height 三个变量的值都相同，都是 5。但是如果将①、②简写成

```
int length= width= height= 5;
```

则在编译程序时会报错，提示变量 width 和 height 没有定义，因此不能对其作赋值操作。

关于变量赋值操作的一些注意事项：

(1) C 语言在运行程序时才对变量进行赋值操作，在编译阶段系统只负责给变量分配存储空间。

(2) 定义变量后如果没有对变量进行赋值操作，则其值是不确定的。例如，将 assignment_opr_modify. c 中②处注释掉，再看看结果会是什么。

(3) 对变量进行赋值时要注意不能超出变量的取值范围。如果所赋的值超出范围(过大或过小)，则不能得到正确的结果，这种现象称为数据溢出(过大为上溢，过小为下溢)。

(4) 对整型变量赋以小数时，只保留整数部分，小数部分被直接舍弃掉，不作四舍五入。如将 assignment_opr. c 的②处修改成"int width =5. 8;"，则 width 中实际存储的值为 5。

下面来看看编译器是如何处理整型数据的溢出问题的。在数学概念中，数字是没有界限的，而计算机中的数据是有边界的。基本数据类型的变量都有固定长度的存储空间，由于存储空间是有限的，因此每种变量的取值范围也是有限的。例如 int 类型的变量，其存储空间在 64 位机器上为 4 个字节，即 32 个二进位，一共能存储 2^{32} 个数码。每个数码对应一个整数，所以一共能表示 4294967296 个整数。在这 4294967296 个整数中又分为正整数、0 和负整数，正整数的范围是 1～2147483647，负整数的范围是－2147483648～－1，所有的整数都用 32 位补码存储。

如果出现数据溢出，那计算机中实际存储的数值究竟是多大呢？对于 int 类型而言，就是将数值转化为二进制补码形式，截取低 4 个字节的内容，转换为整数。亦可以采取以下快速算法进行计算，即赋的值超过 2147483647 了，就减去 4294967296；小于－2147483648 了，就加上 4294967296，其最终目的就是要把超出范围的数据重新拉回－2147483648 ～ ＋2147483647 范围内。如果赋的数据大于 4294967296 了，就先求出该数除以 4294967296 的余数，如果余数小于或等于 2147483647，则这个余数就是实际存储的值，如果余数大于 2147483647，则将余数减去 4294967296，差即实际存储的值。写一个小程序验证一下。

```
/* * * * * * * * * * * * * * * * * * * * * * * * * * * * * * * *
 * 程序名:large_small_num.c    *
 * 整型数据的最大最小值         *
* * * * * * * * * * * * * * * * * * * * * * * * * * * * * * * * /
# include < stdio.h>
```

```
    int main(void)
    {
①       int large_num = 2147483647, small_num = - 2147483648;
        /* 将 large_num 初始化为 int 类型的最大值和最小值 * /

        printf("large_num= % d \t small_num= % d\n", large_num, small_num);
②       large_num = large_num + 1;/* 给最大值再加 1 * /
③       small_num = small_num - 1;/* 给最小值再减 1 * /

        printf("large_num= % d \t small_num= % d\n", large_num, small_num);

        return 0;
    }
```

①处将 int 类型的最大和最小值赋值给 large_num 和 small_num 变量，②和③处将 large_num 再增大 1，将 small_num 再减小 1，输出结果如下：

```
large_num= 2147483647 small_num= - 2147483648
large_num= - 2147483648 small_num= 2147483647
```

对于 unsigned int 类型的变量，其允许的取值范围是 0～4294967295，如果赋的值超过 4294967295，则将该数值除以 4294967296，得到的余数即实际存储的值。如果赋的值是小于 −4294967296 的负整数，则将这个负整数加上 4294967296，得到的和即实际存储的值。

再写一个小程序验证一下 unsigned int 类型的溢出情况。

```
    /* * * * * * * * * * * * * * * * * * * * * * * * * * *
     * 程序名:unsigned_num.c     *
     * 无符号整型的溢出          *
    * * * * * * * * * * * * * * * * * * * * * * * * * * * /
    # include < stdio.h>
    int main(void)
    {
        int small_num;
        unsigned int negative_num, positive_num;

①       negative_num = - 1;                   /* 有符号值赋值给无符号变量 * /
        positive_num = 4294967295;            /* 最大的无符号值 * /
        small_num = positive_num;             /* 最大的无符号值赋值给整型变量 * /
        positive_num = positive_num + 1;      /* 变量自增 1 * /

        printf("negative_num= % u \t small_num= % d\n", negative_num, small_
num);
        printf("positive_num= % u\n", positive_num);

      return 0;
    }
```

在①处为 unsigned int 类型变量 negative_num 赋值为−1，则 negative_num 中实际存储的值为−1 与 4294967296 的和，即 4294967295。不同类型的整型变量可以相互赋值，但实际存储的数值仍然由变量的取值范围来决定。unsigned int 类型变量 positive_num 赋值最大值 4294967295，再赋值给 int 类型变量 small_num，则 small_num 中实际存储的值为 4294967295 与 4294967296 的差，即－1。positive_num 中已经是最大值了，再加上 1 会发生什么呢？同样会溢出，回到原点。程序的输出结果为：

```
negative_num= 4294967295        small_num= - 1
positive_num= 0
```

2）复合赋值运算

复合赋值运算是将赋值运算与其他运算相结合的运算，中间不能加空格。算术运算和赋值运算相结合是最常用的复合赋值运算，由算术运算符和赋值运算符组合而成，如＋＝，－＝，/＝，＊＝，％＝。下面以"＋＝"为例说明复合赋值运算符的用法。

通常，把变量 a 的值加上 3 的语句是"a ＝ a ＋ 3；"，用复合赋值运算符"＋＝"可以将其改写为"a ＋＝ 3；"，这两句赋值语句功能完全一样，只是用了复合赋值运算符后，程序代码更加简洁。由于编译器在读取复合赋值运算符时，只需一遍即可完成赋值和运算，这同时也提高了代码的执行效率。同理，

```
a= a- 3;                        可以写成  a-= 3;
a= a* 3;                        可以写成  a*= 3;
a= a/(b+ 3);                    可以写成  a/= (b+ 3);
a= a% (b* c+ 3);                可以写成  a%= (b* c+ 3);
```

其中，"a /＝ (b ＋ 3)；"和"a ％＝ (b ＊ c ＋ 3)；"也可以去掉括号写成"a /＝ b ＋ 3；"和"a ％＝ b ＊ c ＋ 3；"，因为复合赋值运算符优先级低于算术运算符，所以要先执行赋值运算符右边的算术表达式，然后才执行复合赋值运算。例如：

```
int x= 2;
x+= x-= x* x;
```

执行步骤如下：先进行 x －＝ x ＊ x 运算，由于 x 的初值为 2，所以等价于 x －＝ 2 ＊ 2，即 x＝ x－4 即 2 － 4 即 －2；然后再进行 x ＋＝ －2 的运算，它等价于 x ＝ x＋（－2）即（－2）＋（－2）即 －4。除了整型数据以外，其他数据类型也可以进行复合赋值操作。

3）实型变量赋值

对实型变量赋值有很多种情况，最常见的是将十进制小数形式的常量赋值给变量，也可以将整数赋值给实型变量，编译器会自动在整数后面加上小数点和小数点后面的 0。还可以使用指数形式实型常量对其赋值（见后面程序代码②处）。对实型变量进行赋值操作时可能会出现舍入误差。这是因为实型变量的存储空间有限，所能提供的有效数字位数也有限，在有效位以外的数字会被舍去，所以可能会产生一些误差。③处的 float 类型变量 f4 的有效数字就只有 7 位，超过 7 位就可能出现误差。而④处的 double 类型变量 f5 的有效位数可以达到 16 位，但是超过仍有误差。一般情况下，如果对精度没有那么高的要求，double 类

型已足够使用。

```
/* * * * * * * * * * * * * * * * * * * * * * * * * * * * * * * * * * * * * * *
 *  程序名:float_double_assignment.c    *
 *  实型变量赋值                         *
* * * * * * * * * * * * * * * * * * * * * * * * * * * * * * * * * * * * * * * /
# include < stdio.h>
int main(void)
{
①     float f1= 3.987654, f2= 5;
②     double f3= 6.28e5;
③     float f4= 123456789.0;                /*  超过 7 位精度 * /
④     double f5= 1234567890123456789.0;     /*  超过 16 位精度 * /

      printf("f1= % f, f2= % f, f3= % lf\n", f1, f2, f3);
      printf("f4= % f, f5= % lf\n", f4, f5);

⑤     f2= 1.987654f* 5678.9f;               /*  使用 f 明确表示常量为 float 类型 * /
⑥     f3= 1.987654 *  5678.9;

      printf("f2= % f, f3= % lf\n", f2, f3);

      return 0;
}
```

以上程序的输出结果为:

```
f1= 3.987654,  f2= 5.000000,  f3= 628000.000000
f4= 123456792.000000,  f5= 1234567890123456768.000000
f2= 11287.687500, f3= 11287.688301
```

为了保证计算结果的精度,C 语言对实型常量默认采用双精度进行存储和运算。⑥处先将 1.987654 和 5678.9 按照 double 类型进行计算,得到的乘积再转换成 float 类型赋值给变量 f3。有时为了提高计算速度,会希望将实型常量按 float 类型进行存储和运算,那就需要在实型常量后面加上 f 或 F,如⑤处“f2=1.987654f * 5678.9f;”,最后的计算结果精度 f2 就较 f3 会低一些。

float 类型输出格式说明符是%f,double 类型输出格式说明符是%lf,注意这里是字母 l 不是数字 1,在输入时要千万小心,仔细检查。

4) 字符变量赋值

字符变量可以用普通字符、转义字符或 ASCII 码值(即整数)给其赋值(如下面程序代码中的①、②、③处)。由于字符变量在内存中实际存储的是字符的 ASCII 码值,所以字符变量和整型变量是可以通用的。对于字符变量可以用整型常量或变量对其赋值,也可以用整数形式将其输出;反之,对于整型变量,可以用字符常量或变量给其赋值(如④、⑤处),也可以用字符形式输出。

```
/* * * * * * * * * * * * * * * * * * * * * * * * * * * * * *
 *  程序名:char_assignment.c    *
```

```
 *  字符类型的赋值                   *
* * * * * * * * * * * * * * * * * * * * * * * * * * * * * * * * /
# include < stdio.h>
int main(void)
{
    char c1, c2, c3;
    int i4, i5;

①      c1= 'A';             /*  赋值为字符常量 * /
②      c2= 97;              /*  赋值为整型常量 * /
③      c3= '\t';            /*  赋值为转义字符 * /

④      i4= 'B';             /*  将字符型常量赋值给整型变量 * /
⑤      i5= c1;              /*  将字符型变量赋值给整型变量 * /

      printf("按照字符类型输出:% c % c % c % c % c\n", c1, c2, c3, i4, i5);
      printf("按照整型输出:% d % d % d % d % d\n", c1, c2, c3, i4, i5);

      return 0;
  }
```

字符型数据也可能会发生溢出。需要注意的是，不同的编译器和平台可能会有不同的情况，有些系统默认将 char 型当作无符号类型处理，其取值范围总是 0 到 255。而在某些系统中，char 型默认是有符号的，取值范围是－128 到＋127。不论是哪种情况，如果发生溢出，则其处理方法与之前介绍的整型数据溢出时处理方法类似。使用二进制代码进行推算，得到的结果也是一样的。

2.2.4 自增自减运算符及其表达式

自增、自减运算的功能是使变量的值增加或减少 1，其运算符为＋＋、－－。对于整型变量 i，i＋＋和＋＋i 相当于 i＝i＋1，i－－和－－i 相当于 i＝i－1。i＋＋、i－－称为后缀形式，＋＋i、－－i 称为前缀形式。i＋＋、i－－表示先使用 i 的原值进行运算，之后 i 的值再加 1 或减 1。＋＋i、－－i 表示先将 i 的值加 1 或减 1，再用 i 的新值参与运算。

自增、自减运算符多用于循环控制语句中计数器的自增、自减，若有其他运算符参与运算，极易出错。如有两个整数 i 和 j，相关执行语句见表 2.6。

表 2.6 自增运算的举例

初始值	语句	i 值	表达式值	语句值	说明
i＝1	i＋＋;	2	1	2	关注 i 值，不论哪种写法，i 值都为 2
i＝1	＋＋i;	2	2	2	
i＝1	j＝i＋＋;	2	1	1	关注 j 值，j 值获得表达式的值
i＝1	j＝＋＋i;	2	2	2	

(1) 语句“i＋＋;”中＋＋为后缀形式，因此表达式的值为 i 的初始值 1，接着执行＋＋，

即 i 值自增为 2。语句的值为 i 自增之后的值 2。

(2) 语句“++i;”中++为前缀形式,因此首先执行++,即 i 值自增为 2,表达式的值为 i 值自增之后的值 2。语句的值为 i 自增之后的值 2。

不论语句“i++;”还是语句“++i;”,程序关注的是执行完语句后 i 的值。因此,想使得 i 值增加 1 的语句有 4 种写法:

```
i= i+ 1;
i+ = 1;
i+ + ;
+ + i;
```

(3) 执行“j=i++;”之后,j 的值为 1,i 的值为 2。这个语句包含两个操作:一是将 i 的值赋给 j,二是将 i 的值加 1。由于是后缀形式的++运算,所以要先用 i 的原值对 j 做赋值操作,因此 j 的值为 1。之后,i 再加 1 变成 2。可以把这个语句看成“j=i; i=i+1;”两个语句。

(4) 若执行“j=++i;”,则 j 的值变成 2,i 的值也变成 2。其执行过程是先将 i 的值加 1 变成 2 后,再将 i 的新值 2 赋给 j。相当于执行以下两个语句“i=i+1; j=i;”。

赋值运算符“加盟”自增表达式后,情况变得复杂起来。(3)、(4)两种情况,语句的值为 j 值,而 j 值取决于赋值运算符右边表达式的值,前缀形式和后缀形式得到的结果截然不同。因此,应尽量避免书写类似语句,以免发生意想不到的错误。

2.2.5 各种数据类型之间的混合运算

整型、实型、字符型数据间可以进行混合运算。在进行运算时,不同类型的数据要先转换成同一类型,然后进行运算。转换的方法有两种:一种是自动转换,另一种是强制转换。

1) 自动类型转换

在 C 语言中,有两种情况会发生自动类型转换:一种是不同数据类型之间的混合运算;另一种是赋值运算符两边的数据类型不同。

不同数据类型进行混合运算时,由编译系统自动完成类型转换,转换规则如图 2.2 所示。

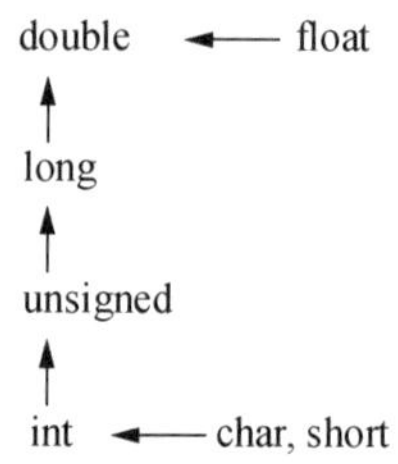

图 2.2 自动类型转换规则

图 2.2 中,水平向左的箭头表示必须进行的转换。即在进行混合运算时,char 和 short 类型数据必须先转换成 int 类型,float 类型的数据必须先转换成 double 类型,然后再作运算。

图 2.2 中,竖直向上的箭头表示数据类型的转换方向,但不是转换步骤。即 int 类型和 unsigned 类型作运算,int 类型的数据要转换成 unsigned 类型再计算;若 int 类型和 long 类型数据作运算,则将 int 类型的数据转换成 long 类型再计算;若 unsigned 类型和 double 类

型作运算，则将 unsigned 类型转换成 double 类型再计算。总之，不同类型的数据进行混合运算时，系统会按数据长度增加的方向对数据类型进行转换，以保证计算结果精度不降低。但要注意的是，转换的只是数值的数据类型，参与运算的变量其本身的数据类型并没有改变。例如，有如下的定义：

```
char ch;
int i;
float f, result;
double d;
```

表达式 result＝ch＊i ＋（i－f）＊（f/d）在执行过程中的类型转换情况及结果类型如图 2.3 所示。

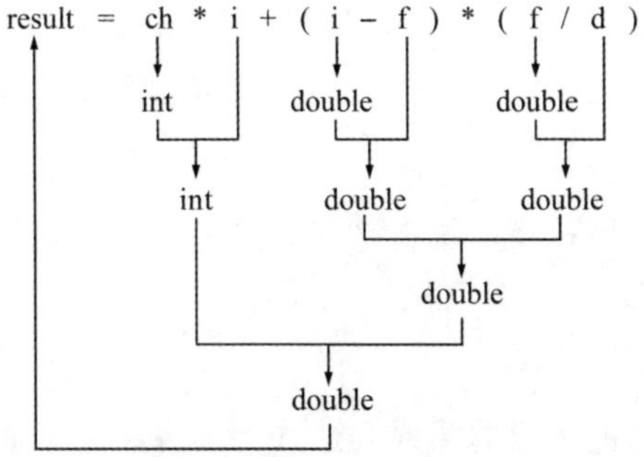

图 2.3　各类数据混合运算中的自动类型转换

上述表达式计算结果为 double 类型，但 ch、i、f、d 四个变量各自的类型都没有改变。

在赋值运算中，赋值符号两边的数据类型不同时，系统首先将赋值符号右边的值转换为左边变量的类型后再进行赋值，也就是赋值操作最终的数据类型是由变量决定的，如果所赋的值的类型与变量不同，则将值转换成与变量相同的类型后再作赋值操作。上面表达式的值为 double，但是变量 result 是 float 类型的，如果表达式的结果在 float 的取值范围内，则可以得到正确的值；如果表达式的结果在 double 的取值范围内则超出了 float 的取值范围，那么会发生溢出情况。这种情况有时候非常隐蔽，尤其需要仔细，小心检查结果。

```
/* * * * * * * * * * * * * * * * * * * * * * * * * * * * * * * * * * * * * * * *
 *  程序名:auto_type_conv.c                        *
 *  自动类型转换 automatic type conversion         *
 *  赋值出错的情况                                 *
* * * * * * * * * * * * * * * * * * * * * * * * * * * * * * * * * * * * * * * */
# include < stdio.h>
int main(void)
{
①       int large_num =  1234567890;
②       long super_num;

③       super_num =  large_num *  2 +  1;

        printf("super_num =  % ld\n", super_num);
```

```
    /* 长整型的格式说明符是%、字母 l 和字母 d 哦 * /

    return 0;
}
```

程序输出的结果如下：

```
super_num = - 1825831515
```

结果居然是个负数！①处的 large_num 的值虽然比较大，但没有超过 int 类型的范围（−2147483648 ～ 2147483647）。③处的算术表达式 large_num * 2 + 1，large_num、常量 2 和 1 都是 int 类型的，所以整个算术表达式的结果也是 int 类型的，但是 large_num * 2 的计算结果已经溢出了。虽然②处定义的 super_num 是足够大的 long int 类型，但是③处是将 int 类型表达式值赋值给 super_num，所以得到了一个溢出后的结果。这和我们想要得到的结果相差太远！那么这里该怎么处理呢？答案是强制类型转换！

2）强制类型转换

强制类型转换是通过类型转换运算符来实现的，其一般形式有两种：

①（类型说明符）变量名；

②（类型说明符）(表达式)。

强制类型转换的功能是把变量的值或表达式的运算结果强制转换成类型说明符所表示的类型。在“auto_type_conv. c”的③处将代码改为“super_num = (long)large_num * 2 + 1;”就可以得到正确结果了，但是如果写成“super_num = (long)(large_num * 2 + 1);”结果还是错的。

在对变量进行强制类型转换时，只是将变量的值转换成另一种类型，而变量本身的数据类型并没有发生改变。也就是说，在执行“super_num = (long)large_num * 2 + 1;”语句时，large_num 始终是 int 类型，(long) large_num 只是将 large_num 的值临时转换为 long 型再参加算术运算，所以结果为 long 型。而执行“super_num = (long)(large_num * 2 + 1) ;”语句时，则是将表达式(large_num * 2 + 1)的运算结果临时转换为 long 型，但是括号内的表达式运算结果类型仍然是 int，还是会溢出。最后将溢出的结果赋值给 super_num，为时已晚了。

所以，在进行强制类型转换时需要注意，类型说明符两边一定要加括号，后面的表达式根据情况加括号。

```
/* * * * * * * * * * * * * * * * * * * * * * * * * * * * * *
 * 程序名:type_casting.c          *
 * 强制类型转换 type casting       *
 * 强制类型转换的情况              *
* * * * * * * * * * * * * * * * * * * * * * * * * * * * * * /
# include < stdio.h>
int main(void)
{
```

```
        int q_i1, q_i2, div_i= 2;                  /* 定义 int 类型的商和被除数 * /
        float q_f1, q_f2, div_f= 3.6;              /* 定义 float 类型的商和被除数 * /

①       q_i1 =  (int)(div_f +  12.7)/4;            /* 将表达式进行强制类型转换 * /
②       q_i2 =  ((int)(div_f) +  12.7)/4;          /* 将变量进行强制类型转换 * /
③       q_f1 =  7/(float)9;                        /* 将常量进行强制类型转换 * /
④       q_f2 =  (float)(div_i/3);                  /* 将表达式进行强制类型转换 * /

        printf("q_i1= % d  q_i2= % d\n", q_i1, q_i2);
        printf("q_f1= % f  q_f2= % f\n", q_f1, q_f2);

        return 0;
    }
```

在①处将 float 类型变量 div_f 的值 3.6 加上 12.7 结果为 16.3，自动转换为 double 类型，再强制转换为 int 类型，即取整为 16，再除以 4。②处则是将 div_f 的值 3.6 强制转换为 int 类型即 3，加上 12.7 得到 15.7，再除以 4 结果为 3.925，将其赋值给 int 类型变量 q_i2，所以结果为整数部分 3。注意，这里强制类型结果转换为 int 类型，只取整，不存在“四舍五入”。常量也可以进行强制类型转换，③处就将 int 类型常量 9 临时强制转换为 float 类型常量 9.0，int 类型常量 7 除以 float 类型常量 9.0 的结果为 double 类型，再自动转换为 float 类型赋值给 q_f1。④处是将 div_i/3 的结果进行强制类型转换，但是除数和被除数都是 int 类型的，因此结果取整为 0，哪怕最后强制转换为 float 类型，也得不到浮点数。其实④处只需要修改成“q_f2 = (float)(div_i)/3;”或者“q_f2 = div_i * 1.0/3;”就可以得到小数结果了。程序输出的结果如下：

```
q_i1= 4  q_i2= 3
q_f1= 0.777778  q_f2= 0.000000
```

如果程序编译结果出错，出现了类似“[Error] use of undeclared identifier 'q_11'”这样的错误，那么请检查一下变量名 q_i1 是否写错了，字母 i 和数字 1 看上去很像。

2.2.6 逗号运算符和逗号表达式

在 C 语言中，逗号也是一种运算符，称为逗号运算符。其功能是把几个表达式连接起来组成一个新的表达式。逗号表达式的一般形式为：

```
表达式 1 , 表达式 2, ..., 表达式 n
```

其求值过程是，先求表达式 1 的值，再求表达式 2 的值，以此类推，最后求表达式 n 的值，并将表达式 n 的值作为整个逗号表达式的值。例如，逗号表达式 1+2, 3+4 的值为 7。

逗号运算符是所有运算符中优先级别最低的。例如：s=2+3, 4+6，在这个表达式中逗号运算符优先级比赋值运算符低，所以先执行赋值表达式 s=2+3，然后执行算术表达式 4+6，整个逗号表达式的值为最右边那个表达式的值，即 10，但是 s 的值为 5。

需要指出的是，并不是在所有出现逗号的地方都组成逗号表达式，如在变量定义中或在函数参数列表中逗号都只是间隔符。

2.2.7 关系运算符和关系表达式

关系运算符用于实现两个数据大小的比较,并判断其比较的结果是否符合给定的条件。C语言共有6个关系运算符:>、>=、<、<=、==和!=,其中前4个是一组,优先级较高,处于第6级,后2个是一组,优先级较低,处于第7级。

关系表达式是指用关系运算符将常量、变量,甚至是表达式连接而成的表达式,如6<7,120%10!=0,a>=b+4等。

关系表达式的值只有真和假两种可能。若比较结果符合条件,结果为真,否则为假。在C语言中判断结果为真用1表示,为假用0表示。6<7成立,所以表达式值为1。120%10!=0不成立,所以表达式值为0。

```
/* * * * * * * * * * * * * * * * * * * * * * * * * * * * * * * * * * * * * *
 * 程序名:rel_opr.c                  *
 * 关系运算符 relational operators    *
* * * * * * * * * * * * * * * * * * * * * * * * * * * * * * * * * * * * * * /
# include < stdio.h>
int main(void)
{
    int chk1= 5, chk2= 6;

①     printf("line 1:% d % d\n", chk1= = 1, chk2= 1);
②     printf("line 2:% d\n", chk1= 7> 2+ 5);
③     printf("line 3:% d\n", 'a'> 'b');
④     printf("line 4:% d % d\n", 1! = 3> 2, 2< = 1! = 3> 2);
⑤     printf("line 5:% d\n", 7> 6> 5);

    return 0;
}
```

①处chk1 == 1是关系表达式,用于判断chk1的值是否等于1;而chk2 = 1是赋值表达式,表示将chk2的值变成1。初学时一定要注意"=="和"="的区别。②处chk1 = 7 > 2 + 5等价于chk1 = (7 > (2 + 5)),7 > 7的结果为0,再赋值给chk1。③处,比较字符型数据时,按照其ASCII码值的大小进行比较。④处1 ! = 3 > 2等价于1 ! = (3 > 2),2 <= 1 ! = 3 > 2等价于(2 <= 1) ! = (3 > 2)。⑤处7>6>5虽然能够执行,但其含义却和数学意义大相径庭。关系运算符是双目运算符,结合方向自左向右,因此7>6>5先执行7>6,表达式逻辑值为1,再使用逻辑值继续向后执行,逻辑值1>5不成立,表达式逻辑值为0。如果想表达数学意义上的含义,该怎么办呢?那么就需要使用逻辑运算符了!上述程序输出的结果如下:

```
line 1:0 1
line 2:0
line 3:0
```

```
line 4:0 1
line 5:0
```

如果编译代码出现了"[Error] expected expression"的错误，请检查诸如==、<=运算符中间是否加了空格。运算符>=、<=、==和!=是整体，中间不允许加空格。运算符!=也不要输入反了，若误写成了=!，则可能会出现"expression is not assignable"的错误。

2.2.8 逻辑运算符和逻辑表达式

逻辑运算包含非运算、与运算和或运算三种，其中非运算是单目运算，运算符为!，优先级很高，位于第 2 级，意思是操作数取反。而与运算和或运算则是双目运算，其运算符分别为 && 和||，优先级较低，位于第 11 级和第 12 级，这一点在初学时特别容易被忽略，请务必注意。&& 运算表示两个操作数中有一者为假，结果即为假；||运算表示两个操作数中有一者为真，结果即为真。

逻辑表达式即为使用逻辑运算符将关系表达式或逻辑量连接起来的式子，逻辑表达式和操作数的值都为逻辑值，即真（使用 1 表示）和假（使用 0 表示）。这里操作数可以是常量、变量或任意类型的表达式。判断操作数是"真"（即成立）还是"假"（即不成立）的依据是看操作数的值是 0 还是非 0。整数 0，实数 0.0，空字符'\0'（ASCII 码值为 0）以及运算结果为 0 的任何表达式都判定为"假"；非 0 的整数或实数（包括正数和负数）、非空字符、运算结果不为 0 的任何表达式都判定为"真"。

在同一个表达式中，应根据运算符的优先级和结合方向来区分不同数值参加的不同运算，例如表达式 a+b||c*d&&e，等价于(a+b) || ((c*d) && e)，因为算术运算符优先级高于逻辑运算符，而 && 运算符优先级又高于||运算符。

&& 运算符和||运算符还有一个特征，它们都能对操作数进行"短路"计算。即当 && 运算符左边的操作数为 0，那么不论右边的操作数为"真"还是"假"，最终结果皆为"假"，因此将不再求解其右边的操作数的值；当||运算符左边的操作数为 1，那么不论右边的操作数为"真"还是"假"，最终结果皆为"真"，因此将不再求解其右边的操作数的值。

```
/* * * * * * * * * * * * * * * * * * * * * * * * * * * * * * * * * * *
 * 程序名:log_opr.c                    *
 * 逻辑运算符 logical operators        *
* * * * * * * * * * * * * * * * * * * * * * * * * * * * * * * * * * * /
# include < stdio.h>
int main(void)
{
    int a= - 1, b= 0, c= 1, d= 2;
    int x= 15;
    char ch1= 'A', ch2= 'a', ch3= '0';

①      printf("line 1:% d\n", a< b && c< d);
②      printf("line 2:% d\n", ! a = =  b || c< d);
③      printf("line 3:% d\n", a= = b && (c= 3));
```

```
④      printf("line 4:% d\n", x% 2 = =  0 || x% 5 = =  0);
⑤      printf("line 5:% d % d\n", 1< x< 10,  1< x && x< 10);
           /* 数学语言写法和程序语言的写法不一样 * /
⑥      printf("line 6:% d\n", ch1> = 'A' && ch1 < = 'Z');
           /* 如果是大写字母,得到逻辑值 1 * /
⑦      printf("line 7:% d\n", ( ch2> = 'A' && ch2 < = 'Z') || ( ch2> = 'a' && ch2< =
       'z' ) );
⑧          /* 如果是字母,得到逻辑值 1 * /
    printf("line 8:% d\n", ch3> = '0' && ch3< = '9' );
           /* 如果是字符 0~ 9,得到逻辑值 1 * /

    return 0;
}
```

①处逻辑表达式 a<b && c<d,等价于(a<b) && (c<d),先判断 a<b,得到逻辑值 1,再判断 c<d,得到逻辑值 1,那么 1&&1 结果为 1。

②处逻辑表达式! a == b || c<d,等价于((! a) == b) || (c<d),先执行! a 结果为 0,接着判断 0 与 b 是否相等,结果为 1,因为 1 || 任意逻辑值的结果都为 1,因此||运算发生“短路”运算,不再判断 c<d 的结果,整个表达式的结果为 1。

③处逻辑表达式 a==b && (c=3),等价于(a==b) && (c=3),先执行 a==b,结果为 0,因为 0&& 任意逻辑值的结果都为 0,&& 运算发生“短路”运算,因此不再执行(c=3),整个表达式的结果为 0。注意这里的 c 值仍为初始值 1。

④处逻辑表达式 x%2 == 0 || x%5 == 0,等价于((x%2) == 0) || ((x%5) == 0),表示能被 2 或 5 整除的数。

⑤处关系表达式 1<x<10 在数学语言中的含义为 x∈(1,10),但在 C 语言中这个关系表达式的值为 1。因为<是双目运算符,首先判断 1<x,结果为逻辑值 1,再判断逻辑值 1<10,结果为逻辑值 1。因此无论 x 初始值为何值,这个表达式恒为真。逻辑表达式 1<x && x<10 能真正表达数学含义,先判断 1<x,结果为逻辑值 1,再判断 x<10,结果为逻辑值 0,表达式转变为 1&&0,整个表达式的结果为逻辑值 0,结果与数学含义一致。

⑥处逻辑表达式 ch1>='A' && ch1 <='Z',可以判别字符变量 ch1 中存放的是否是一个大写英文字母,如果是大写英文字母则表达式的逻辑值为 1,否则为 0。

⑦处逻辑表达式(ch2>='A' && ch2 <='Z') || (ch2>='a' && ch2<='z'),可以判别字符变量 ch2 中存放的是否是一个英文字母。

⑧处逻辑表达式 ch3>='0' && ch3<='9',可以判别字符变量 ch3 中存放的是否是一个阿拉伯数字字符。

上述程序输出的结果如下：

```
line 1:1
line 2:1
line 3:0
line 4:1
line 5:1 0
```

```
line 6:1
line 7:1
line 8:1
```

上述程序在编译时可能会提示一些警告，事实上关系运算符和逻辑运算符构成的表达式，常常用于选择结构和循环结构，单独使用时无法发挥出真正的作用。

2.2.9　条件运算符和条件表达式

条件运算符为“？：”，用于连接三个操作数，是唯一的三目运算符。其一般形式为：表达式1？表达式2：表达式3，求解规则为：如果表达式1的值为真，则执行表达式2，并以表达式2的值作为条件表达式的值，否则执行表达式3，并以表达式3的值作为条件表达式的值。条件运算符优先级为第13级，结合方向自右向左。

```
/* * * * * * * * * * * * * * * * * * * * * * * * * * * * * * * * * * * *
 * 程序名：cnd_opr.c                        *
 * 条件运算符 conditional operator          *
* * * * * * * * * * * * * * * * * * * * * * * * * * * * * * * * * * * * /
# include < stdio.h>
int main(void)
{
    int a= 1, b= 2, c= 3, d= 4, e= 5, f= 6, g= 7, m;

①    m = a > b ? c : d > e ? f : g;

②    printf("% d\n", a > b ? c : d);
③    printf("% d\n", m);

    return 0;
}
```

②处条件表达式 a ＞ b ？c ：d，因为表达式1即 a＞b 不成立，因此条件表达式的值为冒号后的表达式3即 d 的值，结果为4。根据①处赋值语句计算得到③处的结果，①处赋值符号的右边为条件表达式，它由两个条件运算符嵌套构成，根据条件运算符自右向左结合的规定，因此表达式等价于 a ＞ b ？c ：(d ＞ e ？f ：g)。因为表达式1即 a＞b 不成立，因此执行冒号后的表达式3，也就是括号中的条件表达式；又因 d＞e 不成立，因此括号内的条件表达式的值为 g，即整个条件表达式的值为 g，最后将 g 值赋值给 m，因此 m 的值为7。上述程序输出的结果如下：

```
4
7
```

2.2.10　位运算符

在程序设计中，可以操作的最小数据单位是二进制位(bit)，理论上，我们可以按“位”来运算以完成所有的运算和操作。位运算是指按照二进制位进行的运算，是对字节或字中实际存储的二进制位进行检测、设置或移位。通常，按位操作是用来产生控制信号以控制硬件操作或者实现数据变换。有些时候，灵活的位操作可以有效提高程序运行效率。由于 C 语言具有按位运算的功能，使得 C 语言也能像汇编语言一样编写系统程序。

C 语言提供了六种位运算符，这些运算符的操作数只能是整型数据，即只能操作带符号或无符号的 char、short、int 与 long 类型数据。

位运算符及其功能描述如表 2.7 所示。

表 2.7　位运算符及其功能描述

运算符	功能	描述
&	按位与	如果两个相应的二进制位都为 1，则运算结果为 1，只要有一个为 0，则结果为 0
|	按位或	两个相应的二进制位中只要有一个为 1，运算结果为 1，只有两个都为 0，结果才为 0
^	按位异或	若参加运算的两个二进制位值相同则为 0，否则为 1
~	取反	单目运算符，用来对一个二进制数按位取反，即将 0 变 1，将 1 变 0
<<	左移	用来将一个数的所有二进制位全部左移 n 位，左端 n 位被舍弃，右端补 n 个 0，左移之后的数值扩大为原来的 2^n 倍
>>	右移	将一个数的所有二进制位右移 n 位，右端 n 位被舍弃，对于无符号数或带符号的非负数，左端补 n 个 0，对于带符号的负数，左端补 n 个 1。

在前面的学习中，我们知道关系表达式和逻辑表达式的运算结果只能是 1（真）或 0（假）。而位运算表达式的结果则可以取 0 或 1 以外的值。

现将六种位运算符详细介绍如下：

1）按位与运算符（&）

按位与运算符"&"是双目运算符。其功能是将两个整数的二进制补码相应位进行逻辑与操作。

运算规则是只有对应的两个二进制位均为 1，结果才为 1，否则为 0。

例如：计算 9&7，9 的 16 位二进制补码为 00000000 00001001，7 的 16 位二进制补码为 00000000 00000111。

```
     00000000 00001001
&    00000000 00000111
----------------------
     00000000 00000001
```

00000000 00000001 即 1，所以 9&7 的结果为 1。为方便起见，这里使用 2 个字节存放一个整型数，例如高字节 $b_7b_6b_5b_4b_3b_2b_1b_0$ 低字节 $b_7b_6b_5b_4b_3b_2b_1b_0$。

按位与运算通常有以下用途：

(1) 清零特定位

如果想对某个数据的某些二进制位清零，只要构造一个特殊的二进制数，使其满足以下条件：与原数中需要清零的二进位相对应的数位上的值设置为 0，其余位为 1。然后将原数与这个特殊的二进制数进行按位与运算即可。

例如，将 43 二进制代码的右边第 2 位清 0，可以用如下代码：

```
int a= 43,b;
b= a&- 3;
```

43 的 16 位二进制补码为 00000000 00101011，要将低字节 b_1 位清零，就需要构造一个新的二进制数 11111111 11111101（即十进制数 −3），00000000 00101011&11111111 11111101 的结果为 00000000 00101001。

(2) 保留指定位

若想保留某个数的指定位，可以将其与一个特定的二进制数进行按位与操作，此代码的相应位设置为 1，其余位设置为 0。

例如，保留 43 二进制代码低字节 b_6、b_4、b_2、b_0 位，可以使用 43&85。构造一个二进制数 00000000 01010101（即十进制数 85），将其与 43 的补码 00000000 00101011 按位与得 00000000 00000001，保留下来的低字节 b_6、b_4、b_2、b_0 位分别为 0、0、0、1。

2) 按位或运算符(|)

按位或运算符“|”是双目运算符。功能为将参与运算的两数按位相“或”。如果对应的两个二进位中有一个为 1，结果为 1，否则为 0。

例如：计算 9|4，将 9 和 4 转换成二进制代码得 00000000 00001001 和 00000000 00000100。

```
    00000000 00001001
|   00000000 00000100
---------------------
    00000000 00001101
```

00000000 00001101 转换成十进制数为 13，所以 9|4 的结果为 13。

3) 按位异或运算符(^)

按位异或运算符“^”是双目运算符。其功能是参与运算的两数按位相“异或”，当两对应的二进位的值不同时，结果为 1，反之结果为 0。

例如：计算 156^13，156、13 转换成二进制补码分别是 00000000 10011100 和 00000000 00001101。

```
    00000000 10011100
^   00000000 00001101
-----------------------
    00000000 10010001
```

00000000 10010001 对应的十进制数为 145。

按位异或的用途：

(1) 使特定位的值取反

要使某个数的某几位翻转，就将与其进行异或运算的操作数相应位置 1 即可。

例如：设数 100，其二进制补码为 00000000 01100100，想使其低 4 位($b_3b_2b_1b_0$)翻转，即 1 变 0，0 变 1，可以将其与二进制代码 00000000 00001111 进行异或运算。

(2) 不引入第三个变量，交换两个变量的值

例如：x=5，y=7，想将 x 和 y 的值互换，可以用以下赋值语句实现：

```
x= x^y;  (x^y 的结果，x 已变成 2)
y= y^x;  (y^x 的结果，y 已变成 5)
x= x^y;  (x^y 的结果，x 已变成 7)
```

4) 按位取反运算符(～)

取反运算符"～"为单目运算符，用于将整数的二进制补码所有二进制位由 1 变成 0，由 0 变成 1。

例如：计算～10，10 的二进制补码为 00000000 00001010，按位取反后得到 11111111 11110101，将这个二进制补码转换成原码得 10000000 00001011，对应的十进制数为－11。

5) 左移运算符(<<)

左移运算符"<<"是双目运算符。其功能是把左边操作数的所有二进位全部左移若干位，高位左移溢出则舍弃，低位补若干个 0。

例如：计算 25<<3，25 的二进制补码为 00000000 00011001，向左移 3 位并将低 3 位补 0 得 00000000 11001000，对应的十进制数为 200。

6) 右移运算符(>>)

右移运算符">>"是双目运算符。其功能是把左边操作数所有二进位全部向右移动若干位。对于无符号数，高位补若干个 0，对于有符号数，负数高高位用 1 补齐，非负数用 0 补齐。

例如：15 >>3，即把 00000000 000001111 向右移 3 位并在高位补 0 得 00000000 00000001(十进制数为 1)。

7) 位运算赋值运算符

位运算符与赋值运算符可以组成复合赋值运算符：&=，|=，>>=，<<=，^=。

例如：a &= b 相当于 a = a & b，a<<=2 相当于 a = a<< 2。其余不再赘述。

习题

一、判断题

1. 使用 sizeof 运算符可以获取数据类型的字节数。 ( )
2. 符号常量 # define PI 3.14 末尾必须加分号。 ( )
3. char 类型变量可以存储 ASCII 码为 255 的字符。 ( )
4. 表达式 i++和++i 的功能完全相同。 ( )
5. long 类型在 64 位系统中占 8 字节。 ( )

二、选择题

1. 以下变量名合法的是( )。

A. 2name B. enum C. _3m D. float

2. 以下转义字符表示“换行”的是( )。

A. \t B. \n C. \r D. \b

3. 下面程序的运行结果是( )。

```
y= 5; x= 14; y= ((x= 3* y, x+ 6), x- 1);
printf("x= % d, y= % d", x, y);
```

A. x=27, y=27 B. x=12, y=13

C. x=15, y=14 D. x=y=27

4. 在 C 语言中,以下( )表达式是合法的。

A. int a=5; a++=2; B. float b=3.14; b%2;

C. char c='A';c+1; D. double d=2.5; d<<1;

5. 表达式 a *= b + 3 等价于( )。

A. a = a * b + 3 B. a = a * (b + 3)

C. a = a + b * 3 D. a = 3 * a + b

6. 已有定义“int a=3;”和输出语句“printf("%8x",a);”以下叙述正确的是( )。

A. 整型变量的输出格式符只有%d 一种

B. %x 是格式符的一种,它可以适用于一种类型的数据

C. % x 是格式符的一种,其变量的值按十六进制数输出,但%8x 是错误的

D. %8x 是正确的格式符,其中数字 8 规定了输出字段的宽度

7. 执行“int i=1, j; j = i++;”后,j 的值是( )。

A. 1 B. 2 C. 0 D. 不确定

8. 字符串"Hello"在内存中占用的字节数是( )。

A. 5 B. 6 C. 7 D. 8

9. 以下哪个是合法的八进制常量( )。

A. 0x12 B. 0123 C. 089 D. 1e3

10. 以下哪个运算符的优先级最高（　　）。

A. +　　B. *　　C. =　　D. &&

三、填空题

1. 定义符号常量的关键字是________。
2. long double类型的有效数字位数是________位。
3. 表达式12% 5的结果是________。
4. 表达式(int)3.14的结果是________。
5. C语言中的逻辑值“真”是用________表示的。

第三章　输入、输出和算法

前一章的程序，无论运行多少次，得到的结果都是一样的，因为它们只有输出。想要实现人机交互，就必须要有“问”有“答”，“问”即为输入，“答”即为输出。初学时输入数据的工作通常使用键盘实现，而输出的结果则显示在显示器上。然而实际工作中，从文件中输入原始数据，将最终结果输出到文件中，则是更加普遍的现象。

3.1　数据的输出

C语言没有输入输出语句，所有数据的输入输出操作都是由相关的输入输出函数完成的。其中最常用的输出函数是 printf 函数，大家应该都比较熟悉了，在前一章里都是用的它，它的调用格式为：

```
printf( "格式字符串",输出列表 );
```

其中，“格式字符串”必须包括格式说明符，还可以包括需要原样输出的普通字符（如空格、逗号）和转义字符（如'\n'回车符），“输出列表”为需要输出的常量、变量或表达式等，它们之间使用逗号分隔开。

C语言的格式说明符较多，其变化也较多，初学时无需过于纠缠，随着学习的推进，程序源代码的阅读量的增加，会逐步加深理解、熟练使用格式说明符。

3.1.1　整型数据的输出

在前一章中我们接触过的整型数据格式符说明有%d、%ld、%u，其实还有其他格式说明符，如表 3.1 所示。

表 3.1　整型数据的格式说明符

整型数据格式说明符	说明
%d	用于输出 int 类型数据
%ld	用于输出 long int 类型数据
%u	用于输出 unsigned int 类型数据
%o、%x、%X	将基本整型数据的二进制补码转换成八进制、十六进制数输出
%lo、%lx、%lX	将长整型数据的二进制补码转换成八进制、十六进制数输出

续表

整型数据格式说明符	说明
%md、%mld	用于输出 m 位基本整型、长整型数据，如果输出数据的宽度不足 m 位，则用空格在数据左边补足，如果超过 m 位则按实际长度输出
%-md、%-mld	用于输出 m 位(包括负号)基本整型、长整型数据，如果输出数据的宽度不足 m 位，则用空格在数据右边补足，如果超过 m 位则按实际长度输出
%#d、%#o、%#x、%#X	输出前导符，十进制数没有前导符，八进制数输出前导符 0，%#x 和 %#X 输出前导符 0x 或 0X

下面来看一些具体的例子。需要注意的是，“格式字符串”中的普通字符要原样输出；八进制、十六进制数的输出的结果需按照补码编码输出。

```
/* * * * * * * * * * * * * * * * * * * * * * * * * *
 * 程序名:prt_int.c                *
 * 输出整型数据 print int          *
* * * * * * * * * * * * * * * * * * * * * * * * * * /
# include < stdio.h>
# include < stdlib.h>
int main(void)
{
    int a= 23, b= 12345;
    unsigned int unsigned_max= 4294967295;          /* 最大的无符号整数 * /

①    printf("12345678901234567890\n");              /* 画了个标尺 * /
②    printf("* % 5d* ,* % 3d* \n", 12, b);          /* 指定了宽度 * /
③    printf("* % - 5d* ,* % 5d* \n", a, a);         /* 指定了宽度 * /
     printf("\n");
④    printf("% # o,% # x,% # X\n", 100, 100, 100);  /* 八进制和十六进制 * /
⑤    printf("% o\n", unsigned_max);                 /* 大数的表示 * /
⑥    printf("% o,% x\n", - 1, - 1);                 /* 负数的表示 * /

    return 0;
}
```

为了能够清楚地看到空格的情况，我们在①处先打印一个标尺，为了能够看清楚数据宽度，在②处和③处的格式说明符两边加上了“ * ”作为边界分隔符。②处的%5d 要求输出 5 位数，如果宽度不足则在左边补空格；%3d 要求输出 3 位数，显然变量 b 的长度超过了，因此按照实际长度输出。③处的%-5d 要求输出 5 位数，如果宽度不足，则在右边补空格，对比一下%5d 和%-5d 就很明显了。④处使用八进制和十六进制表示数字。④处的#会根据进制输出前导符 0 或者 0x、0X。⑤处，unsigned_max 是存储为补码(4 个字节)的，转换成八进制形式输出。⑥处将符号位看作数值位，转换成八进制和十六进制输出。

以上程序的输出结果为：

```
12345678901234567890
*    12*, *12345*
*23    *, *    23*

0144,0x64,0X64
37777777777
37777777777,ffffffff
```

注意,④～⑥处是小写字母 o,不是数字 0,否则程序会提示警告,结果也会出错。

3.1.2 实型数据的输出

实型数据的格式说明符除了%f、%lf 以外,还有其他格式说明符,及相关变化如表 3.2 所示。

表 3.2 实型数据的格式说明符

实型数据格式说明符	说明
%f	以小数形式输出实数,小数位数默认为 6 位,若小数位数超过 6 位则进行四舍五入
%lf	输出 double 类型的数据,其输出结果和用"%f"一样
%m.nf	以小数形式输出实数,指定输出的数据占 m 列(含小数点),其中小数部分占 n 位。如果数据长度小于 m,则在数据左边补空格,反之,则按实际长度输出
%-m.nf	与"%m.nf"类似,只是当数据长度小于 m 时,要在数据右边补空格
%e、%E、%m.ne、%-m.ne	以指数形式输出实数
%g、%G	选用%f 或%e 格式中输出宽度比较短的格式输出数据
%lf、%le、%lE,%lg、%lG	输出 double 类型数据

这里依然给一个例子来说明一下。

```
/*******************************
 * 程序名:prt_float.c          *
 * 输出实型数据 print float    *
*******************************/
# include < stdio.h>
# include < stdlib.h>
int main(void)
{
    float num= 1.45612374;

①    printf("1234567890123456789012345\n");           /* 画一个标尺 * /
②    printf("* % f* ,  * % 10f* \n", num, num);         /* 默认宽度和指定宽度 * /
③    printf("* % 10.3f* ,* % - 10.3f* \n", num, num); /* 指定小数位数 * /
     num =  num * 1000;
```

```
④       printf("% e, % g\n", num, num);                /*  % e和% g的比较 * /

        return 0;
    }
```

②、③处为了能看清楚边界，依然在格式说明符两边加上了“*”作为分隔符。②处%f按照默认格式输出，但小数位数超过6位，因此进行四舍五入；%10f则是指定输出的宽度为10，num值按照默认格式输出，整数占1位，小数占6位，小数点占1位，还差2位，在左边补2个空格。③处%10.3f要求数据总宽度是10位，其中小数占3位，数据宽度不够则在数据左边补5个空格；%-10.3f同理，区别是在数据右边补空格。④处%e是以指数形式输出实数，%g选用%f或%e格式中输出宽度比较短的那种格式输出数据。

以上程序的输出结果为：

```
1234567890123456789012345
*1.456124*,  * 1.456124*
*     1.456*,*1.456     *
1.456124e+03,1456.12
```

3.1.3 字符数据的输出

字符数据输出有两种方法：使用printf函数与%c格式说明符，或putchar函数。%c格式说明符只能输出一个字符，参数为字符型或整型变量、常量或表达式，甚至转义字符。putchar函数向屏幕或其他输出设备输出一个字符，其参数为字符型或整型变量、常量或表达式，甚至是转义字符。putchar函数的定义在stdio.h文件中，因此使用putchar函数时必须在源代码的开头写上#include <stdio.h>。来看一个例子。

```
/* * * * * * * * * * * * * * * * * * * * * * * * * * * * *
 *  程序名:prt_char.c            *
 *  输出字符型数据 print char     *
* * * * * * * * * * * * * * * * * * * * * * * * * * * * * /
# include < stdio.h>
int main(void)
{
    char ch= 'a';

①   printf("% c % c % c\n", ch, 'b', 99);   /*  使用printf函数 * /
②   printf("% d % d\n", ch, 'A');            /*  输出字符的ASCII码值 * /
③   putchar(ch);                             /*  使用putchar函数,参数是字符变量 * /
    putchar(' ');                            /*  参数是字符常量空格 * /
    putchar('b');
    putchar(' ');                            /*  两个单引号之间有一个空格 * /
    putchar(99);                             /*  参数是整型常量 * /
    putchar('\n');                           /*  参数是转义字符 * /

    return 0;
}
```

①处的 3 个%c 对应的参数分别是 char 型变量 ch，字符型常量'b'和整型常量 99，ch 输出对应的变量值，字符型常量输出自身的值，整型常量则是将其看作 ASCII 码值，输出对应的字符。②处使用%d 格式输出字符型变量 ch 和字符型常量'A'的 ASCII 值。从③处开始接下来的若干行使用 putchar 函数，它的参数只能有一个，因此需要多写几个 putchar 函数才能达到①处的输出结果。以上程序的输出结果为：

```
abc
9765
a b c
```

3.1.4　字符串常量的输出

字符串常量输出也有两种方法：使用 printf 函数与%s 格式说明符，或使用 puts 函数，具体函数说明见表 3.3。

表 3.3　printf 和 puts 函数说明

函数	说明
printf(字符串常量)；	直接输出字符串常量
printf("%s"，字符串常量)；	使用字符串格式说明符输出
printf("%m.ns"，字符串常量)；	截取字符串左边 n 个字符，并按照 m 列的宽度显示出来。如果 n<m，则在字符串左边补空格，反之则按实际长度输出
printf("%-m.ns"，字符串常量)；	功能与"%m.ns"类似，不同的是当 n<m 时，在字符串右边补空格
puts(字符串常量)；	直接输出字符串常量

看看具体的例子。

```
/* * * * * * * * * * * * * * * * * * * * * * * * * * * * * * *
 * 程序名:prt_str.c               *
 * 输出字符串常量 print string     *
* * * * * * * * * * * * * * * * * * * * * * * * * * * * * * * /
# include < stdio.h>
# include < stdlib.h>
int main(void)
{
①    printf("Hello NJFU! \n");                     /* 使用字符串常量 * /
②    puts("Hello NJFU!");                          /* 使用 puts 函数 * /
③    printf("% s\n", "Hello NJFU!");               /* 使用% s 格式说明符 * /
④    printf("* % 10.5s* \n", "Hello NJFU!");       /* 指定宽度 * /
⑤    printf("* % 3.5s* \n", "Hello NJFU!");
⑥    printf("* % - 10.5s* \n", "Hello NJFU!");

     return 0;
}
```

①处直接输出字符串常量，并在末尾加上了转义字符'\n'实现回车换行。②处使用puts函数输出字符串常量，且自带换行效果。③处使用字符串格式说明符%s实现输出。这3行效果相同。④～⑥处这3行中，同样使用“*”来做分隔符。%10.5s是截取字符串左边5个字符，并按照10列的宽度显示出来。由于字符个数不够宽度，因此在字符串左边补5个空格。⑤处%3.5s是截取字符串左边5个字符，并按照3列的宽度显示出来。因为宽度小于字符个数，因此按照截取的实际长度输出5个字符。⑥处%－10.5s是截取字符串左边5个字符，并按照10列的宽度显示出来。由于字符个数不够宽度，因此在字符串右边补5个空格。以上程序的输出结果为：

```
Hello NJFU!
Hello NJFU!
Hello NJFU!
*     Hello*
*Hello*
*Hello     *
```

也许你会问，整型和实型都有常量和变量，那字符型呢？注意，C语言中只有字符型常量和变量，字符串常量，没有“字符串变量”这个概念，若想输入、存储或输出字符串，还要耐心等一等，我们将会在第九章学习相关内容。

3.2 变量的输入

除了在程序中通过赋值操作为变量提供数据外，更常用的方法是通过键盘向变量输入数据，这样做的好处是每次运行程序时都可以输入不同的数据，因此可以得到不同的结果，从而大大提高程序的灵活性。掌握了这个方法，我们就可以初步实现简单的人机交互，编写的程序可以有“问”有“答”了。

通过键盘向变量输入数据我们使用的是scanf函数，它与printf类似，定义在stdio.h文件中，因此使用它时必须在源代码的开头写上#include ＜stdio.h＞。其调用格式为：

```
scanf("格式字符串", 地址列表);
```

其中的格式字符串由格式说明符和普通字符组成，不过不推荐大家在scanf的格式字符串中使用普通字符，稍后的例题中将说明这一点。地址列表是由多个变量地址构成，各个变量地址之间使用逗号隔开，变量地址的表示方法为：&变量名。这里符号“&”称为取地址运算符，其作用是取得变量在内存中的地址。如有定义语句“int a=28, b=29;”，变量存储地址示意图如图3.1所示。

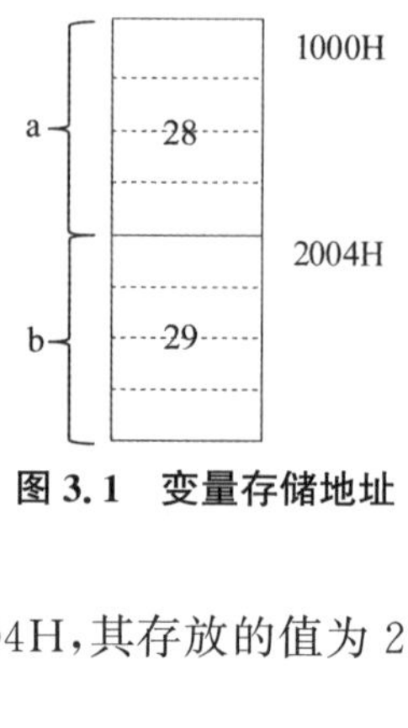

图3.1 变量存储地址

变量a内存单元的起始地址为1000H(H表示十六进制数)，其存放的值为28，变量b所在内存单元的起始地址为2004H，其存放的值为29。变量地址就好比一个房间的号码，变量的值好比房间内存放的物品。&a 表示变量 a 的地址，所以其值为 1000H，并不是 28。scanf 函数使用取地址符"&"的作用就是将从键盘输入的数据存放到对应地址的内存单元中。

3.2.1　数值型数据输入

我们先来看看输入 3 种整型变量的值，并观察它们输出的情况。为了区分输入和输出，我们在输入结束时使用↙符号来表示回车。

```
/* * * * * * * * * * * * * * * * * * * * * * * * * * * * * *
 * 程序名:scanf_int.c         *
 * 输入 3 种整型变量的值并输出 *
* * * * * * * * * * * * * * * * * * * * * * * * * * * * * * * /
# include < stdio.h>
# include < stdlib.h>
int main(void)
{
    int int_num;
    unsigned un_num;
    long int long_num;

①        printf("Input int_num, un_num, long_num:\n");
        /*  提示输入语句 * /
②       scanf("% d", &int_num);              /*  输入一个 int 型变量 * /
③       scanf("% u", &un_num);               /*  输入一个 unsigned int 型变量 * /
④       scanf("% ld", &long_num);            /*  输入一个 long int 型变量 * /
⑤       printf("int_num= % d, un_num= % u, long_num= % ld\n", int_num, un_num,
long_num);
            /* 输出变量 * /
    return 0;
}
```

编译通过后执行这个程序，执行到①处时，先输出一条提示语句并换行，提示用户输入 3 个变量。②～④处要求用户输入 3 个值，此时光标不停地闪烁，等待我们输入。我们可以分别输入 3 个值，并使用回车表示输入结束。程序接收到对应的值，执行到⑤处输出最终的结果。①处的提示信息是一个良好的人机交互界面，提示我们应该做什么操作。如果不写，当光标不停地闪烁时，用户可能会误以为程序还在执行。程序的运行情况为：

```
⑥  Input int_num, un_num, long_num:
⑦  2↙
⑧  1↙
⑨  0↙
⑩  int_num= 2, un_num= 1, long_num= 0
```

其中⑥、⑩处为程序输出的结果，⑦～⑨处为用户依次输入的值和回车。这里我们也可以一次输入 3 个值，值之间使用空格隔开，最后按回车结束输入，例如：

```
Input int_num, un_num, long_num:
1 - 1 0 ↙
int_num= 1, un_num= 4294967295, long_num= 0
```

运行结果中 int_num 为 1，un_num 为 4294967295，long_num 为 0。通过 scanf 函数对变量赋值，同样会存在数据溢出现象。

注意，在要求用户输入之前给出一个提示信息，这是一个非常好的习惯！但如果你使用 OJ 系统（Online Judge，在线评测系统）做练习，如 MOOC 平台，就请不要写提示输入语句，直接写输入语句！因为输入提示信息可能会对评测系统的输入处理造成干扰，影响评测结果，导致评测不通过。也不建议直接把 OJ 当编辑器用，OJ 给出的提示信息非常有限。请在编译器上调试通过代码后，再把代码贴到 OJ 里，并注释掉类似①处的提示语句。

我们把 scanf_int. c 文件中的②～④处修改一下，改成一条 scanf 语句：

```
scanf("% d% u% ld", &int_num, &un_num, &long_num);
```

运行输入时，各个整数之间可用一个或多个空格、Tab 键或回车键间隔，不能用逗号、分号、冒号等字符作间隔：

```
Input int_num, un_num, long_num:
1       2 ↙
3 ↙
int_num= 1, un_num= 2, long_num= 3
```

scanf 语句的格式字符串中使用逗号分隔也是比较常见的，如：

```
scanf("% d,% u,% ld", &int_num, &un_num, &long_num);
```

此时运行输入时，必须使用逗号分隔，不能使用其他符号，否则结果就会出错：

```
Input int_num, un_num, long_num:
1,2,3 ↙
int_num= 1, un_num= 2, long_num= 3
```

可以给 scanf 的格式说明符限定宽度，不过一般不这么做：

```
scanf("% 5d% 5u% 10ld", &int_num, &un_num, &long_num);
```

运行时输入一串数字，前 5 位将赋给 int_num，中间 5 位将赋给 un_num，最后 10 位将赋给 long_num：

```
Input int_num, un_num, long_num:
12345655251234567890 ↙
int_num= 12345, un_num= 65525, long_num= 1234567890
```

这样的输入格式太考验输入者了，输入的值分别赋给哪些变量也不清晰。你可能想指定哪些值赋值给哪些变量，于是 scanf_int. c 文件中的②～④处又变成了这样：

```
scanf("int_num= % d un_num= % u long_num= % ld", &int_num, &un_num, &long_num);
```

运行时输入 1、2 和 3，结果却出错了，可能会看到这些数字：

```
Input int_num, un_num, long_num:
1 2 3 ↙
int_num= 247402592, un_num= 0, long_num= 4689049523
```

尝试输入其他的数字，还是得不到正确的结果，甚至多次输入 1、2、3，每次结果都不一样。问题出在哪里？前面讲过，使用逗号分隔符，在输入时数字之间也必须使用逗号。也就是说，格式字符串中的普通字符要原样输入！那么这里的输入就必须写成如下样式：

```
Input int_num, un_num, long_num:
int_num= 1 un_num= 2 long_num= 3 ↙
int_num= 1, un_num= 2, long_num= 3
```

用户在输入时只知道要输入数字，哪里会知道还必须输入诸如“int_num”之类的提示字符！这显然不符合我们的预期。这些提示必须使用 printf 函数来实现。因此，scanf_int.c 文件可以作如下修改，使用多对 printf 和 scanf 来达到目的：

```
    /* * * * * * * * * * * * * * * * * * * * * * * * * * * * * * * * *
     * 程序名:scanf_int_modify.c        *
     * 提示并输入 3 种整型变量的值并输出 *
    * * * * * * * * * * * * * * * * * * * * * * * * * * * * * * * * * * /
    # include < stdio.h>
    # include < stdlib.h>
    int main(void)
    {
        int int_num;
        unsigned un_num;
        long int long_num;

①       printf("Input int_num\n");          /* 提示输入语句 * /
        scanf("% d", &int_num);             /* 输入一个 int 型变量 * /
②       printf("Input un_num:\n");
        scanf("% u", &un_num);              /* 输入一个 unsigned 型变量 * /
③       printf("Input long_num:\n");
        scanf("% ld", &long_num);           /* 输入一个 long int 型变量 * /
        printf("int_num= % d, un_num= % u, long_num= % ld\n", int_num, un_num,
long_num);
            /* 打印变量 * /

        return 0;
    }
```

我们增加了①、②、③处的输出提示语句，界面友好很多，提示一句，输入一个数字，运行结果如下：

```
Input int_num
1 ↙
Input un_num:
2 ↙
Input long_num:
3 ↙
int_num= 1, un_num= 2, long_num= 3
```

下面来看看使用 scanf 函数输入实数的情况。

```
/* * * * * * * * * * * * * * * * * * * * * * * * * * * * *
 * 程序名:scanf_float.c      *
 * 输入 4 个实数变量的值并输出*
* * * * * * * * * * * * * * * * * * * * * * * * * * * * * * /
# include < stdio.h>
# include < stdlib.h>
int main(void)
{
    float f1, f2, f3, f4;

    printf("Input 4 float numbers:\n");
①   scanf("% f % f % f", &f1, &f2, &f3);          /* 使用小数或指数形式输入 * /
②   scanf("% 5f", &f4);                            /* 指定宽度的输入 * /
    printf("f1= % f, f2= % f, f3= % f\n", f1, f2, f3);
    printf("f4= % f\n", f4);

    return 0;
}
```

①处使用小数形式或指数形式输入实数,②处在 scanf 的格式说明符中指定了宽度,看看会产生什么结果?

```
   Input 4 float numbers:
③ 123.456 1.23456e2 1234.56e- 1 ↙
④ 12.34567 ↙
   f1= 123.456001, f2= 123.456001, f3= 123.456001
   f4= 12.340000
```

可以看到,③处无论输入实数是小数形式还是指数形式都可以得到正确的值。④处 f4 得到 12.34,截取了前 5 位包括小数点赋值给 f4,与我们想要的值有出入。在使用 scanf 函数输入实数时,亦不能指定小数位数,即不能在输入实数时规定其精度,如%5.2f,虽然在编译时不会报错,但运行的结果不正确。

3.2.2 字符数据输入

字符数据输入有两种方法:使用 scanf 函数与%c 格式说明符,或使用 getchar 函数。一个%c 格式说明符只能输入一个字符,参数为字符型或整型变量。getchar 函数从键盘或其他输入设备输入一个字符，它是一个无参数的函数，括号里面必须是空的（最多只能有空格，不能有其他符号），且括号不可省略。getchar 函数的定义在 stdio. h 文件中，因此使用 getchar 函数必须要在源代码的开头写上 #include <stdio. h>。

字符不仅包括字母，还包括空格、Tab 键、回车符等符号。在输入时遇到它们会发生什么呢？

```
/* * * * * * * * * * * * * * * * * * * * * * * * * * * *
 * 程序名:scanf_char.c      *
 * 输入 4 个字符变量的值并输出 *
* * * * * * * * * * * * * * * * * * * * * * * * * * * * /
# include < stdio.h>
# include < stdlib.h>
int main(void)
{
    char ch1, ch2, ch3, ch4;

    printf("Input 4 characters:\n");
①   scanf("% c% c% c", &ch1, &ch2, &ch3);        /* 输入字母和空格 * /
②   ch4= getchar();                              /* 输入回车 * /
    printf("ch1= % c ch2= % d ch3= % c ch4= % d\n", ch1, ch2, ch3, ch4);

    return 0;
}
```

我们在①处使用 scanf 函数实现输入，在②处使用 getchar 函数获得从键盘输入的值，并赋值给变量 ch4。我们输入字母、空格、回车，结果如下：

```
Input 4 characters:
N J↙
ch1= N ch2= 32 ch3= J ch4= 10
```

输入完 3 个字符“N”、“空格”和“J”，回车后还没等我们输入第 4 个字符，程序立马出了结果！原来“回车”也是一个字符！从输出结果也能看出，ch2 输出了空格的 ASCII 码值，而 ch4 的值 10 正是回车的 ASCII 码值！所以需要记住，空格、回车和 Tab 键都会被当作有效字符予以接收！

3.3 文件的基本操作

在前面两小节介绍的内容中，数据均是从键盘输入的，数据的输出均送到显示器显示。但是在实际应用中，数据仅依赖于键盘输入和显示输出等方式是完全不够的。例如，编写一个程序来计算全班 30 名同学的 C 语言期末考试平均得分，如果其中有一个成绩输入有误，就必须重新输入，最终计算出的结果显示在屏幕上，也无法长期保存下来。计算机作为一种先进的数据处理工具，通常采取将这些输入、输出的数据记录在某些存储介质上，利用这些介质的存储特性，携带数据或长久地保存数据，这种记录在外部介质上的数据的集合称为

"文件"。

文件在进行读写操作之前要先打开,使用完毕要关闭。所谓打开文件,实际上是建立文件的各种有关信息,并使文件指针指向该文件,以便进行其他操作。关闭文件则是断开指针与文件之间的联系,也就是禁止再对该文件进行操作。在 C 语言中,文件操作都是由库函数来完成的。打开和关闭文件的系统函数均包含在头文件"stdio. h"中。

3.3.1 文件的打开

文件在进行读写操作之前要先打开,然后才能对文件进行数据的操作,在 C 语言中利用 fopen 函数来打开一个文件,其调用的一般形式为:

```
fp = fopen(文件名, 模式字符串);
```

其中,fp 是用 FILE *fp 定义的 FILE 类型的指针变量,"文件名"是被打开的文件名(文件名必须包括路径,否则路径默认为当前文件夹),文件名是由字符串常量或字符数组构成。一般使用文件打开的 C 语言程序片段,都会有下面几句话,用来提示文件的打开状态。例如:

```
# include < stdio.h>
# include < stdlib.h>
……
    FILE * fp;
    if( (fp= fopen("d:\\my_file.txt", "r") ) = = NULL)
    /* 如果打开文件失败 * /
    {
        printf("cannot open the file my_file.txt!");        /* 输出提示语句 * /
        exit(1);                                            /* 提前退出程序 * /
    }
```

其含义是在 D 盘根目录下打开文件"my_file. txt",并且只允许进行读操作,同时使文件指针 fp 指向该文件。需要注意,在文件名字符串中,不得直接使用路径描述符"\",而必须采用其转义字符形式"\\"。第一个"\"表示转义字符,第二个"\"表示路径描述符。模式字符串及其含义如表 3.4 所示。

表 3.4 模式字符串及其含义

模式字符串	意义
"r"	打开一个文本文件,用于读取。文件必须存在,否则返回 NULL
"w"	打开一个文本文件,用于写入。若文件存在,清空其内容;若文件不存在则先创建新文件
"a"	打开一个文本文件,用于追加写入。若文件存在,写入到文件末尾;若不存在,则创建新文件

续表

模式字符串	意义
“r+”	打开一个文本文件,用于更新(可读可写)。文件必须存在,否则返回 NULL
“w+”	创建或清空文本文件,用于更新(可读可写)。原有内容被删除
“a+”	打开或创建文本文件,用于追加更新(可读可写)。始终在文件末尾写入
“rb”, “wb”, “ab” “rb+”,“wb+”,“ab+” “r+b”,“w+b”,“a+b”	与前面的模式相似,只是使用二进制模式而非文本模式打开文件

在打开一个文件时,如果发生错误,则 fopen 将返回一个空指针值 NULL。在程序中可以用这一信息来判别是否完成打开文件的工作,并作相应的处理。上面的样例中,给出提示信息“cannot open the file my_file. txt!”,并执行 exit(1)退出程序。这里涉及比较多的概念,初学时仿写即可。

3.3.2 文件的关闭

文件一旦使用完毕,应用关闭文件函数将文件关闭,避免文件的数据丢失等错误,其调用的一般形式为:

```
fclose(文件指针);
```

正常完成关闭文件操作时,fclose 函数返回值为 0;否则返回 EOF(End Of File,文件结束符,其值为−1)。如返回 EOF 则表示有错误发生。一般使用文件关闭的程序片段都会有下面的语句,用来提示文件的关闭状态:

```
if( fclose(fp) ! = 0 ) /* 如果关闭文件失败 * /
   printf("Error in closing the file.\n");
```

3.3.3 文件的输入输出

输入输出的内容都从文件中调取,是现实使用中常用的方式。这里简单介绍两种文件的输入输出调用格式:

```
fscanf(文件指针, "格式控制符", 地址列表);
fprintf(文件指针, "格式控制符", 输出列表);
```

其中,fscanf 表示从文件中读取数据,fprintf 表示将结果写入文件中;函数中的“格式控制符”、地址列表和输出列表与前面介绍的 scanf、printf 函数并无差别。我们先写一个使用 scanf 函数、printf 函数的例子,再改写成使用文件输入输出的程序,对比 scanf 和 fscanf 函数,printf 和 fprintf 函数。

【例 3.1】 输入两个整型变量的值并求和,将结果输出到屏幕上。

```
/* * * * * * * * * * * * * * * * * * * * * * * * * * * * *
 * 程序名:add_keyboard.c     *
 * 对两个整型变量求和          *
* * * * * * * * * * * * * * * * * * * * * * * * * * * * * /
# include < stdio.h>
# include < stdlib.h>
int main(void)
{
    int num1, num2, sum;                /* 定义 3 个 int 型变量 * /

    printf("Input one number:\n");
    scanf("% d", &num1);                /* 输入一个 int 型变量 * /
    printf("Input another number:\n");
    scanf("% d", &num2);                /* 输入另一个 int 型变量 * /

    sum = num1 + num2;                  /* 将两个数相加 * /

    printf("sum = % d\n", sum);         /* 在屏幕上输出结果 * /

    return 0;
}
```

【例 3.2】 输入一个整型变量的值,从文件中读取一个整型值并求和,输出到屏幕和文件中。

```
/* * * * * * * * * * * * * * * * * * * * * * * * * * * * * * * * * * * * * * * * * * *
 * 程序名:add_file.c                                *
 * 从键盘、文件中各读取一个值,对两个整型变量求和        *
* * * * * * * * * * * * * * * * * * * * * * * * * * * * * * * * * * * * * * * * * * * /
# include < stdio.h>
# include < stdlib.h>               /* 使用了 exit 函数 * /
int main(void)
{
    FILE * fp_in, * fp_out;
                                    /* 定义 2 个文件指针,注意 FILE 必须全部大写 * /

  int num, sum;
    if ((fp_in = fopen("source.txt", "r")) = = NULL)
                                    /* 打开源文件 * /
    {
        printf("% s can't be opened\n", "source.txt");
                                    /* 若打开失败,给出提示 * /
        exit(1);                    /* 退出程序 * /
    }
    if ((fp_out = fopen("target.txt", "w")) = = NULL )
                                    /* 打开目标文件 * /
    {printf("% s can't be opened\n", "target.txt");
                                    /* 若打开失败,给出提示 * /
        exit(1);                    /* 退出程序 * /
```

```
    }

    printf("input num:");
    scanf (        "% d", &num );         /* 从键盘上获取 num 的值 * /
    fscanf(fp_in, "% d", &sum );          /* 从源文件中获取 sum 的值 * /

    sum+ = num;                           /* 实现加法 * /

    fprintf(fp_out, "sum= % d\n", sum);     /* 将结果写入到目标文件中 * /
    printf (        "sum= % d\n", sum);     /* 将结果输出到屏幕上 * /

    if( fclose(fp_in) ! = 0 )             /* 关闭源文件 * /
        printf("Error in closing the file % s.\n", "source.txt");
                                          /* 关闭失败,给出提示 * /
    if( fclose(fp_out) ! = 0 )            /* 关闭目标文件 * /
        printf("Error in closing the file % s.\n", "target.txt");
                                          /* 关闭失败,给出提示 * /

        return 0;
}
```

在源文件“add_file . c”所在文件夹中建立一个名为“source . txt”的文件,并在其中输入一个整型值,如图 3.2 所示。运行程序、输入 5,结果如下所示,生成“target. txt”文件,如图 3.3 所示。

```
input num:5 ↙
sum= 8
```

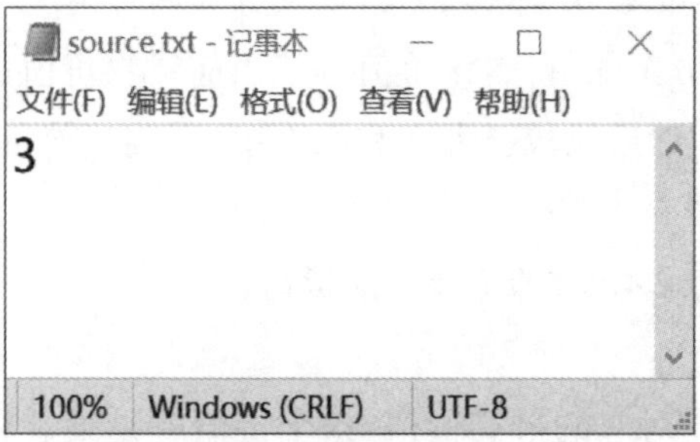

图 3.2　原始数据文件 source. txt

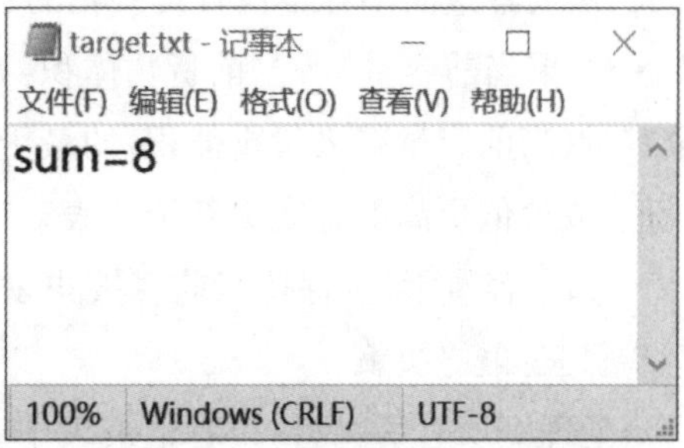

图 3.3　结果文件 target. txt

3.4　算法简介

相信大家肯定或多或少听说过“算法”一词。算法在中国古代文献中称为“术”,最早出现在《九章算术》中,其中就给出了四则运算、最大公约数、最小公倍数、开平方根等算法。欧几里得算法则被人们认为是史上第一个算法,它又被称为辗转相除法,用于计算两个正整数 a,b 的最大公约数。简单地说,算法是一系列解决问题的清晰指令集,它是计算过程的基础,无论是在数学、计算机科学还是在日常生活中,算法都扮演着至关重要的角色。

一个有效的算法通常需要满足以下几个特征：

1. 有穷性：算法必须在执行有限步骤之后终止。
2. 确切性：算法的每一步必须有明确的定义，不能有歧义。
3. 输入：一般来说，算法应明确说明输入的要求，并能处理这些输入。
4. 输出：对于给定的输入，算法应能产生预期的输出。
5. 可行性：算法中的每一步都必须是实际可执行的操作。

此外，算法的效率通常使用时间复杂度和空间复杂度来衡量，不同的算法解决同一问题可能消耗不同的时间和资源。

3.4.1 算法举例

［集装箱装载］ 码头上有一个体积为10的集装箱和5件货物，货物的价值分别为1、2、3、4、5，每件货物的体积为5、4、3、2、1。现在需要尽可能多地将货物装入该集装箱运走，保证货物总价值最大且不超过集装箱总容量10，该选择哪些货物呢？

我们使用动态规划的思想来解决。

步骤一：创建价值记录表

首先，准备一张表，用于记录集装箱从容量0到10的每个容量下所能达到的最大价值。在初始状态时，由于还未装任何货物，所以所有容量价值均为0。

步骤二：逐件处理货物

接下来，按顺序处理每件货物。对于每件货物，要进行如下操作：

1. 获取当前货物的体积和价值；
2. 从大容量向小容量检查集装箱的状态（容量从10降到1），具体又分为两种情况：

• 如果当前容量 ≥ 当前货物体积：计算新方案的价值，该价值等于当前货物价值加上剩余容量（当前容量减去货物体积）的最优价值。然后比较新方案和原方案（不装当前货物）的价值，取价值更高的方案更新记录表。

• 如果容量不足：保持当前容量的原价值记录不变，即不装当前货物。

步骤三：最终决策

当处理完所有货物后，查看记录表中容量10对应的最高价值，这个价值就是集装箱容量为10时所能获得的最个价值。最后，通过回溯确定具体装了哪些货物。

3.4.2 算法的表示

算法可以使用自然语言、流程图和伪代码来表示。

自然语言，使用日常的自然语言来描述算法的每一步。自然语言描述的优点是简单易懂，但有时可能不够精确，容易产生歧义。如清朝赵恬养的《增订解人颐新集》中著名的一句话“下雨天留客天留我不留。”，可以理解为“下雨天留客，天留我不留。”，也可以理解为“下雨天，留客天，留我不留？”，是两种截然不同的意思。

使用自然语言来描述计算两个非零整数的最大公约数(GCD)。

(1) 输入 m,n;

(2) 如果 n 为 0,则 m 即为最大公约数;

(3) 否则,计算 m 除以 n 的余数,记为 r;

(4) 令 m=n,n=r,返回(2)。

流程图可以分为传统流程图和 NS 流程图。传统流程图通过图形化的方式展示算法流程,每个步骤用一个图形块表示。使用圆角矩形来表示起始点或结束点,使用平行四边形表示输入框或输出框,使用矩形来表示处理框,使用菱形表示判断框,并通过带有箭头的连接线来连接以显示执行顺序,如图 3.4 所示。求两个数的最大公约数算法的传统流程图如图 3.5 所示。

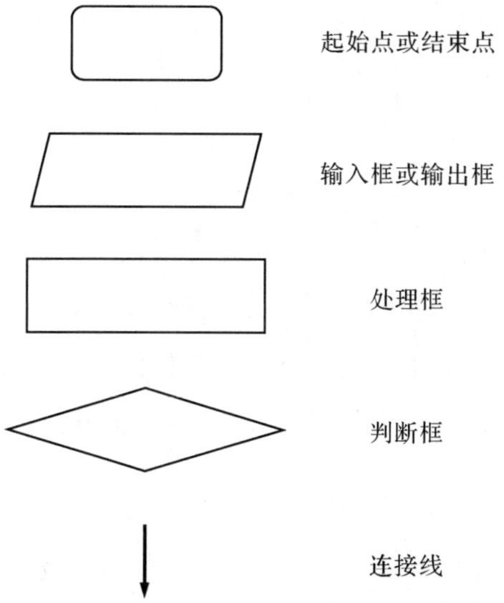

图 3.4　传统流程图的图形

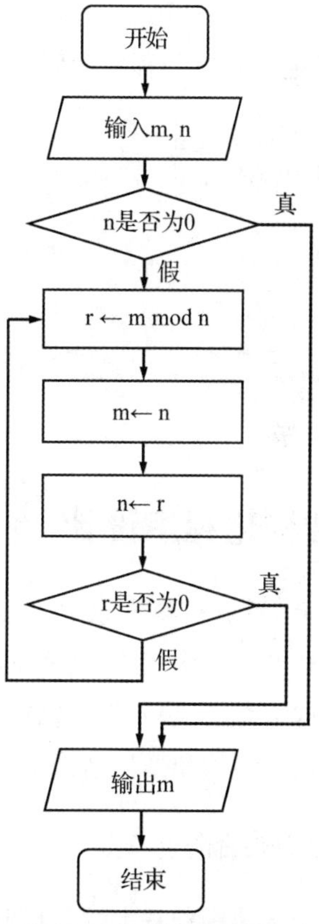

图 3.5　传统流程图举例

NS 流程图是一种去掉流程图中流程线的图形表示方法,更加结构化,适合描述具有复杂逻辑结构的算法。NS 流程图包含 4 种结构,顺序结构,选择结构,"当"型和"直到"型两种循环结构,如图 3.6 所示。求两个数的最大公约数算法的 NS 流程图如图 3.7 所示。

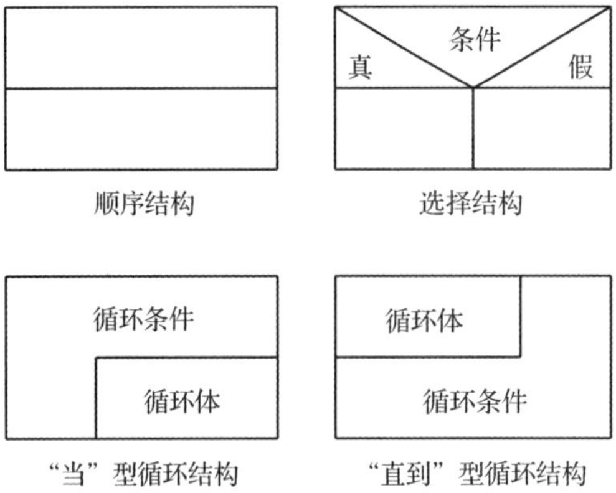

图 3.6　NS 流程图的结构

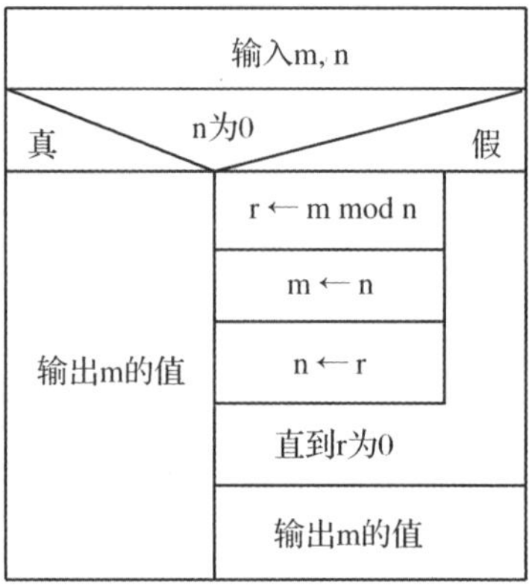

图 3.7　NS 流程图举例

伪代码介于自然语言和编程语言之间，具有一定的随意性，更接近编程语言的语法结构，便于转换为具体的程序代码。求两个数的最大公约数算法的伪代码如下所示：

```
输入非 0 整数:m,n;
若 n 为 0,输出 m
否则
    循环:
        r ← m mod n
        m ← n
        n ← r
    直到 r 为 0
输出 m
```

3.5　结构化程序设计

1966 年，计算机科学家 Bohra 和 Jacopini 提出了三种基本程序结构，分别是顺序结构、选择结构和循环结构三种，已经证明用这三种基本结构就可以实现任何复杂的算法。使用这三种结构编写的代码，就是结构化程序。在这一小节，我们先学习顺序结构，在接下来的两章学习选择结构和循环结构。

3.5.1　顺序结构

顺序结构是三种基本程序结构中最简单也是最自然的。它是按照程序代码书写的先后顺序来执行的，程序自始至终只沿着一个方向执行。如图 3.8 所示，A、B、C 三个语句的执行顺序是：语句 A→语句 B→语句 C。我们编写任何程序，从整体上来说，都是顺序结构的。

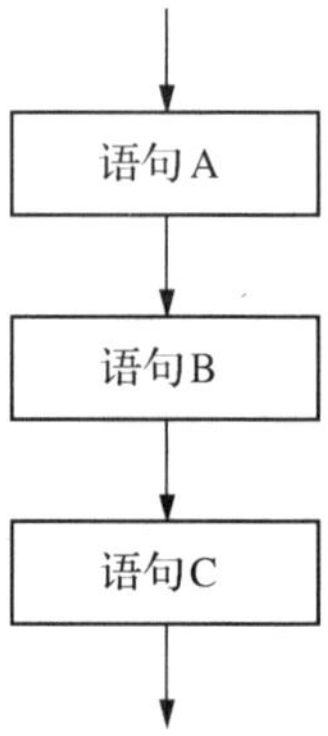

图 3.8　顺序结构流程图

3.5.2　顺序结构举例

【例 3.3】　输入一个三位整数，将其逆序后输出。若三位整数为 345，则结果为 543。

想要求三位整数的逆序数，首先要将这个整数的百位、十位和个位数字分离出来，然后再将个位数乘上 100、十位数乘上 10，并将这两个乘积与百位数相加，即得到这个整数的逆序数。解题关键在于分离百位、十位和个位数字。

分离百位数只要将三位整数除以 100 即可。因为根据除法运算规则，被除数和除数都是整数，商只截取整数部分，如，345/100 的结果为 3，正好是百位数。

求个位数只要将数据对 10 求余即可。如，345％10 的结果为 5，即个位数。

比较复杂的是取十位数，主要有三种方法：(1) 将数据对 100 求余，再将余数除以 10，取商的整数部分；(2) 将数据除以 10 得到的商再对 10 求余，取其余数；(3) 将数据减去百位数乘 100 的积，得到的差再除以 10，取商的整数部分。比较常用的是前两种方法。

下面我们从键盘输入数字，并将结果输出到屏幕上，使用方法(1)求十位数。

```
/* * * * * * * * * * * * * * * * * * * * * * * * * * * * * * * * * * * *
 * 程序名:reverse_order_keyboard.c     *
 * 逆序排列数字                         *
* * * * * * * * * * * * * * * * * * * * * * * * * * * * * * * * * * * * /
# include < stdio.h>
# include < stdlib.h>
int main(void)
{
    int num, rev_num, units, tens, hundreds;

    printf("input a number(100~ 999):\n");
    scanf("% d", &num);

    hundreds= num/100;                        /* 分离百位 * /
    tens= num% 100/10;                        /* 分离十位 * /
    units= num% 10;                           /* 分离个位 * /
    rev_num= units* 100+ tens* 10+ hundreds;

    printf("The inverse number of % d is % d.\n",num,rev_num);

    return 0;
}
```

下面我们从文件中读取数字，并将结果写入到文件中，使用方法(2)求十位数。

```
/* * * * * * * * * * * * * * * * * * * * * * * * * * * * * * * * * * * *
 * 程序名:reverse_order_file.c     *
 * 逆序排列数字                     *
* * * * * * * * * * * * * * * * * * * * * * * * * * * * * * * * * * * * /
# include < stdio.h>
# include < stdlib.h>                        /* 使用了 exit 函数 * /
int main(void)
{
    int num, rev_num, units, tens, hundreds;
```

```
    FILE * fp_in, * fp_out;

    if ((fp_in =  fopen("source.txt", "r")) = =  NULL)
                                              /* 打开源文件 * /
    {
       printf("% s can't be opened\n", "source.txt");
                                              /* 若打开失败,给出提示 * /
       exit(1);                               /* 退出程序 * /
    }
    if ((fp_out =  fopen("target.txt", "w")) = =  NULL )
                                              /* 打开目标文件 * /
    {
       printf("% s can't be opened\n", "target.txt");
                                              /* 若打开失败,给出提示 * /
    exit(1);                                  /* 退出程序 * /
    }

    fscanf(fp_in, "% d", &num );              /* 从源文件中获取 num 的值 * /

    hundreds= num/100;                        /* 分离百位 * /
    tens= num/10% 10;                         /* 分离十位 * /
    units= num% 10;                           /* 分离个位 * /
    rev_num= units* 100+ tens* 10+ hundreds;

    fprintf(fp_out, "The inverse number of % d is % d.\n",num, rev_num);
                                              /* 将结果写入到目标文件中 * /

    if( fclose(fp_in) ! =  0 )                /* 关闭源文件 * /
       printf("Error in closing the file % s.\n", "source.txt");
                                              /* 关闭失败,给出提示 * /
    if( fclose(fp_out) ! =  0 )               /* 关闭目标文件 * /
       printf("Error in closing the file % s.\n", "target.txt");
                                              /* 关闭失败,给出提示 * /

    return 0;
}
```

上述程序在运行时不能输入个位数为 0 的三位数,否则就会出错,如输入 120,输出为 21。等到后面学了选择结构以后就可以对数据进行判断了,如果输入的数据其个位数为 0 时就可以提示出错信息。

本小节中的诸如 source. txt、target. txt 的文件,都是固定写在源文件中的。如果用户写的数据文件不命名为 source. txt、target. txt,就无法使用程序;每次都将数据文件命名为 source. txt、target. txt 也不是一个好方法。请用户输入自己的数据文件名是一个好的解决方案。但是想要达到这个目的,必须学完第十五章内容。

习题

一、判断题

1. printf 函数的格式控制串中必须至少包含一个格式符。（ ）

2. scanf 函数使用时必须对变量使用取地址符 &。（ ）

3. 使用 fopen("data.txt", "r")打开文件时，若文件不存在，会自动创建新文件。（ ）

4. putchar('\n')可以输出一个换行符。（ ）

5. %ld 格式符可用于输出 long int 类型的数据。（ ）

二、选择题

1. 以下哪种格式符用于输出 unsigned int 类型数据？（ ）

A. %d　　B. %u　　C. %ld　　D. %f

2. 使用 fopen("data.txt", "w")打开文件时，若文件已存在，会（ ）。

A. 追加内容　　B. 覆盖原有内容

C. 报错　　D. 无操作

3. 若变量 a 是 double 类型，正确的输入语句是（ ）。

A. scanf("%f", &a);　　B. scanf("%lf", &a);

C. scanf("%d", &a);　　D. scanf("%e", &a);

4. 以下哪种模式字符串允许对文件进行读写操作？（ ）

A. "r"　　B. "w+"　　C. "a"　　D. "rb"

5. 若输入数据为 123.456，运行“scanf("%5f", &f);”后 f 的值是（ ）。

A. 123.4　　B. 123.45　　C. 123.456　　D. 截断为 123.4

6. 运行语句“putchar(97);”的输出结果是（ ）。

A. 9　　B. 7　　C. a　　D. A

7. 若变量 x 是 int 类型，以下正确的输入语句是（ ）。

A. scanf("%d", x);　　B. scanf("%d", &x);

C. scanf("%f", &x);　　D. scanf("%s", &x);

8. 有语句“char ch = 'A';　printf("%d", ch);”，则输出结果是（ ）。

A. A　　B. 65　　C. 97　　D. 编译错误

9. getchar()的功能是（ ）。

A. 读取一个字符串　　B. 读取一个字符

C. 读取一个整数　　D. 读取一个文件

10. 语句“printf("%5d", 123);”输出结果是(˙˙表示空格)（ ）。

A. 123˙˙　　B. ˙˙123　　C. 00123　　D. 123

三、填空题

1. 在 Windows 操作系统中，使用 fopen 打开文件时，路径中的反斜杠应写为________。
2. %e 格式符的作用是以________形式输出实数。
3. 文件使用完毕后应调用________函数关闭。
4. 在 printf 中输出换行符的转义字符是________。
5. getchar()从________读取字符。

四、编程题

1. 从键盘输入两个整数，计算它们的和并将结果保存到文件 result. txt 中。
2. 从文件 input. txt 中读取 5 个浮点数，计算平均值并输出到屏幕。
3. 使用%o 和%x 格式符输出整数 100 的八进制和十六进制形式。
4. 编写一个程序，将大写字母转换为小写字母。
5. 编写一个程序，从键盘输入梯形的上下底边、长度和高，求梯形的面积。

第四章　选择结构程序设计

所谓选择结构，就是在程序执行过程中根据指定的条件成立与否而选择执行不同操作的一种程序结构，又称为分支结构。

选择结构可以帮助程序实现逻辑判断功能，如比较两个数的大小，判断一个整数能否被另一个整数整除，判断一个字符是否是小写字母，判断某年是不是闰年，等等。有了选择结构，就可以编写出功能较强、结构较复杂的程序了。

在 C 语言中，选择结构通过 if 语句和 switch 语句实现。同时，if 语句又分为 if 语句、if-else 语句和 if-else if-else 语句三种形式。

4.1　if 语句

在程序设计中，经常需要使用 if 语句执行条件选择。if 语句的三种基本形式既可以单独使用，也可以相互嵌套使用。

4.1.1　最基本的 if 语句

最基本的 if 语句的一般形式为：

```
if (表达式)
    语句;
```

也可以写成：

```
if (条件表达式) 语句;
```

if 语句执行过程如图 4.1 所示，当表达式的值为真时，执行其后面的语句；当表达式的值为假时，则不执行该语句，跳转到下一条语句执行。

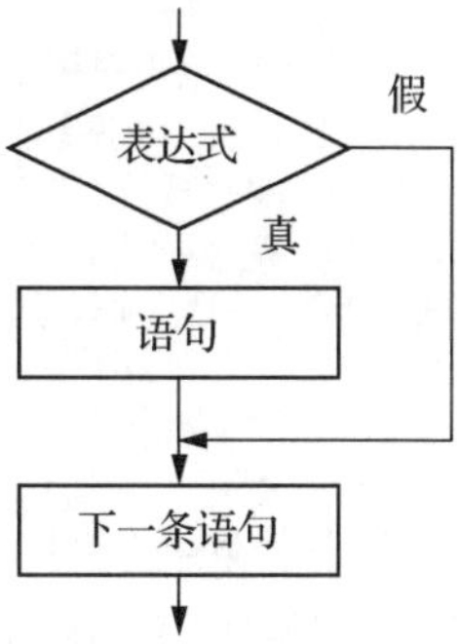

图 4.1　if 语句流程图

有两点需要注意：

(1) C 语言中的条件表达式非常灵活，可以是各种类型的表达式，如关系表达式、逻辑表达式、算术表达式、赋值表达式、逗号表达式等，也可以是常量或变量。

```
if( a>b && b>c)
if(! n )
```

```
if(x= 5)
if( i % 5= = 0 )
if(5)
if(a)
if('0')
if(0)
if('\0')
```

这些表达式的值只可能是真(非 0)或假(0)。在上面几个例子中,if(x=5)、if(5)、if('0')都表示真,if(0)和 if('\0')都表示假。

(2) 若表达式的值为真时需要执行两个以上的语句,则必须将这组语句用大括号{}括起来,构成一个整体,这种用{}括起来的多个语句称为复合语句。

例如:

```
if( a>b)
{
    t = a;
    a = b;
    b = t;
}
```

建议只有一条语句时,也用大括号{}括住,方便日后添加语句。

【例 4.1】 任意输入一个整数,如果该数为负,则输出该数。

这个问题很好解决,当输入的变量 num 是负整数时,num 应该被输出;当 num 是非负整数时,则跳过 printf 语句,不输出。

```
    /* * * * * * * * * * * * * * * * * * * * * * * * * * *
     * 程序名:negative_num.c      *
     * 输出负数                     *
    * * * * * * * * * * * * * * * * * * * * * * * * * * * * * /
    # include < stdio.h>
    # include < stdlib.h>
    int main()
    {
        int num;

        printf("input a number:\n");
        scanf("% d", &num);
①       if(num< 0)       /* 判断 num 是否小于 0,是则执行下面的输出语句 * /
②           printf("It is a negative number:% d\n", num);
③       printf("The end.\n");
        return 0;
    }
```

在①处我们写了一条 if 语句,判断括号内关系表达式的逻辑值是否为真,假设输入的 num 为−5(④处),关系表达式为真,于是执行②处的输出语句,输出结果(⑤处),接着执行③处的输出语句(⑥处)。程序的运行情况为:

```
   input a number:
④  - 5 ↙
⑤  It is a negative number:- 5
⑥  The end.
```

假设输入的 num 为 100(⑦处),①处括号内关系表达式的逻辑值为假,则不执行②处的输出语句,但仍然要执行③处的输出语句(⑧处)。程序的运行情况为:

```
   input a number:
⑦  100 ↙
⑧  The end.
```

显然这个结果不是很友好。我们可以使用 3 条 if 语句来改善一下输出结果,判断输入的数字是哪一种类型。

```
   /* * * * * * * * * * * * * * * * * * * * * * * * * * * * * * * * * *
    *  程序名:negative_num_modify.c   *
    *  输出数据的类型                  *
   * * * * * * * * * * * * * * * * * * * * * * * * * * * * * * * * * * /
   # include < stdio.h>
   # include < stdlib.h>
   int main()
   {
       int num;

       printf("input a number:\n");
       scanf("% d", &num);
①      if(num< 0)              /*  若 num 小于 0,则执行下面的输出语句 * /
          printf("It is a negative number:% d\n", num);
②      if(num> 0)              /*  若 num 大于 0,则执行下面的输出语句 * /
          printf("It is a positive number:% d\n", num);
③      if(num= = 0)            /*  若 num 等于 0,则执行下面的输出语句 * /
          printf("It is a zero:% d\n", num);

④      printf("The end.\n");

       return 0;
   }
```

除了①处原始的语句,我们还增加了②处和③处的两条 if 语句,依次判断 num 值大于 0、小于 0、等于 0 的 3 种情况,最后执行④处的输出语句。再次输入 num 为 100,程序的运行情况为:

```
input a number:
100 ↙
It is a positive number:100
The end.
```

输入 num 为 0 时,程序的运行情况为:

```
input a number:
0 ↙
It is a zero:0
The end.
```

注意③处的表达式是 num==0,如果写成了 num=0,含义就大不同了。表达式 num==0 是关系表达式,结果是逻辑值;而表达式 num=0 是赋值表达式,结果为赋值符号右边的值,即 0,逻辑值为 0,表达式不成立,对应的 if 语句不会被执行。

4.1.2 if-else 结构

if-else 语句是更为常用的 if 语句。它用于实现双分支结构,即当需要在两组语句中选择一组去执行时,常用 if-else 语句实现。if-else 的语义就是"如果"—"否则"。else 所表示的条件与 if 相反,如与 if(a>b)相对应的 else 的含义就是 a<=b。

if-else 结构的一般形式为:

```
if( 表达式 )
    语句 1 ;
else
    语句 2 ;
```

其语义是:如果表达式的值为真,则执行语句 1,否则执行语句 2 。语句 1 和语句 2 可以是单个语句,也可以是多个语句。如果是多个语句,必须包含在一对大括号{}中,成为一个复合语句。

if-else 结构无论表达式的值是真还是假,在语句 1 和语句 2 中,总有一组要被执行。

例如,求 a、b 两个数中的较大数可以用以下 if 语句表示。

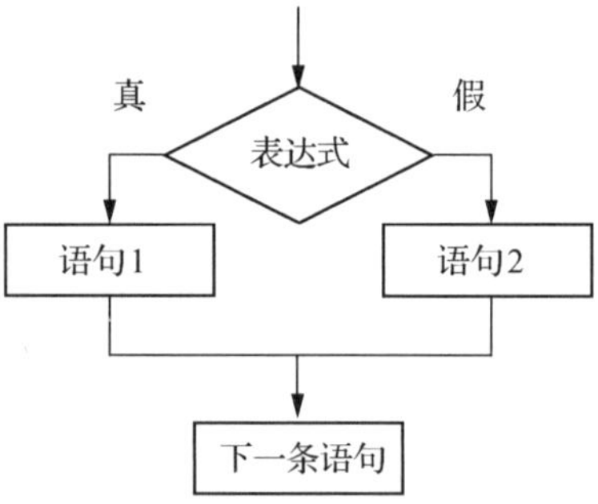

图 4.2 if-else 结构流程图

```
if(a> b)
    max= a;
else
    max= b;
```

如果 a 大于 b 为真,则 max 的值为 a,否则(即 a 小于等于 b),max 的值为 b。

【例 4.2】 在森林中,随意圈一片区域,判断该区域内树木的个数是否是 5 的倍数。

判断一个整数是不是 5 的倍数,就是拿这个整数去除以 5,如果能整除(没有余数),则是 5 的倍数;否则,就不是 5 的倍数。判断是否整除,可以使用取模运算符"%"。

```
/* * * * * * * * * * * * * * * * * * * * * * * * * * * * *
 * 程序名:tree_cnt.c          *
 * 判断树木数量是否是 5 的倍数 *
* * * * * * * * * * * * * * * * * * * * * * * * * * * * * * /
```

```
    # include < stdio.h>
    # include < stdlib.h>
    int main()
    {
        int tree_cnt;

        printf("count the number of the trees:\n");
        scanf("% d", &tree_cnt);
①       if(tree_cnt% 5= = 0)             /*  若是 5 的倍数,则输出 Yes, it is. * /
            printf("Yes, it is.\n");
②       else                             /*  若不是 5 的倍数,则输出 No, it isn't. * /
            printf("No, it isn't.\n");

③       printf("The end.\n");

        return 0;
    }
```

先判断①处的关系表达式,如果为真输出“Yes, it is.”后不再执行②处;若为假则执行②处。最后执行③处的输出语句。输入 10 时,程序的运行情况为:

```
count the number of the trees:
10 ↙
Yes, it is.
The end.
```

输入 14 时,程序的运行情况为:

```
count the number of the trees:
14 ↙
No, it isn't.
The end.
```

【例 4.3】 判断某年是否是闰年。

判断某年是否是闰年,有两种情况:第一种,能被 400 整除的年份;第二种,能被 4 整除,但不能被 100 整除的年份。第一种情况可以使用表达式 year%400==0 表示,第二种情况可以使用表达式 year%4==0 && year%100! =0 表示。判断闰年,只需是其中一种即可,因此整个逻辑表达式为:(year%400==0) || (year%4==0 && year%100! =0) 。程序代码如下:

```
/* * * * * * * * * * * * * * * * * * * * * * * * * * *
 * 程序名:leap_year.c        *
 * 判断年份是否是闰年         *
* * * * * * * * * * * * * * * * * * * * * * * * * * * /
# include < stdio.h>
# include < stdlib.h>
int main()
{
```

```
        int year;

        printf("Please input a year: \n");
        scanf("% d", &year);
①      if( (year% 400= = 0) || (year% 4= = 0 && year% 100! = 0) )
            printf("Yes, % d is a leap year! \n", year);
②      else
        printf("No, % d is a common year.\n", year);

        return 0;
    }
```

注意①处的表达式,比较复杂,整体是一个或运算的逻辑表达式,在输入代码时,注意不要漏写括号,尤其是右括号;也不要将括号位置括错。只有①处的两个括号内表达式都为假,才会去执行②处。输入 2035 时,程序的运行情况为:

```
Please input a year:
2035 ↙
No, 2035 is a common year.
```

输入 2060 时,程序的运行情况为:

```
Please input a year:
2060 ↙
Yes, 2060 is a leap year!
```

4.1.3 if-else if-else 结构

在程序设计中,有时会出现多个分支结构的情况,也就是将表达式的取值分为多种不同的情况,每种情况都有一组语句与之相对应,这样就需要在程序中进行多层判断,才能将该表达式各种取值所对应的操作都表示出来。对此,可采用 if-else if-else 结构来实现,其一般形式为:

```
if (表达式 1)
    语句 1;
else if (表达式 2)
    语句 2;
…
else if (表达式 n)
    语句 n;
[else
    语句 n+ 1;]
```

其中最后的 else 及语句 n+1 是可选的。if-else if-else 结构的执行流程如图 4.3 所示,先判断表达式 1 的值,若为真,则执行语句 1;若为假,则判断表达式 2 的值,若为真,则执行语句 2;若为假,则判断表达式 3 的值,依次类推。如果发现某个表达式 n 为真,则执行其相应的语句 n,其他部分将被忽略。如果所有的表达式都为假,则执行 else 后面的语句 n+1(如果有的话)。

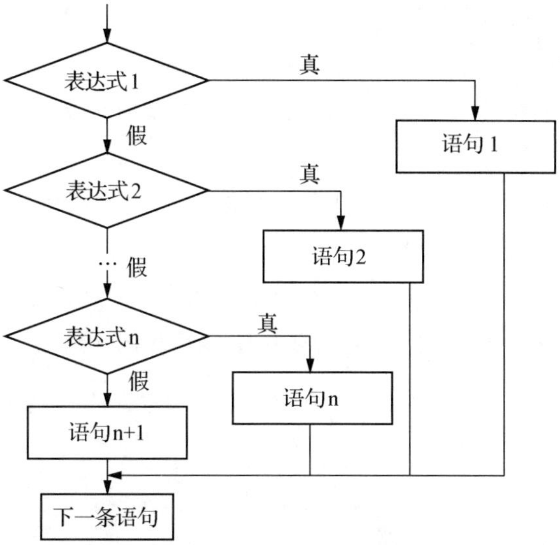

图 4.3　if-else if-else 结构流程图

【例 4.4】　使用 if-else if-else 改写程序 negative_num_modify.c。

在【例 4.1】中,我们使用了 3 条 if 语句,实现了任意输入一个整数,判断该数是正整数、负整数还是 0,大于 0 则输出正整数信息,小于 0 则输出负整数信息,否则输出是 0 的信息。现在我们再次使用 if-else if-else 改写一下。

```
/* * * * * * * * * * * * * * * * * * * * * * * * * * * * * * * * *
 * 程序名:negative_num_modify2.c   *
 * 改写 negative_num_modify.c       *
* * * * * * * * * * * * * * * * * * * * * * * * * * * * * * * * * /
# include < stdio.h>
# include < stdlib.h>
int main()
{
    int num;

    printf("input a number:\n");
    scanf("% d", &num);
①   if(num< 0)          /* 若 num 小于 0,则执行下面的输出语句 * /
       printf("It is a negative number:% d\n", num);
②   else if(num> 0)     /* 若 num 大于 0,则执行下面的输出语句 * /
       printf("It is a positive number:% d\n", num);
③   else                /* 此时 num 等于 0,则执行下面的输出语句 * /
       printf("It is a zero:% d\n", num);

    return 0;
}
```

输入 num 为 0 时，程序的运行情况为：

```
input a number:
0↙
It is a zero:0
```

输入 0 后，先判断①处的关系表达式，为假，再判断②处的关系表达式，仍为假，最后执行③处的 else 语句。

【例 4.5】 针对林业工程专业的某门课程的成绩，对学生成绩进行分级：分数大于等于 90 为优秀，大于等于 80 为良好，分数低于 60 为不及格，其他分数都为及格。

这里分为 4 种情况，分别是分数在 90 及以上为优秀，[80,89)之间为良好，[60,80)之间为及格，小于 60 为不及格。情况比较多，需要使用多条 if 语句编写。

```
/* * * * * * * * * * * * * * * * * * * * * * * * * * * * * * * * * * *
 * 程序名:grade_segmentation.c     *
 * 划分成绩段        *
* * * * * * * * * * * * * * * * * * * * * * * * * * * * * * * * * * * /
# include < stdio.h>
# include < stdlib.h>
int main()
{
    int grade;

    printf("input a grade:\n");
    scanf("% d", &grade);

    if(grade> = 90)                    /* 若 grade 大于等于 90,输出优秀 * /
        printf("Excellent!!! \n");
    if(grade< 90 && grade> = 80)       /* 若 grade 在[80,90)之间,输出良好 * /
        printf("Good!! \n");
    if(grade< 80 && grade> = 60)       /* 若 grade 在[60,80)之间,输出及格 * /
        printf("Pass.\n");
    if(grade< 60)                      /* 若 grade 小于 60,输出不及格 * /
        printf("Fail.\n");

    return 0;
}
```

在这个程序运行过程中，需要依次判断 4 条 if 语句。然而成绩的分段很明显不是 4 个独立的情况，可以考虑使用 if-else 来改写一下。若 grade 大于等于 90，输出优秀；否则再判断 grade 是否大于等于 80 的情况，如果是则输出良好；否则再做进一步判断，是否大于等于 60，输出及格或不及格。依照这个思路，可以编写代码如下：

```
/* * * * * * * * * * * * * * * * * * * * * * * * * * * * * * * * * * * * * * *
 * 程序名:grade_segmentation_modify1.c *
 * 改写划分成绩段        *
* * * * * * * * * * * * * * * * * * * * * * * * * * * * * * * * * * * * * * * /
```

```
# include < stdio.h>
# include < stdlib.h>
int main()
{
    int grade;

    printf("input a grade:\n");
    scanf("% d", &grade);

①      if(grade> = 90)                 /* 若 grade 大于等于 90,输出优秀 * /
            printf("Excellent!!! \n");
②      else
③        if(grade> = 80)               /* 若 grade 大于等于 80,输出良好 * /
              printf("Good!! \n");
④        else
⑤          if(grade> = 60)             /* 若 grade 大于等于 60,输出及格 * /
                printf("Pass.\n");
⑥          else                        /* 若 grade 小于 60,输出不及格 * /
                printf("Fail.\n");

    return 0;
}
```

这里①②处构成了第一层 if-else 语句，当①处的表达式不成立时，执行②处的语句。②处嵌套了第二层 if-else 语句，由③④构成，也就是说虽然③处只写了 grade>=80，但其实它的含义是 grade<90 并且 grade>=80，才能输出“Good!!”。如果③处的表达式不成立呢，那么去执行④处的 else。④处嵌套了第三层 if-else 语句，由⑤⑥构成。同样的道理，⑤处的含义是 grade<80 并且 grade>=60，才能输出“Pass.”。

这里采用了 if-else 语句中的 else 语句嵌套了另一个 if-else 语句的形式，看上去比较复杂，书写时注意缩进。虽然不缩进也不影响程序的正确编译执行，但是层层的缩进，能帮助我们更好地了解代码结构，在出现错误时能较快找到错误。所以大家在今后的编写中要养成良好的缩进习惯!

我们再仔细观察一下上面这段代码，如果把 if-else 代码“压缩”一下，就变成了 if-else if-else 结构了。

```
/* * * * * * * * * * * * * * * * * * * * * * * * * * * * * * * * * * * * *
 * 程序名:grade_segmentation_modify2.c *
 * 再次改写划分成绩段                   *
* * * * * * * * * * * * * * * * * * * * * * * * * * * * * * * * * * * * * /
# include < stdio.h>
# include < stdlib.h>
int main()
{
    int grade;

    printf("input a grade:\n");
    scanf("% d", &grade);
```

```
①      if(grade> = 90)                  /* 若 grade 大于等于 90,输出优秀 * /
           printf("Excellent!!! \n");
②      else if(grade> = 80)             /* 若 grade 大于等于 80,输出良好 * /
           printf("Good!! \n");
③      else if(grade> = 60)             /* 若 grade 大于等于 60,输出及格 * /
           printf("Pass.\n");

④      else                             /* 若 grade 小于 60,输出不及格 * /
           printf("Fail.\n");

⑤      return 0;
   }
```

输入 grade 为 93 时,程序的运行结果为:

```
input a grade:
93 ↙
Excellent!!!
```

程序运行到①处时,关系表达式成立,执行输出语句,便不再向下判断,直接执行⑤处了。输入 grade 为 88 时,程序的运行结果为:

```
input a grade:
88 ↙
Good!!
```

程序先判断①处,关系表达式不成立,接着判断②处的关系表达式 grade＞＝80,其隐含的含义依然是 grade＜90 并且 grade＞＝80,grade 为 88 表达式成立,因此输出“Good!!”。输入 grade 为 58 时,程序的运行结果为:

```
input a grade:
58 ↙
Fail.
```

程序依次判断①②③处的表达式,都不成立,就只能执行④了。

4.1.4 if 语句的嵌套

在上面的例题中我们已经接触到了 if 语句的嵌套。在实际的编程中,经常会使用 if 语句的嵌套。所谓的 if 语句嵌套就是在 if 语句中又包含一个或者多个 if 语句,其一般形式可表示如下:

```
if (表达式 1)
    if (表达式 2)
        语句 1;
    else
        语句 2;
```

```
else
    if (表达式 3)
        语句 3;
    else
        语句 4;
```

if 语句嵌套注意事项：

(1) 嵌套内的 if 语句还可以嵌套 if 结构，构成多重嵌套的情况。

(2) 在多个 if 和 else 出现的嵌套结构中，要注意 if 和 else 的匹配问题。C 语言规定，else 总是与它前面最近的没有匹配过的 if 匹配。

例如：

```
if(x! = 0)
if(x> 0)
    y= 1;
else
    y= - 1 ;
```

其中的 else 应与 if(x>0)中的 if 匹配，所以当 x! =0 为真，而 x>0 为假时，程序执行的语句是“y=−1;”。如果 x! =0 为假，则什么也不做。但是，如果匹配错了，误以为 else 与 if(x! =0)匹配，则当 x! =0 为假时，就会误以为程序执行的是“y=−1;”这个语句。可见弄清楚 else 与哪个 if 相匹配是非常重要的，因为只有这样，才能明确每个 else 所隐含的条件。

在输入程序时，为了使 if 语句的嵌套结构看起来更有层次感，使得 if 和 else 的匹配情况一目了然，通常要将嵌套在内部的 if-else 语句向右缩进一些，并且使互相配对的 if 和 else 对齐。上述程序改写成如下格式看起来就清晰多了。

```
if(x! = 0)
    if(x> 0)
        y= 1;
    else
        y= - 1 ;
```

(3) 如果整个 if 语句都包含在大括号{}内，则认为已经被匹配过了。

例如：

```
if(x! = 0)
        {if(x> 0)
            y= 1;
        }
    else
        y= - 1 ;
```

程序段中由于“if(x>0) y=1;”被大括号括起来，因此认为这个 if 已经被匹配过了，所以 else 只能与 if(x! =0)中的 if 匹配。此时，如果 x 等于 0，则执行“y=−1;”，如果 x 不等于 0 且 x>0 则执行"y=1;",如果 x 不等于 0 且 x<0 则什么也不做。

【例 4.6】 已知杨树、柳树和松树的棵数,通过编程找出三种树中最多的棵数并输出。

找出三种树中最多的棵数,本质上就是求三个整数中的最大数,可以先对任意两个数进行比较,然后将其中较大的整数和第三个数比较,如果还比第三个数大,则该整数是最大的;否则,第三个数是最大的。

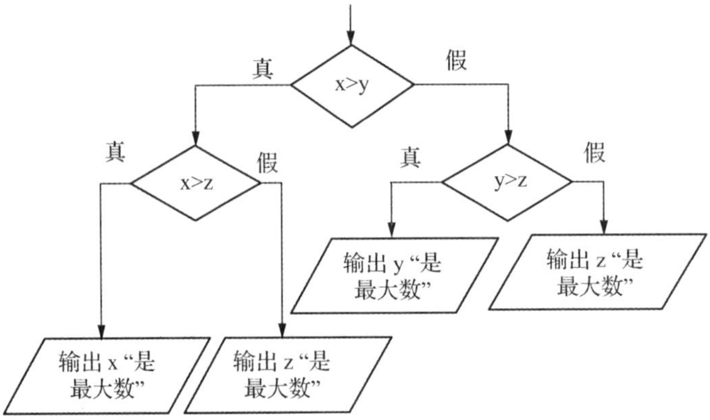

图 4.4 求三个整数中的最大数的流程图

```
/* * * * * * * * * * * * * * * * * * * * * * * * * * * * * * * * * * * * * * *
 * 程序名:max_trees_amount.c                    *
 * 最多的树种                                   *
* * * * * * * * * * * * * * * * * * * * * * * * * * * * * * * * * * * * * * * * /
# include < stdio.h>
# include < stdlib.h>
int main()
{
    int poplar, willow, pine, max;

    printf("input amounts:\n");
    scanf("% d % d % d", &poplar, &willow, &pine);

    if(poplar> = willow)                    /* 若杨树数目大于等于柳树数目 * /
        if(poplar> = pine)                  /* 若杨树数目大于等于松树 * /
            max= poplar;
        else                                 /* 若杨树数目小于松树 * /
max= pine;
    else
        if(willow> = pine)                  /* 若柳树数目大于等于松树数目 * /
            max= willow;
        else                                /* 若柳树数目小于松树数 * /
            max= pine;

    printf("max amount= % d\n", max);

    return 0;
 }
```

输入 3 个数时，程序的运行情况为：

```
input amounts:
45 67 39
max amount= 67
```

【例 4.7】 求一元二次方程 $ax^2+bx+c=0$ 的根。

输入三个系数 a、b 和 c。需要根据系数 a、b、c 是否为 0 进行分类处理。

(1) 如果系数 a 和 b 同时为 0，就不是一元二次方程了；

(2) 如果系数 a 为 0，b 非 0，则是一次方程，其根为 $-c/b$；

(3) 如果系数 c 为 0，a 非 0，则原方程有两个根，分别为 $-b/a$ 和 0；

(4) 如果系数 a 和 c 都非 0，则可以利用求根公式计算：

$$\frac{-b\pm\sqrt{b^2-4ac}}{2a}$$

当 $b^2-4ac\geqslant 0$ 时，有两个实数根；当 $b^2-4ac<0$ 时，有两个虚根。同时，求一个数的平方根可以用函数 sqrt 计算。

```
/* * * * * * * * * * * * * * * * * * * * * * * * * * * * * * * * * * * * * * *
 *  程序名:root.c                          *
 *  求一元二次方程的根                     *
* * * * * * * * * * * * * * * * * * * * * * * * * * * * * * * * * * * * * * * /
include < stdio.h>
# include < stdlib.h>
# include < math.h>
int main()
{
    float a,b,c,d,r,i,x1,x2;
    printf("input three factors:\n");
    scanf("% f % f % f",&a,&b,&c);
    if(a= = 0) {
        if(b= = 0)
            printf("a and b are both 0, it is not a quadratic equation in one varia-
ble.\n");
        else{
            x1= - c/b;
            printf("only one root= % f\n", x1);
        }
    }
    else {
        d= b* b- 4* a* c;
        if(d> = 0) {
            if(d= = 0){
                x1= - b/(2* a);
                printf("two equal roots= % f\n", x1);
            }
            else{
```

```
                x1= - b/(2* a)+ sqrt(d)/(2* a);
                x2= - b/(2* a)- sqrt(d)/(2* a);
                printf("root1= % f root2= % f\n",x1, x2);
            }
        }
        else{
            r= - b/(2* a);
            i= sqrt(- d)/(2* a);
            printf("two complex roots:root1= % f+ % fi   root2= % f- % fi\n", r, i,
r, i);
        }
    }

    return 0;
}
```

输入多次 a、b、c 时，程序的运行情况为：

```
input three factors:
0 0 9↙
a and b are both 0, it is not a quadratic equation in one variable.

input three factors:
0 5 1↙
only one root= - 0.200000

input three factors:
1 2 1↙
two equal roots= - 1.000000

input three factors:
1 1 0↙
root1= 0.000000 root2= - 1.000000

input three factors:
1 7 39↙
two complex roots:root1= - 3.500000+ 5.172040i   root2= - 3.500000- 5.172040i
```

4.2 switch 语句

用嵌套的 if 语句和一般的 if-else 语句都可以实现选择结构，但是当判别条件较多时，会增加程序的层次，使得程序的逻辑关系变得不够清晰。C 语言还提供了一个更为方便的多分支结构 switch 语句，其一般形式如下：

```
switch (表达式){
case 常量表达式 1:语句 1;
                [break;]
case 常量表达式 2:语句 2;
```

```
                    [break;]
    ...
    case 常量表达式 n:语句 n;
                    [break;]
    [default:语句 n+ 1;]
}
```

switch 语句执行过程：首先计算表达式的值，然后去跟 case 后面的每个常量表达式去比较，若表达式的值与其中某个常量表达式的值相等，则执行相应的 case 后面的语句。如果表达式的值与所有 case 后面的常量表达式的值都不相等，则执行 default 后面的语句。

注意：

（1）switch 后面表达式的值一般为整型、字符型或枚举型；

（2）case 后面的常量表达式必须与 switch 后面的表达式相匹配；

（3）break 语句和 default 语句都是可选的，如果没有 break 语句，将继续执行下一条语句；

（4）两个 case 常量表达式不能为同一值。

【例 4.8】 为研究森林的小气候环境，林学院的同学今天去观测，100 天后还需要去观测一次。假设今天是星期一，求 100 天后是星期几。

一周是 7 天一个轮回，由于今天是星期一，所以 100 除以 7 的余数即为星期几。

```
/*****************************************
 * 程序名:weekday.c                      *
 * 100 天后是星期几                       *
*****************************************/
# include < stdio.h>
# include < stdlib.h>
int main()
{
    int day= 100;

     printf("星期");
①  switch(day% 7){
    case 0: printf("一");
            break;
    case 1: printf("二");
            break;
②  case 2: printf("三");
            break;
    case 3: printf("四");
            break;
    case 4: printf("五");
            break;
    case 5: printf("六");
            break;
    case 6: printf("日");
            break;
```

```
    }

    return 0;
}
```

程序运行到①处时,day%7 的值为 2,因此执行②处的 case 2,程序的运行结果为:

星期三

【例 4.9】 根据林业工程专业同学的成绩,打印出相应的等级。90 分及以上为优秀,80 到 89 为良好,70 到 79 为中等,60 到 69 为及格,59 分及以下为不及格。

将成绩分为 5 个等级,用分数除以 10,就把分数转化到 0 到 10 之间。0～5 表示不及格,6 表示及格,7 表示中等,8 表示良好,9 和 10 表示优秀,其他表示输入错误。

```
/* * * * * * * * * * * * * * * * * * * * * * * * * * * * * * * * * * * * * * *
 * 程序名:grade_segmentation_modify3.c *
 * 三次改写划分成绩段                    *
* * * * * * * * * * * * * * * * * * * * * * * * * * * * * * * * * * * * * * * /
# include < stdio.h>
# include < stdlib.h>
int main()
{
    int grade;

    printf("input a grade:\n");
    scanf("% d", &grade);

①   switch(grade/10){
        case 0:
        case 1:
        case 2:
②       case 3:
        case 4:
③       case 5: printf("Failed.\n");
                break;
        case 6: printf("Passed.\n");
                break;
        case 7: printf("Fair.\n");
                break;
        case 8: printf("Good\n");
                break;
④       case 10:
        case 9: printf("Excellent! \n");
                break;
        default: printf("Error\n");
    }

        return 0;
}
```

输入 grade 为 39 时，程序的运行情况为：

```
input a grade:
39 ↙
Failed.
```

case 0 到 case 5 共用语句“printf("Failed.\n");”和“break;”，程序运行到①处时，grade/10 的值为 3，执行②处的 case 3，但其冒号后面没有语句，顺着向下执行，直到执行到③处，执行“printf("Failed.\n");”和“break;”跳出 switch…case 语句。

输入 grade 为 100 时，程序的运行情况为：

```
input a grade:
100 ↙
Excellent!
```

程序运行到①处时，grade/10 的值为 10，执行④处的 case 10，但其冒号后面没有语句，顺着向下执行 case 9。这里我们发现，case 10 和 case 9 顺序颠倒了，但程序依旧能正确执行。因为 case 9 和 case 10 共用同一段代码，所以交换书写顺序并不会影响结果。

习题

一、判断题

1. if (x = 5)会将 x 赋值为 5，且条件为真。（　　）
2. switch 语句的 case 标签可以是变量或表达式。（　　）
3. if (a > b && a > c)中的逻辑运算符 && 具有短路特性。（　　）
4. else 必须与最近的 if 配对，无法通过缩进改变逻辑。（　　）
5. 条件运算符?:的优先级高于=运算符。（　　）

二、选择题

1. 以下代码的输出是（　　）。

```
int x = 3, y = 5;
if (x > y)
    printf("大");
else
    printf("小");
```

A. 大　　B. 小　　C. 无输出　　D. 编译错误

2. 以下代码的输出是（　　）。

```
int a = 10;
if (a = 5)
    printf("Pass");
```

A. Pass　　B. 无输出　　C. 编译错误　　D. 运行时错误

3. switch 语句中,用于结束 case 分支的关键字是(　　)。

A. break　　B. continue　　C. exit　　D. return

4. 以下代码的输出是(　　)。

```
int x = 2;
switch (x) {
    case 1: printf("A");
    case 2: printf("B");
    default: printf("C");
}
```

A. B　　B. BC　　C. C　　D. BCC

5. 以下逻辑表达式结果为假的是(　　)。

A. !(3 > 5)　　B. 5 || 0　　C. 3 && 0　　D. 1 <= 2

6. 以下关于 else if 的描述正确的是(　　)。

A. 是 C 语言的关键字　　B. 用于替代 switch 语句

C. 本质是 else 和 if 的组合　　D. 必须与第一个 if 配对

7. 以下代码的输出是(　　)。

```
int x = 10;
if (x > 5)
    if (x < 8)
        printf("A");
else
    printf("B");
```

A. A　　B. B　　C. 无输出　　D. 编译错误

8. 以下代码的输出是(　　)。

```
int a = 0;
if (a = 1)
    printf("True");
else
    printf("False");
```

A. True　　B. False　　C. 编译错误　　D. 运行时错误

9. 以下代码的输出是(　　)。

```
char ch = 'A';
switch (ch) {
    case 'A': printf("A");
    case 'B': printf("B"); break;
    default: printf("C");
}
```

A. A　　B. AB　　C. AC　　D. ABC

10. 若 x 分别为 3 和 2，以下代码的输出是(　　)。

```
if(x+ + > 2)  printf("% d", x);
else printf("% d\n", x- - );
```

A. 4 和 3　　B. 4 和 2　　C. 4 和 1　　D. 3 和 2

三、填空题

1. 表达式 5 > 3 ? 1 : 0 的结果是________。
2. 若 if 和 else 之间有多条语句，必须用________包裹。
3. 逻辑运算符||的优先级________于 &&。
4. switch 语句中，若所有 case 均不匹配，则执行________分支。
5. 表达式 3 < 5 && 5 < 3 的结果是________。

四、编程题

1. 输入一个整数，判断其是否为偶数。
2. 输入三个整数，输出其中最大的数。
3. 输入年份，判断是否为闰年(能被 4 整除但不能被 100 整除，或能被 400 整除)。
4. 输入月份(1—12)，输出对应的季节(春：3—5，夏：6—8，秋：9—11，冬：12—2)。
5. 输入一个操作符(+、—、*、/)和两个数，实现简单计算器功能(仅输出结果)。

第五章　循环结构程序设计

循环结构是结构化程序设计的基本结构之一。在解决实际问题时循环结构通常是必不可少的，如求数列之和(或数列之积)、判断一个数是否为素数(即质数)、求两个数的最大公约数和最小公倍数、求三位数中所有的水仙花数、解决鸡兔同笼、百钱买百鸡等问题。

C 语言用于实现循环结构的语句主要有 while、do-while 和 for，本章节将通过一些实例进行详细介绍。

5.1　while 语句

while 语句的一般形式为：

```
while(表达式)
{
    循环体语句组;
}
```

while 是“当”型循环控制语句，它的特点是先判断表达式，再执行循环体语句。其执行过程如图 5.1 所示：

(1) 计算表达式的值，若其结果为真(非 0)，则执行循环体语句；若其结果为假，则循环结束；

(2) 循环体语句执行一次后，然后转去步骤(1)继续计算表达式的值。

如果一开始表达式就为假，则循环体一次也不执行。因此，while 语句的循环体执行次数最少为 0 次。

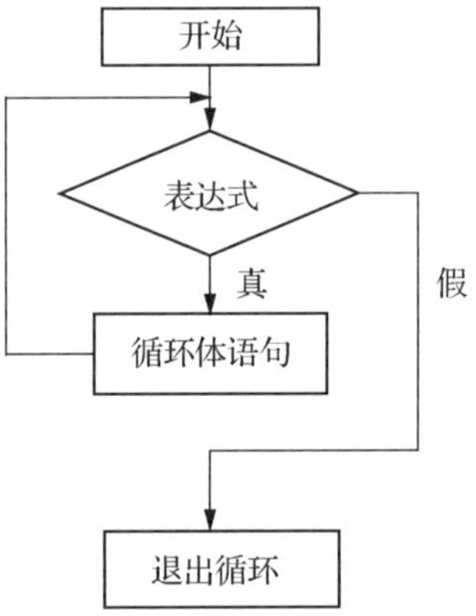

图 5.1　while 循环结构执行过程

【例 5.1】　为研究森林的小气候环境，某气象学实习小组需要每 3 小时测一次风速，每 4 小时测一次空气湿度，观测时间为 8 点到 22 点。该小组在 8 点同时进行观测，经过几个小时之后会再次同时观测？

要确定气象学实习小组在 8 点后再次同时观测的时间，我们需要找到风速测量间隔(3 小时)和空气湿度测量间隔(4 小时)的最小公倍数。输入两个正整数，存储到变量 number1、number2 中。通过 if 语句判断变量 number1、number2 的大小，将较大的值赋给 result 变量。通过 while 循环语句找出两个整数的最小公倍数。输出对应的最小公倍数。

```
/* * * * * * * * * * * * * * * * * * * * * * * * * * * * * * * * * * * * * * *
 * 程序名:lcm.c                       *
 * 输出最小公倍数 Least Common Multiple *
* * * * * * * * * * * * * * * * * * * * * * * * * * * * * * * * * * * * * * * /
# include < stdio.h>
# include < stdlib.h>
int main()
{
    int number1, number2, result;
    printf("input 2 numbers:\n");
    scanf("% d % d",&number1,&number2);

①   if (number1> number2)              /* 较大数存放在 result 中 * /
        result= number1;
    else
        result= number2;
②   while(result% number1! = 0 || result% number2! = 0)
    /* result 不是 number1 的倍数,或不是 number2 的倍数 * /
    {
③       result+ + ;
    }
    printf("LCM= % d\n", result);

    return 0;
}
```

输入 2 个数,并通过①处的 if 语句,将较大的数值存储到 result 中。②处 while 的条件表达式是一个逻辑或表达式,若 result 不是 number1 的倍数,或不是 number2 的倍数,都要执行③处的++语句,再返回②处判断条件表达式,直到 result 同时满足是 number1 的倍数也是 number2 的倍数,才跳出循环。程序的运行情况为:

```
input 2 numbers:
3 4 ↙
LCM= 12
```

【例 5.2】 求 1! +2! +…+10! 的和。

首先定义变量 sum 用于存储求和的值,初始值 0。确定循环变量为 i,其初始值为 1,循环的条件为循环变量小于等于 10,循环的主体为将所有的阶乘求和。确定循环的三个要素再编写程序。

```
/* * * * * * * * * * * * * * * * * * * * * * * * * * * * * * * * * * * * * * *
 * 程序名:fact_sum.c                  *
 * 求阶乘之和                         *
* * * * * * * * * * * * * * * * * * * * * * * * * * * * * * * * * * * * * * * /
# include < stdio.h>
# include < stdlib.h>
int main()
{
```

```
    int i= 1,sum= 0,fact= 1;

    while(i< = 10)
    {
        fact= fact* i;          /*  求阶层 * /
        sum= sum+ fact;         /*  累加和 * /
        i+ + ;                  /*  i 自加 1 * /
    }

    printf("sum= % d\n",sum);
    return 0;
}
```

程序的运行情况为：

```
sum= 4037913
```

【例 5.3】 输入一个正整数,求出其位数并倒序输出。

本题的实质是对这个整数各数位上的数进行分离。循环体语句:输出整数除以 10 的余数,求这个整数除以 10 的商。整数除以 10 的商为 0 是整个循环体的终止条件。流程图如图 5.2 所示。

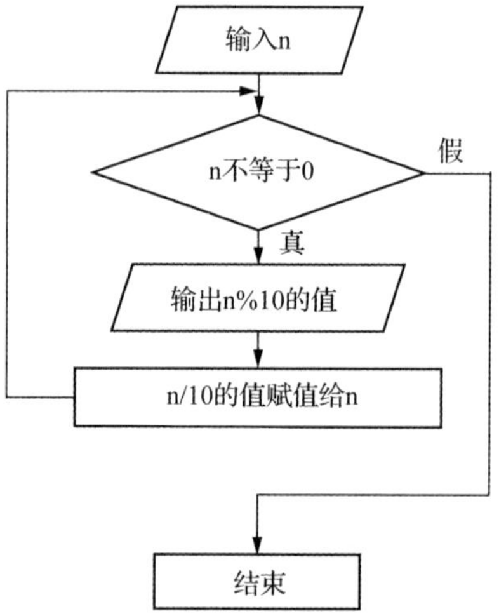

图 5.2 拆分正整数流程

```
/* * * * * * * * * * * * * * * * * * * * * * * * * * * * * * * * * * * * * * *
 *  程序名:reverse_order.c                    *
 *  逆序输出一个正整数                          *
* * * * * * * * * * * * * * * * * * * * * * * * * * * * * * * * * * * * * * * * /
# include < stdio.h>
# include < stdlib.h>
# include < math.h>
int main()
```

```
{
    long n;
    int k= 0;          /* 计数器,用于记录位数 * /
    printf("Please enter a positive integer:");
    scanf("% ld", &n);
    printf("the output result in reverse order is:");

    while(n! = 0)
    {
        printf("% ld ", (n% 10) );
        n= n/10;
        k= k+ 1;
    }
    printf("\nit is a % d- digits integer\n", k);

    return 0;
}
```

程序的运行情况为:

```
Please enter a positive integer:1234 ↙
the output result in reverse order is:4 3 2 1
it is a 4- digits integer
```

【例 5.4】 在森林培育过程中,森林抚育间伐发挥着重要作用,科学的间伐措施不仅利于森林培育,而且对其生态功能有着重要意义。现有一片 300 行马尾松人工林,要求每 2、3、5 行均伐去一棵,以改善林分结构,降低林分密度,促进其生态功能的稳定性。哪些行同时被伐去三棵树?

确定循环变量为 row,并赋初始值为 1,循环体用 if 语句判断循环变量能否同时被 2、3、5 整除,若循环变量可以被同时整除,则输出 row,否则继续循环。循环的终止条件是,循环变量大于 300。

```
    /* * * * * * * * * * * * * * * * * * * * * * * * * * * * * * * * * * * * * * *
     * 程序名:cut_down_tree.c              *
     * 同时被 2,3,5 整除的树木行数          *
    * * * * * * * * * * * * * * * * * * * * * * * * * * * * * * * * * * * * * * * /
    # include < stdio.h>
    # include < stdlib.h>
    int main()
    {
        int row= 1;
        printf("The rows that can be divided by 2, 3, and 5 are:\n");
①      while(row< = 300)
       {
②          if(row% 2= = 0 && row% 3= = 0 && row% 5= = 0)
                /* 同时被 2,3,5 整除 * /
            {
                printf("% d ", row);
```

```
            }
③           row= row+ 1;
        }

        return 0;
    }
```

程序伊始,row 的初值为 1,①处的表达式 row<=300 成立,进入循环体,②处的 if 语句不成立,执行③的赋值语句,回到①处判断表达式是否成立。只要①处的表达式成立,都需要执行②处和③处的语句。程序的运行情况为:

```
The rows that can be divided by 2, 3, and 5 are:
30 60 90 120 150 180 210 240 270 300
```

【例 5.5】 从调查的 10 个样方中,随机抽取 1~100 个样本,输出每个样方中抽取的样本数,并求其均值。

确定循环变量 i,设定变量 sum 用于存储 10 个整数的和。循环体语句为随机生成 1 到 100 的整数,将生成的整数求和。当循环变量大于 10 的时候,结束循环。最后求出 10 个数的均值并输出结果。

```
    /***************************************
     * 程序名:random_avg.c                *
     * 求 10 个随机数的均值                *
    ***************************************/
    # include < stdio.h>
    # include < stdlib.h>
①   # include < time.h>
    int main()
    {
        int i= 1, sum= 0, rand_num;
        printf("Randomly generated 10 integers are:");
②       srand((int)time(0));
        /* 用当前时间的秒数来初始化随机数生成器,使得每次运行程序时都能生成不同的随机
数序列 * /

        while(i< = 10)
        {
            rand_num= rand()% 100+ 1;          /* 随机生成一个 1~100 之间的数字 * /
            printf("% d ",rand_num );
            sum= sum+ rand_num;
            i= i+ 1;
        }

        printf("\nThe average of the 10 randomly generated integers is:% d\n", sum/10);
        return 0;
    }
```

②处的 time 是一个标准库函数,它返回当前时间的秒数,time(0)表示获取当前时间。

srand 是另一个标准库函数，用于设置随机数生成器的种子。如果没有 time 函数做种子，那么生成的随机数不会变化。要使用 time 函数，必须在①处加头文件 time. h。程序的运行情况为：

```
Randomly generated 10 integers are:37 22 55 69 8 15 59 74 5 34
The average of the 10 randomly generated integers is:37
```

5.2　do-while 语句

do-while 语句的一般形式为：

```
do
{
    循环体语句组;
} while(表达式);
```

do-while 是"直到"型循环控制语句，它的特点是先执行循环体语句，再判断表达式。do-while 执行过程如图 5.3 所示：

(1) 执行循环体语句；

(2) 计算表达式的值，若其结果为真(非 0)，转向步骤(1)；若其结果为假，则退出循环。

从 do-while 的执行过程可以看出来，它是先执行循环体，后判断循环条件。如果开始时循环条件就不成立，do-while 语句也会执行一次循环体，因此 do-while 语句的循环体次数至少为 1 次。

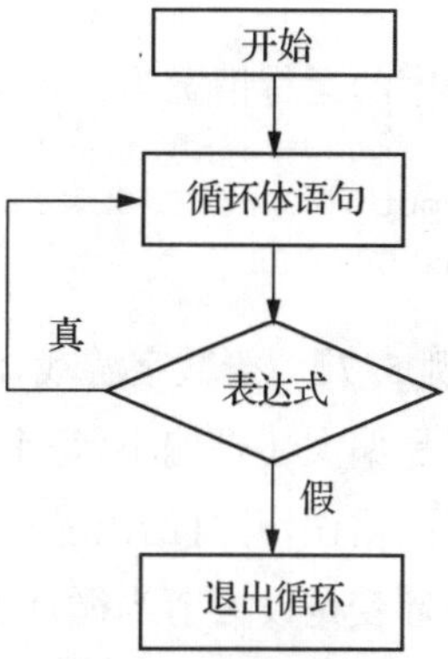

图 5.3　do-while 循环结构执行过程

【例 5.6】　从某森林样方调查数据中获取十棵树的胸径(DBH，diameter at breast height)，找出其中胸径最大的树。

在循环之前先定义变量 max_DBH 用于存储最大值，将输入的第一个数存储在 max_DBH 中作为循环中的比较对象。确定循环变量 i，因先执行循环体语句，再进行判断，所以最后循环终止条件为 i 小于 10。循环体语句为从键盘输入数字，通过 if 语句判断数字大小，将较大的值赋给变量 max_DBH。最终输出存储在变量 max_DBH 中的最大值。

```
/* * * * * * * * * * * * * * * * * * * * * * * * * * * * * * * * * * * * * * *
 * 程序名:max.c                        *
 * 求胸径最大的树                      *
* * * * * * * * * * * * * * * * * * * * * * * * * * * * * * * * * * * * * * * /
# include < stdio.h>
# include < stdlib.h>
int main()
{
    int i= 1, DBH, max_DBH;
```

```
    printf("input 10 DBHs:");
    scanf("% d", &DBH);
    max_DBH= DBH;

    do
    {
        scanf("% d", &DBH);          /* 获取一个值 * /
        if (DBH> max_DBH)
        {
            max_DBH= DBH;            /* 存储最大值 * /
        }
        i= i+ 1;                     /* 计数器加 1 * /
    }while(i< 10);

    printf("max_DBH= % d\n", max_DBH);

    return 0;
}
```

程序的运行情况为：

```
input 10 DBHs:21 32 43 54 3 76 88 76 56 87 ↙
max_DBH= 88
```

【例 5.7】 猜数字游戏，随机生成一个 0～30 之间的整数，让玩家猜，每次提示玩家所猜的数字是偏大还是偏小，每个玩家有三次猜测机会。若猜对了则提示恭喜答对，若猜错了则提示猜测错误，并且给出随机生成的数字。

循环变量设为 i，当循环变量的值超过 3 的时候结束循环，若玩家猜对数字则提前结束循环。循环的主体为玩家从键盘输入数字，并给出提示是猜大了还是猜小了。循环结束后判断玩家是猜对了还是猜错了，若是猜对了提示恭喜答对，若是猜错了提示猜测错误。

```
/* * * * * * * * * * * * * * * * * * * * * * * * * * * * * * * * * * * * * * *
 * 程序名:guess_number.c                *
 * 猜数字                               *
* * * * * * * * * * * * * * * * * * * * * * * * * * * * * * * * * * * * * * * /
# include < stdlib.h>
# include < stdio.h>
# include < time.h>
int main()
{
    int n= 3,m,flag= 0,number;          /* 设置标志 flag 为 0 * /

    srand((int)time(0));                /* 设置随机种子 * /
    number= rand()% 30;                 /* 生成 30 以内的随机数 * /

    do
    {
        printf("Please enter a number between 1 and 30:");
```

```
        scanf("% d",&m);

        if (m= = number)                /* 若猜的数字与随机数相同 * /
            flag= 1;                    /* 标志 flag 改为 1 * /
        else
            if (m> number)
                printf("The number is too big.\n");
            else
                printf("The number is too small.\n");

        n= n- 1;                        /* 猜的次数减去 1 * /
    }while(n> 0&&flag= = 0);            /* 猜的次数大于 0,且标志 flag 仍为 0 * /

    if (flag= = 1)
        printf("Correct answer! \n");
    else
        printf("Your guess is incorrect. The randomly generated number is % d\n",
number);

    return 0;
}
```

程序的运行情况为：

```
Please enter a number between 1 and 30:15 ↙
The number is too small.
Please enter a number between 1 and 30: 29 ↙
The number is too big.
Please enter a number between 1 and 30:25 ↙
Correct answer!
```

5.3 for 语句

for 语句的一般形式为：

```
for(表达式 1; 表达式 2; 表达式 3)
{
    循环体语句组;
}
```

其中,表达式 1 一般为赋值表达式,控制变量赋初值;表达式 2 一般为关系或逻辑表达式,循环条件;表达式 3 一般为赋值表达式,控制变量增减。注意,3 个表达式之间是分号。for 语句执行过程如图 5.4 所示：

（1）计算表达式 1;

（2）判断表达式 2 的值,若为真,则执行循环体语句,若为假,则退出循环体;

（3）计算表达式 3,判断表达式 2。

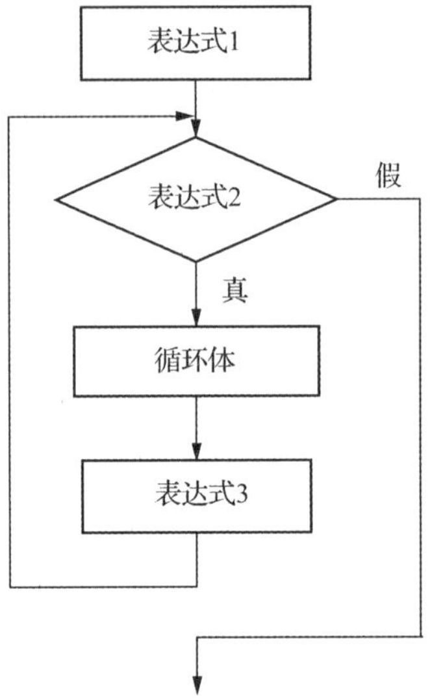

图 5.4 for 循环结构执行过程

【例 5.8】 利用 for 循环计算 $1^5+2^5+3^5+\cdots+10^5$ 的值。

在该程序中,需要注意定义 long 类型的 sum 变量来存储求和的值。若定义为 int 类型,计算结果可能为负数。

```
/* * * * * * * * * * * * * * * * * * * * * * * * * * * * * * * * * * * * * * *
 *  程序名:power5.c                               *
 *  求 1~ 10 的 5 次方之和                          *
* * * * * * * * * * * * * * * * * * * * * * * * * * * * * * * * * * * * * * * /
# include < stdio.h>
# include < stdlib.h>
int main()
{
    int k;
    long sum= 0;
①      for(k= 1; k< = 10; k+ + )
     {
②      sum= sum+ k* k* k* k* k;
    }
③      printf("sum= % ld\n", sum);

    return 0;
}
```

程序运行到①处时,执行一次表达式 1,即 k=1,判断表达式 2,即 k<=10 成立,执行②处的求和运算,再回到①处执行表达式 3,即 k++;判断表达式 2,即 k<=10 成立,执行②处的求和运算,以此类推。当执行到表达式 3,k 累加到 10 时,表达式 2,即 k<=10 仍然成立,执行②处的求和运算,再次执行表达式 3,k 累加到 11,此时表达式 2,即 k<=10 不成立,跳出循环,执行③处的输出语句。程序的运行结果为:

```
sum= 220825
```

【例 5.9】 求三位的水仙花数。所谓水仙花数,即每位数字的三次方之和等于它本身。

```
/* * * * * * * * * * * * * * * * * * * * * * * * * * * * * * * * * * * * * * *
 * 程序名:narcissistic_num.c                  *
 * 水仙花数                                   *
* * * * * * * * * * * * * * * * * * * * * * * * * * * * * * * * * * * * * * * /
# include < stdio.h>
# include < stdlib.h>
int main()
{
    int i,j,k,n;
    printf("Narcissistic numbers are: ");

    for(n= 100; n< 1000; n+ + )
    {
①       i= n/100;
        j= n/10- i* 10;
        k= n% 10;
        if(n= = i* i* i+ j* j* j+ k* k* k)
        {
        printf("% d ",n);
        }
    }

return 0;
}
```

要求三位数的数字,for 循环从 100 开始,999 结束。从①处开始,i、j、k 分别为整数的百位、十位和个位的数字。程序的运行结果为:

```
Narcissistic numbers are: 153 370 371 407
```

5.4 中断语句

C 语言的中断语句有 break 和 continue 两种形式。

(1) break 语句

在循环结构中,break 语句的作用是结束整个循环,使程序流程直接跳转到循环后面的语句。

(2) continue 语句

continue 语句只能用于循环结构,其作用是提前结束本次循环,继续下一次循环。

一般情况下,break 和 continue 语句常和 if 语句配合使用,即当满足一定条件时,结束整个循环或是结束本次循环。

break 和 continue 语句执行过程如图 5.5 和图 5.6 所示。

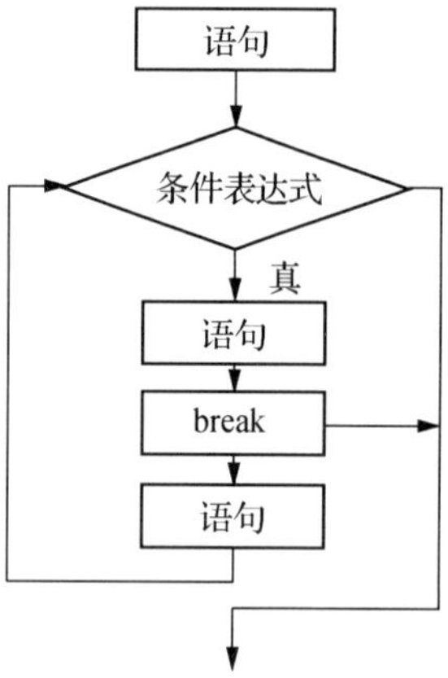

图 5.5　break 语句执行过程

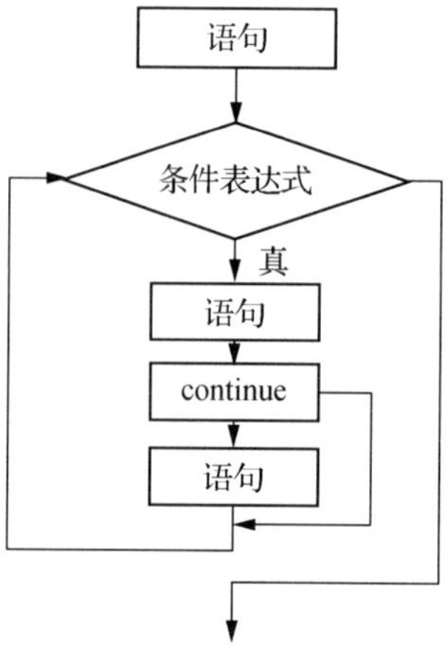

图 5.6　continue 语句执行过程

【例 5.10】 从键盘输入一个数,并判断这个数是否为素数。

判断一个数是否为素数有两种方式:

(1) 若输入的整数为 n,n 除以 2～(n－1)之间的所有整数,如果都不能被整除,则 n 为素数。

(2) 若输入的整数为 n,n 除以 2～$\sqrt{n}$之间所有整数,如果都不能被整除,则 n 为素数。

显然,使用方式(2)计算量少,运行时间短。

```
   /* * * * * * * * * * * * * * * * * * * * * * * * * * * * * * * * * * * * * *
    *  程序名:prime_num.c                        *
    *  判断是否是素数                             *
   * * * * * * * * * * * * * * * * * * * * * * * * * * * * * * * * * * * * * * /
    # include < stdio.h>
    # include < stdlib.h>
①  # include < math.h>
    int main()
    {
      int n,k,i;
      printf("Input a integer:");
      scanf("% d",&n);
②    k= (int)sqrt(n);          /*  对 n 进行开根号,并将结果强制转换为整型 * /
③    for(i= 2; i< = k; i+ + ) /*  k 为整型 * /
      {
        if(n% i= = 0)
        {
④         break;
        }
      }
⑤  if (i> k)
   {
     printf("% d is a prime number.\n",n);
   }
   else
   {
```

```
    printf("% d is not a prime number.\n",n);
  }
  return 0;
  }
```

②处 sqrt 是开根号函数，返回值是 double 类型，因此在①处加上了头文件。③处 k 需要参加整型运算，因此在②处将 k 进行强制转换为 int 类型。若在循环过程中，n%i 值为 0，则执行④处的 break 语句，跳转到⑤处做 if-else 判别。两次运行程序，分别输入 3 和 21，运行结果为：

```
Input a integer:3 ↙
3 is a prime number.
Input a integer:21 ↙
21 is not a prime number.
```

【例 5.11】 现在一片形状不规则样地上造林，按照第一行种植 1 棵树，第二行种植 2 棵树，以此类推，当种到第 1000 棵树时，一共种了多少行树木？

定义变量 i 表示当前树木种植到第几行，变量 sum 表示已经种植的树木的数量。设计一个 while(1)死循环，当树木的总数超过 1000 时，使用 break 语句来结束该循环，最后输出变量 i 的值。

```
/* * * * * * * * * * * * * * * * * * * * * * * * * * * * * * * * * * * * * * *
 * 程序名:sum.c                              *
 * 求第 1000 棵树位于第几行                  *
* * * * * * * * * * * * * * * * * * * * * * * * * * * * * * * * * * * * * * * */
# include < stdio.h>
# include < stdlib.h>
int main()
{
  int i= 1, sum= 0;

  while(1)
  {
    sum+ = i;
    if(sum> = 1000)
     break;
    i+ + ;
  }

printf("第 1000 棵树位于第% d 行\n", i);
return 0;
}
```

程序的运行结果为：

```
第 1000 棵树位于第 45 行
```

【例 5.12】 遍历 1～5 之间所有的数，若是 2 的倍数则打印“ * ”，若是 3 的倍数则打印

“#”,其他不做任何操作。

用 for 循环遍历 1～5 之间所有的数,若遇到 2 的倍数,printf 打印“*”,若遇到 3 的倍数,printf 打印“#”,遇到其他数,则 continue 跳过。

```
/****************************************
 * 程序名:print_symbol.c                *
 * 打印符号                              *
****************************************/
#include <stdio.h>
#include <stdlib.h>
int main()
{
  int i;
  printf("The output: ");
①  for(i=1; i<=5; i++)
  {
    if(i%2==0)
      printf("*   ");
    else if(i%3==0)
      printf("#   ");
    else
②      continue;
  }

  return 0;
}
```

①处进入循环,若 i 不是 2 的倍数,也不是 3 的倍数,则执行②处的 continue,回到①处执行 for 语句的表达式 3。程序的运行结果为:

```
The output: *  #  *
```

5.5 循环嵌套

一个循环体内包含另一个完整的循环结构,称作循环的嵌套。内嵌的循环还可以嵌套循环,这就是多层循环。C 语言的三种循环控制结构(while 循环,do-while 循环和 for 循环)可以互相嵌套。嵌套在内部的循环结构通常称为内循环,外部的循环结构称为外循环。内循环实际上是作为外循环的循环体的一部分。例如下面的程序段:

```
①    for(i=1;i<=10;i++)
    {
②    for(j=1;j<=i;j++)
       printf("* ");
     printf("\n");
    }
```

程序段中,①处的 for 语句的循环体包含两条语句,一条是关于 j 的 for 语句,另一条是输出换行符的 printf 函数调用语句。②处的 for 语句在①处的 for 语句的循环体中，因此②处的 for 语句称为内层循环，而①处的 for 语句称为外层循环。此程序段的功能是输出 10 行 *，第 i 行输出 i 个 *。

【例 5.13】 编写程序，输出以下图形。

```
*
*   *
*   *   *
*   *   *   *
*   *   *   *   *
```

该程序用到了循环嵌套，需要定义两个循环变量 row、col 分别控制图形的行跟列。②处的 col 为内层循环控制变量，控制图形的列，当列超过行时结束内层循环。内层循环每结束一次，输出一次换行。①处的 row 为外层循环，控制图形的行，当行超过 5 时，结束整个循环。

```
/* * * * * * * * * * * * * * * * * * * * * * * * * * * * * * * * * * * * * * *
 * 程序名:print_triangle.c                  *
 * 打印三角形                                *
* * * * * * * * * * * * * * * * * * * * * * * * * * * * * * * * * * * * * * * /
# include < stdio.h>
# include < stdlib.h>
int main()
{
    int row, col;
①      for(row= 1; row< = 5; row+ + )
    {
②          for(col= 1; col< = row; col+ + )
        {
          printf("*   ");
        }
        printf("\n");
  }
  return 0;
}
```

当 row 为 1 时，col 从 1 循环到 1；当 row 累加到 2 时，col 从 1 循环到 2，以此类推。程序的运行结果为：

```
*
*   *
*   *   *
*   *   *   *
*   *   *   *   *
```

【例 5.14】 百钱买百鸡问题：我国古代数学家张邱建在其著作《张邱建算经》一书中提出的数学问题：鸡翁一值钱五，鸡母一值钱三，鸡雏三值钱一。百钱买百鸡，问鸡翁、鸡母、鸡雏各几何？题目的意思是公鸡一只五文钱，母鸡一只三文钱，小鸡一文钱可以买三只，现在要用一百文钱买一百只鸡，问公鸡、母鸡和小鸡各买多少只？

如果用数学的方法来解决这个问题，通常是列方程组。假设公鸡、母鸡和小鸡各买 x、y、z 只，则列得以下方程组：

$$\begin{cases} x+y+z=100 \\ 5x+3y+z/3=100 \end{cases}$$

该方程组为不定方程组，有多组解，如果人工计算可能会有遗漏。用计算机来解决这个问题，由于其采用的是穷举法，因此其得到的解是完整的，没有遗漏的。外层循环的循环变量可以设置为公鸡的只数，从 0 递增到 20(因为最多买 20 只公鸡)。内层循环的循环变量可以设置为母鸡的只数，从 0 递增到 33(因为最多买 33 只母鸡)。在内层循环的循环体中先计算出小鸡的只数，再将各种鸡的只数与相应的价格相乘，算出总金额，判断总金额是否等于 100，如果是，则输出结果。

```
/* * * * * * * * * * * * * * * * * * * * * * * * * * * * * * * * * * * * *
 * 程序名:buy_chickens.c                 *
 * 百钱买百鸡问题                        *
* * * * * * * * * * * * * * * * * * * * * * * * * * * * * * * * * * * * * /
# include < stdio.h>
# include < stdlib.h>
int main()
{
    int cock,hen,chick;
    for(cock= 0;cock< = 20;cock+ + )
        for(hen= 0;hen< = 33;hen+ + )
        {
            chick= 100- cock- hen;
            if 5* cock+ 3* hen+ chick/3= = 100 && chick% 3= = 0)
                printf("cock= % d,hen= % d,chick= % d\n",cock,hen,chick);
        }
    return 0;
    }
```

本程序除了要判断 5 * cock+3 * hen+chick/3==100 以外，还要判断 chick%3==0，即看看小鸡的数量是否为 3 的倍数。两个条件都满足了，才是正确的解。程序的运行结果为：

```
cock= 0,hen= 25,chick= 75
cock= 4,hen= 18,chick= 78
cock= 8,hen= 11,chick= 81
cock= 12,hen= 4,chick= 84
```

习题

一、判断题

1. while 循环的条件判断发生在循环体执行之后。（　　）
2. do-while 循环至少会执行一次循环体。（　　）
3. continue 语句会终止整个循环的执行。（　　）
4. for 循环只能用于已知循环次数的情况。（　　）
5. 在循环中使用 break 语句和 continue 语句的作用是相同的。（　　）

二、选择题

1. 当输入为"Hi,Njfu"时,以下代码的输出是(　　)。

```
char c;
while(c! = ',')
{
    c= getchar( );
    putchar(c);
}
```

A. Hi　　B. Hi,Njfu　　C. Hi　　D. HiNjfu

2. 以下代码的循环体执行次数是(　　)。

```
int x = 10;
while(x > = 0)
    x - = 2;
```

A. 5　　B. 6　　C. 10　　D. 无限循环

3. 以下代码的输出是(　　)。

```
int i = 0;
do {
    printf("% d ", i);
    i+ + ;
} while(i < 3);
```

A. 0 1 2　　B. 0 1　　C. 1 2 3　　D. 1 2

4. 以下代码的输出是(　　)。

```
for(int i= 0; i< 5; i+ + ) {
    if(i = = 3) break;
    printf("% d ", i);
}
```

A. 0 1 2　　B. 0 1 2 3　　C. 0 1 2 4　　D. 1 2 3

5. 以下代码的输出是(　　)。

```
for(int i= 1; i< = 3; i+ + ) {
    if(i % 2 = = 0) continue;
    printf("% d ", i);
}
```

A. 1 3　　B. 1 2 3　　C. 2　　D. 2 3

6. 下面 4 个关于 C 语言的结论中错误的是(　　)。

A. 可以用 do-while 语句实现的循环一定可以用 while 语句实现

B. 可以用 for 语句实现的循环一定可以用 while 语句实现

C. 可以用 while 语句实现的循环一定可以用 for 语句实现

D. do-while 语句与 while 语句的区别仅是关键字“while”出现的位置不同

7. 以下代码的循环体总执行次数是(　　)。

```
for(int i= 0; i< 3; i+ + ) {
    for(int j= 0; j< = i; j+ + )
        printf("* ");
}
```

A. 3　　B. 6　　C. 9　　D. 12

8. 以下代码的输出是(　　)。

```
int i, j;
for(i= 1; i< = 3; i+ + ) {
    for(j= 1; j< = i; j+ + ) {
        if(j = = 2) break;
        printf("% d ", j);
    }
}
```

A. 1 1 1　　B. 1 2 1 2　　C. 1 1 2　　D. 1 1 1 2

9. 以下代码的输出是(　　)。

```
inti, j, count = 0;
for(i= 0; i< 2; i+ + ) {
    for(j= 0; j< 2; j+ + ) {
        if(i = = j) continue;
        count+ + ;
    }
}
printf("% d", count);
```

A. 2　　B. 3　　C. 4　　D. 1

10. 以下代码的输出是(　　)。

```
for(int i= 1; i< = 2; i+ + ) {
```

```
        int j = 1;
        while(j <= i) {
            printf("%d ", i* j);
            j++;
        }
    }
```

A. 1 2 2 4　　B. 1 2 4　　C. 1 1 2 2　　D. 1 2 2

三、填空题

1. 结构化程序设计规定的三种基本结构是________结构、________结构和________结构。

2. 表达式 x = 0，while(x) {……} 的循环体执行次数是________。

3. 在 for 循环中，初始化表达式只执行________次。

4. 设 i、j、k 均为整型变量，则执行如下语句后，k 的值为________。

```
for(i= 0, j= 10; i<= j; i++, j--) k= i+ j;
```

5. 在循环中，如果要立即终止整个循环的执行，可以使用________语句。

四、编程题

1. 输出 100 以内所有能被 7 整除的数。
2. 输入一个正整数 n，输出 n 行的直角三角形(用 * 组成)。
3. 输入一个正整数 n，计算其阶乘(n!)。
4. 输出九九乘法表。
5. 输入一个不超过五位的正整数，输出其逆数。

第六章　数值型数组

从第二章开始，我们使用整型、实型、字符型等基本数据类型编程解决了很多问题。其实C语言中除了基本数据类型外，还有构造数据类型，而数组就是最常见的一种构造数据类型。什么时候需要使用数组？数组如何定义、赋值？本章将进行详细介绍。

6.1　一维数组的定义和应用

先来思考这样一个问题：种植园区里培育了20棵树苗，从键盘输入树苗的高度，然后计算并输出树苗的平均高度。如果读者对第五章循环结构掌握得比较好，那么这个问题没有太大难度。程序可以如下：

```
/* * * * * * * * * * * * * * * * * * * * * * * * * * * * * * * * * * * * * * *
 * 程序名:average_height.c              *
 * 树苗的平均高度                       *
* * * * * * * * * * * * * * * * * * * * * * * * * * * * * * * * * * * * * * * */
# include < stdio.h>
# include < stdlib.h>
int main()
{
    float height,sum,ave;
    int i;
    sum= 0;
    for(i= 0; i< 20; i+ + )
    {
        scanf("% f", &height);              /* 输入一棵树苗的高度 * /
        sum + = height;                     /* 计算总高度 * /
        }
        ave= sum/20;                        /* 计算平均高度 * /
        printf("The average height is % .1f",ave);
    return 0;
}
```

程序中使用for循环，循环每执行一次，输入一棵树苗的高度存放到height变量中，然后累加到sum变量中。当循环结束后，sum变量中得到的是20个数据的和，从而再计算出平均值。

如果将这个问题修改如下，从键盘输入20棵树苗的高度，计算并输出比平均高度低的树苗。解决此问题的基本步骤是：(1)计算出平均高度；(2)判断哪些树苗是低于平均高度的，将其输出。

如果按照上面的思路，当计算出平均高度 ave 时，height 变量中保存的是最后一棵树苗的高度，而其他 19 棵树苗的高度并没有保存下来，那自然无法找出比平均高度低的那些树苗。这种情况下，需要一种数据类型能够存放 20 棵树苗的高度，该数据类型即数组。数组就是由数据类型相同的一组数据构造而成。例如定义一个实型数组 float height[20]，那么修改之后的问题就可以利用下面的程序进行求解。

```
/* * * * * * * * * * * * * * * * * * * * * * * * * * * * * * * * * * * * * * *
 * 程序名:average_height2.c              *
 * 树苗的平均高度                        *
* * * * * * * * * * * * * * * * * * * * * * * * * * * * * * * * * * * * * * * /
# include < stdio.h>
# include < stdlib.h>
int main()
{
    float height [20],sum,ave;
    int i;
    sum= 0;
    for(i= 0;i< 20;i+ + )
    {
        scanf("% f",&height[i]);
        sum+ = height[i];
    }
    ave= sum/20;
    for(i= 0;i< 20;i+ + )
        if(height[i])< ave)
            printf("% d:% .1f",i+ 1, height[i]);
    return 0;
}
```

读者可以对比一下这两个程序，观察不同之处。在这个程序中，涉及一维数组的定义，一维数组元素的引用和输入等基本的要点，下面将进行一一介绍。

6.1.1　一维数组的定义

一维数组的定义方式为：

格式：数据类型 数组名[常量表达式]；

例如：float height[20]；

此语句定义了一个实型数组，数组名为 height。height 数组中的元素个数是 20，每个元素的类型都是 float 型，因此数组在内存中占有 20×4=80 个字节。

(1) 数据类型是 C 语言中的基本数据类型或构造数据类型。

(2) 数组名的命名规则和变量名的命名规则相同。在 C 语言中，数组名表示数组在内存中的起始地址，又称为数组的首地址。

(3) 常量表达式的值表示数组的长度，即数组所包含元素的个数，该表达式中可以包括常量和符号常量，但不能包括变量。

如：

```
int N= 5;
int a[N];
```

这个程序段首先定义了变量 N 并对其进行赋值，然后定义了整型数组 a，这个数组的长度看似是 5，但实际违背了 C 语言关于数组的定义规则，因此这种定义方法是错误的。

正确写法为：

```
# define N 5
int a[N];
```

因为 N 是符号常量，可以用于定义数组的长度，所以这个数组的定义是合法的。

6.1.2 一维数组元素赋值

数组定义完之后，数组名、数组元素的个数、数组元素的数据类型就确定了。那么数组中的元素应如何表示？如有以下数组的定义：

```
int a[5];
```

此时，a 数组有 5 个元素，分别为 a[0]、a[1]、a[2]、a[3]和 a[4]。C 语言中，数组元素的下标从 0 开始，最后一个元素的下标为数组长度减 1。如：

```
# define N 100
int b[N];
```

则数组 b 所有元素的下标范围为 0～N－1(即 0～99)，引用数组元素时下标不能超出这个范围。引用 b[100]、b[101]、b[－1]都是错误的。

为数组元素赋值有以下几种方法：

1）定义数组时赋值(即数组初始化)

(1) 定义数组时给所有元素赋值

例如："int a[5]={2,4,6,8,10};"，{}中每个数据值为各元素的初值，各值之间用逗号间隔。a 数组中 5 个元素的值分别为 a[0]=2，a[1]=4，a[2]=6，a[3]=8，a[4]=10。数组 a 长度为 5，花括号中有 5 个数据值，此时{ }中初始值的个数与数组的长度相同，那么数组的长度可以省略。也就是说：

```
int a[5]= {2,4,6,8,10};
```

等价于

```
int a []= {2,4,6,8,10};
```

(2) 定义数组时给部分数组元素赋值

如果将数组 a 的定义语句修改为："int a[5]={2,4,6};"，此时数组 a 长度仍为 5，花括号中有只有 3 个数据值，这表示只给数组的前 3 个元素赋值，后面的元素 a[3]和 a[4]的值都为 0。

如果数组 a 中所有元素都为 0，那么可以写成："int a[5]={0};"。但是如果要让数组中所有元素的初始值都为同一个非零的数，则不用这种形式。如，定义一个包含 5 个数组元素的整型数组并使其所有元素的初始值都为 1，不能写成"int a[5]={1};"，而要写成"int a[5]={1,1,1,1,1};"，因为"int a[5]={1};"只是把第 1 个数组元素的值设置为 1，其余 4 个数组元素的值都为 0。

2) 使用赋值语句给数组元素赋值

需要注意的是，以上介绍的给数组元素赋值的方法，都是在定义数组的同时进行赋值，读者千万不能写成：

```
int a[5];
a= {2,4,6,8,10};
```

因为在 C 语言中，数组名表示数组在内存中的起始地址，即元素 a[0]的地址，在程序运行期间，数组的起始地址是固定不变的，因此数组名实际上是一个常量，而常量是不能做赋值操作的，所以这种写法是错误的。同理，对数组名做 a++，a+=2 等赋值操作都是不允许的。

如果在定义数组时没有给数组赋值，那么可以通过赋值语句给数组元素赋值，如：

```
int a[5];
a[0]= 2;
a[1]= 4;
a[2]= 6;
a[3]= 8;
a[4]= 10;
```

这种方法显然要繁琐一些，所以只有当数组长度较小或已知数组中部分元素的值时，才采用此方法给数组中的元素赋值。

3) 使用 scanf 函数从键盘给数组元素赋值

在使用数组求解问题时，数组中元素的值大多是根据实际的问题，在运行程序时从键盘进行输入，可以采用以下程序段来完成数组元素值的输入：

```
int a[5];
for(i= 0;i< 5;i+ + )
    scanf("% d",&a[i]);
```

使用 for 循环完成从键盘给数组元素赋值，这是编程时最常用的方法。读者一定要注意以下两点：

① for语句中的表达式2通常和数组的长度有关。

假设数组的长度为N(N为符号常量),for语句三个表达式可以写成for(i=0;i<N;i++)或for(i=0;i<=N-1;i++)。需要注意的是下标不能超出数组范围,如果写成for(i=0;i<=N;i++)则输入的数组元素个数就为N+1个,而不是N个了,这是错误的写法。

② 使用scanf函数输入数据时不要遗漏取地址符"&",如果写成"scanf("%f",a[i]);",虽然在编译时不会报错,但数组各元素不能得到正确的值。

【例6.1】 13世纪的意大利数学家Leonardo Fibonacci(斐波那契)于1202年撰写了《计算之书》(*Liber Abaci*)一书,书中提到著名的"兔子问题"。在问题中他假设一对兔子每月能生一对小兔(一雄一雌),而每对小兔子在它出生后的第三个月,又能开始生小兔子,如果没有死亡,由一对刚出生的小兔子开始,到第40个月为止,每个月都会有多少对兔子?

此问题即著名的斐波那契数列问题,每个月的兔子总对数对应着相应数列中的一项,第1个月有1对兔子,第2个月仍为1对,第3个月由于生了一对,所以有2对,第4个月又生了1对,所以有3对,第5个月由于生了两对兔子,所以一共有5对,以此类推,就会得到一个数列:1,1,2,3,5,…第40个月兔子的总数即这个数列的第40项。

这里使用数组来求解,将数组的长度定义为40,将数组中的每个元素对应数列中的每一项。若数组为f,那么数组中下标为0和1的两个元素的值是已知的,即f[0]和f[1]的值为1,然后使用循环可将数组中其他的元素(下标从2~39)依次求出。数组中的其他元素(下标大于1的元素)可看成其前两项的和,也就是说第i个元素可以看成第i-1个元素和第i-2个元素的和。

```
/* * * * * * * * * * * * * * * * * * * * * * * * * * * * * * * * * * * * * * * *
 * 程序名:fib2.c                        *
 * 求斐波那契数列的前40项               *
* * * * * * * * * * * * * * * * * * * * * * * * * * * * * * * * * * * * * * * * /
# include < stdio.h>
# include < stdlib.h>
int main ( )
{
    long f[40]= {1,1};
    int i;
    for ( i= 2; i< 40; i+ + )                    /* 计算数列的后38项* /
        f[i] = f[i- 1] + f[i- 2];
    for ( i= 0; i< 40; i+ + )
     {  if ( i% 5 = = 0 )                        /* 一行输出5个数据 * /
            printf ("\n" );
       printf ("% 12ld", f[i] );
     }
    return 0;
}
```

程序的运行结果为:

```
         1          1          2          3          5
         8         13         21         34         55
        89        144        233        377        610
       987       1597       2584       4181       6765
     10946      17711      28657      46368      75025
    121393     196418     317811     514229     832040
   1346269    2178309    3524578    5702887    9227465
  14930352   24157817   39088169   63245986  102334155
```

(1) 数组的下标是从 0 开始,由于数列前两项的值为 1,因此数组元素 f[0]=1,f[1]=1,可以采用定义数组时给部分元素赋值的方式给数组 f 进行赋值。

(2) 第一个 for 循环计算出后续 38 项的值,分别存放到数组元素 f[2]～f[39]中;第二个 for 循环将数组中的元素进行输出。在输出时,可以使用格式控制符“%12ld”,保证输出的各列数据对齐显示。

【例 6.2】 给定平面上 10 个点,其坐标分别为(1.1,-6),(3.2,4.3),(-2.5, 4.5),(5.67, 3.67),(3.42, 2.42),(-4.5, 2.54),(2.54, 5.6),(5.6, -0.97),(0.97, 4.65),(4.65,-3.33)。求其中离原点最远的点。

首先使用一维数组 x 存放这 10 个点的 x 坐标,用一维数组 y 存放相应的 y 坐标,即第 i 个点的坐标为(x[i], y[i])。数组元素 z[i]表示第 i 个点离原点的距离。求离原点最远的点,即转化成求 z 数组中的最大值。这里可以用变量 index 记录最远点的下标,用 max 记录离原点最远点的距离。

求最大值问题的基本步骤是:

(1) 给 max 变量赋初值,可以将数组的第一个元素 z[0]赋给 max;

(2) 将数组中的第二个元素和 max 比较,若比 max 大,则需要修改 max 变量,然后将数组中的其他元素依次和 max 变量进行比较;

(3) 当数组中所有元素与 max 变量比较结束后,max 变量中存放的即是数组中的最大值。

```
/***************************************
 * 程序名:index.c                       *
 * 求距离原点最远的点下标                 *
***************************************/
# include < stdio.h>
# include < stdlib.h>
# include< math.h>
int main()
{
    int i,index;                    /* index 是离原点最远的点的下标 */
```

```
    double x[ ]= {1.1,3.2,- 2.5,5.67,3.42,- 4.5,2.54,5.6,0.97,4.65};
                                        /* 横坐标赋初值 * /
    double y[ ]= {- 6, 4.3, 4.5, 3.67, 2.42, 2.54, 5.6, - 0.97, 4.65, - 3.33};
                                        /* 纵坐标赋初值 * /
    double z[10], max;                  /* max 是到原点的最远距离 * /
    for(i= 0; i< 10; i+ + )             /* 计算 10 个点到原点的距离 * /
         z[i]= sqrt(x[i]* x[i]+ y[i]* y[i]);
    index=  0;
    max= z[0];
    for(i= 1; i< 10; i+ + )
    {
       if(z[i]> max)
       {  max= z[i];
          index= i;
       }
    }
    printf("% d:  x= % .2f, y= % .2f ", index+ 1, x[index],y[index]);
                                        /* 输出最远点的下标和坐标 * /
    return 0;
}
```

(1) 平面中各点的坐标已给定,因此可以在定义数组时给数组 x 和数组 y 进行赋值。

(2) 将最大值 max 初始化为 z[0],index 初始化为 0。通过 for 循环将 z[1]到 z[9]逐个与 max 的值比较,若比 max 的值大,则把该下标变量送入 index 中。循环结束时,index 中即保存离原点最远点的下标。

程序的运行结果为:

```
4:  x= 5.67, y= 3.67
```

例 6.2 要求计算离原点最远的点,也就是求最大值,这属于求最值类问题,读者要牢记此类问题的求解步骤。如果将例 6.2 修改为"计算离原点最近的点",那么问题转换为求最小值,此时只要在例 6.2 的程序代码中稍作修改,读者可以尝试自己编程实现。

【例 6.3】 给定一个包含 10 个整数的序列,在该序列中查找元素 m。若查找成功,则输出该元素第 1 次出现的位置,若查找不成功,输出"not found"。

这里可以使用数组来存储序列中的 10 个整数,而查找的元素 m 也需要从键盘进行输入。如何在数组中查找元素 m? 我们可以采用最简单方法:首先从数组的起始元素开始进行查找,若其与元素 m 不同,则继续检查数组的其他元素。若第 i 个元素的值和 m 相等,则输出对应的位置;若数组中没有元素 m,则输出"not found"。

```
/* * * * * * * * * * * * * * * * * * * * * * * * * * * * * * * * * * * * * * * *
 * 程序名:find.c                    *
 * 查找元素                         *
* * * * * * * * * * * * * * * * * * * * * * * * * * * * * * * * * * * * * * * * /
# include < stdio.h>
# include < stdlib.h>
int main()
```

```
{
    int a[10], i, m, flag;
    flag= 0;                              /* 将 flag 变量设置为标志 * /
    printf("please input the data of array:\n");

    for(i= 0;i< 10;i+ + )                 /* 输入 10 个整数,存入数组中 * /
        scanf("% d", &a[i]);
    printf("please input m:");
    scanf("% d", &m);                     /* 输入需查找的元素 m * /

    for(i= 0;i< 10;i+ + )
        if(a[i]= = m)                     /* 判断第 i 个元素是否与 m 相等 * /
        {  printf(" % d",i+ 1);           /* 元素 m 对应位置应是第 i+ 1 个 * /
          flag= 1;                        /* 若查找到元素 m,修改标志变量 * /
          break;
        }

    if(flag= = 0)                         /* 没有找到元素 m,输出提示信息 * /
        printf("not found\n");

    return 0;
}
```

(1) 程序中第 1 个 for 循环通过 scanf 函数完成一维数组元素的输入。

(2) 程序中将 flag 变量设置为标志变量,其初值为 0;在第 2 个 for 循环中,若 a[i]和 m 相等,flag 设置为 1,数组中后续元素不用继续判断,使用 break 退出循环;第 2 个 for 循环结束后,若 flag 仍为 0,说明在数组中没有找到和 m 相同的元素。程序的运行结果为:

```
please input the data of array:
1 3 5 7 9 10 8 6 7 3 ↙
please input m:9 ↙
5
```

读者可以考虑一下,如果程序中没有定义 flag 变量,那么程序最后的 if 语句中的条件 if (flag==0) 替换成 if(i==10)是否可行。

【例 6.4】 假设种植园里引进了 n 棵树苗,树苗高矮不一。要求根据树苗的高度(单位:cm)从低到高进行排列。

将树苗的高度存放在数组中,这个问题将转换为数组元素排序问题。解决排序问题最简单的算法是冒泡(Bubble Sort)法,又称气泡法或起泡法。

利用冒泡法解决该问题的基本思想是:从队列的最前面开始检查,比较相邻两棵树苗的高度,若高的树苗在前,矮的树苗在后,则需要交换它们的位置。当检查到最后一棵树苗时,最高的树苗即被调整到最后,如图 6.1 所示(假设有 8 棵树苗)。经过第 1 轮调整,高的树苗向下沉,矮的树苗像气泡一样向上浮。在第 1 轮处理中,共有 8 个数据,需要比较 7 次。

原始数据	第1次	第2次	第3次	第4次	第5次	第6次	第7次	结果
162	161	161	161	161	161	161	161	161
161	162	157	157	157	157	157	157	157
157	157	162	156	156	156	156	156	156
156	156	156	162	162	162	162	162	162
164	164	164	164	164	158	158	158	158
158	158	158	158	158	164	160	160	160
160	160	160	160	160	160	164	159	159
159	159	159	159	159	159	159	164	164

图 6.1　第 1 轮排序

处理第 2 轮时，仍然从最前面开始检查，检查相邻两棵树苗的高度，一直检查到倒数第二棵树苗（因为高度为 164 的树苗已经调整到最后，不再参加比较）。此时参与比较的数据有 7 个，那么相邻数据需要比较 6 次。经过第 2 轮处理，高度为 162 的树苗调整到了倒数第二个位置，如图 6.2 所示。

第 1 轮排序后的数据	第1次	第2次	第3次	第4次	第5次	第6次	结果
161	157	157	157	157	157	157	157
157	161	156	156	156	156	156	156
156	156	161	161	161	161	161	161
162	162	162	162	158	158	158	158
158	158	158	158	162	160	160	160
160	160	160	160	160	162	159	159
159	159	159	159	159	159	162	162
164	164	164	164	164	164	164	164

图 6.2　第 2 轮排序

按照此方法进行第 3 轮排序时，待排序的数据有 6 个，那么相邻数据需要比较 5 次；在第 4 轮排序时，需要进行 4 次比较……在第 7 轮排序时，需比较 1 次。此时所有数据完成从小到大的排序。

根据以上分析可知，如果有 n 个数需要排序，那么需要进行 n－1 轮处理；在第 i 轮排序时，需比较 n－i 次，而每次都是从第 1 个数据开始，将相邻的两个数据进行比较和交换。

```
/* * * * * * * * * * * * * * * * * * * * * * * * * * * * * * * * * * * * * * *
 * 程序名:index.c                              *
 * 树苗高度从低到高排序                        *
* * * * * * * * * * * * * * * * * * * * * * * * * * * * * * * * * * * * * * * /
# include < stdio.h>
# include < stdlib.h>
int main()
{
    int height[100],t,n,i,j;
    printf("please input the number of trees:");
```

```
    scanf("% d",&n);                    /* 输入树苗棵数,不能超过数组的长度 100 * /

    printf("please input the height of every tree:\n");
    for(i= 0;i< n;i+ + )
        scanf("% d",&height[i]);        /* 将每棵树苗的高度存储在数组 height 中 * /

    for(i= 1; i< = n- 1; i+ + )         /* 进行 n- 1 轮比较 * /
    {
        for(j= 0; j< n- i; j+ + )       /* 第 i 轮比较 n- i 次,即循环 0~n- 1- i * /
        {
            if(height[j] > height[j+ 1])
                                        /* 判断相邻元素是否需要交换 * /
            {
                t= height[j];
                height[j]= height[j+ 1];
                height[j+ 1]= t;
            }
        }
    }

    printf("After sort:\n");            /* 输出排序后的数组元素 * /
    for(i= 0; i< n; i+ + )
        printf("% - 5d", height[i]);

    return 0;
}
```

(1) 题目中没有明确树苗的棵数,而定义数组时数组的长度必须是常量,因此程序中先定义 height 数组,长度为 100,然后使用变量 n 来接收从键盘输入的实际树苗棵数,只要 n 不超过 100 即可。

(2) 程序中实际使用的是从数组下标 0 到下标 n－1,即数组元素 height[0]~height[n－1],因此程序的第一个 for 循环完成 n 个数据的输入,千万不能写成:

```
for(i= 0;i< 100;i+ + )
    scanf("% d",&height[i]);
```

(3) 在排序的过程中,使用了嵌套的 for 循环,外层循环一次可完成一轮排序。在第 i 轮排序时,内层需循环 n－i 次,进行相邻两个数的比较,由于数组下标从 0 开始,因此内层关于 j 的 for 语句为 for(j=0; j<n－i; j++)。读者在编程时,一定要注意 for 语句的循环次数。

程序的运行结果为:

```
please input the number of trees:8 ↙
please input the height of every tree:
162 161 157 156 164 158 160 159 ↙
After sort:
156  157  158  159  160  161  162  164
```

6.2 二维数组的定义和应用

6.2.1 二维数组的定义

二维数组的定义方式为：

格式：数据类型 数组名[常量表达式 1][常量表达式 2];

例如：int a[3][4];

此语句定义了一个二维数组 a，数组包含 3 行 4 列，共有 12 个元素，每个元素都是整型。因此数组在内存中占有 12×2=24 个字节。

和一维数组类似，二维数组在定义时，“常量表达式 1”和“常量表达式 2”都必须是常量，它们分别表示二维数组第一维和第二维的长度。

二维数组和一维数组有没有关联呢？其实我们可以把二维数组 a 看成是由 a[0]，a[1]，a[2]三个元素组成的一维数组，而 a[0]、a[1]、a[2]每个元素又分别是由 4 个整型元素组成的一维数组，如图 6.3 所示。

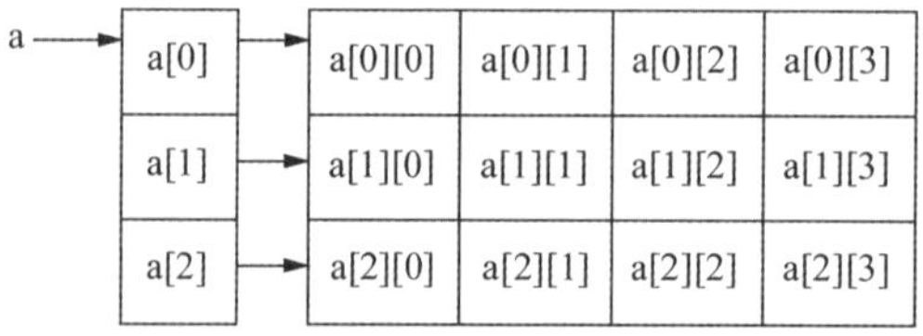

图 6.3 二维数组 a 的组成形式示意图

由于计算机的内存是一维的，因此二维数组的元素也需要按一维线性排列，它们在内存中是如何存放的呢？在 C 语言中，二维数组是按行序来进行存储的，即第 0 行所有元素存储完后，存储第 1 行，第 2 行……直至数组的最后一行。读者理解二维数组元素的存储方式，对第七章学习和二维数组相关的指针是有帮助的。

6.2.2 二维数组元素赋值

和一维数组元素类似，二维数组仍使用下标来表示数组中的元素，表示形式为：

数组名[行下标][列下标]

如有定义：

```
int a[3][4];
```

此时，a 数组的行下标的变化范围为 0～2，而列下标的变化范围为 0～3。数组第 0 行的元素有 a[0][0]、a[0][1]、a[0][2]和 a[0][3]；数组第 1 行的元素有 a[1][0]、a[1][1]、a[1][2]和 a[1][3]；数组第 2 行的元素有 a[2][0]、a[2][1]、a[2][2]和 a[2][3]。

1) 定义数组时赋值

(1) 定义时给数组所有元素赋值

例如：int a[3][4]={{1, 2, 3, 4}, {5, 6, 7, 8}, {9, 10, 11, 12}};

二维数组 a 为 3 行 4 列，每行的元素放在一组花括号内，元素值之间用逗号隔开，初始化后数组 a 的元素如下：

```
1  2   3   4
5  6   7   8
9  10  11  12
```

由于二维数组元素在内存中是按行序进行存放的，因此也可以将所有元素写在一个花括号内，省略每行的{}，如：

```
int a[3][4]= {1, 2, 3, 4, 5, 6, 7, 8, 9, 10, 11, 12};
```

以上两种赋值方式虽是等价的，但建议读者采用第一种方法，一行一行地给数组赋值，这样会更加清晰。

(2) 定义时给数组部分元素赋值

如果将数组 a 的初始化语句修改为："int a[3][4]={{1, 2}, {5, 6}, {9, 10}};"此时没有给数组 a 的所有元素赋值，只给第 0 行至第 2 行的前两列赋值，其余未赋值的元素均为 0。数组 a 的元素如下：

```
1  2   0  0
5  6   0  0
9  10  0  0
```

将定义语句"int a[3][4]= {{1, 2}, {5, 6}, {9, 10}};"修改为：

```
int a[3][4]=  {1, 2, 5, 6, 9, 10};
```

这种赋值方式，只给数组的前 6 个元素赋值，其他元素均为 0。数组 a 的元素如下：

```
1  2   5  6
9  10  0  0
0  0   0  0
```

(3) 定义时省略数组第一维长度

如果对数组全部元素赋初值，则在定义数组时可以省略第一维长度，但不能省略第二维长度，例如：

```
int a[][4]= {{1, 2, 3, 4}, {5, 6, 7, 8}, {9, 10, 11, 12}};
```

或

```
int a[][4]= {1, 2, 3, 4, 5, 6, 7, 8, 9, 10, 11, 12};
```

二维数组 a 中赋值元素的个数为 12，第二维长度为 4，因此可以计算出第一维的长度为 3。

同样，当给数组部分元素赋初值时，第一维的长度可以省略，但是应使用花括号分行赋值的方法，如：

```
int a[][4]= {{1, 2}, {5, 6}, {9, 10}};
```

2）使用 scanf 函数从键盘给数组元素赋值

如果在程序执行过程中，利用键盘给二维数组元素赋值，那么在赋值时往往需要使用嵌套循环，例如可以采用以下程序段来完成数组元素值的输入：

```
int a[3][4];
for(i= 0; i< 3; i+ + )
    for(j= 0; j< 4; j+ + )
        scanf("% d", &a[i][j]);
```

在此循环中 i 变量表示二维数组的行号，j 变量表示二维数组的列号，因此对于 3 行 4 列的二维数组，i 的取值为 0～2，j 的取值为 0～3。

【例 6.5】 输入一个 4×4 整型矩阵，求出主对角线上的元素之和 sum1、次对角线上的元素之和 sum2，并输出结果。

首先考虑定义一个二维的整型数组 a 来存储矩阵，由于矩阵中的数据没有给定，因此预先准备好一个 matrix. txt 文件（如图 6.4 所示），放置同名. c 源文件在同一个文件夹中。在程序运行时从 matrix. txt 文件中读取数据，并将最终结果写入 ans. txt 文件中。分析图 6.5 中矩阵主对角线和次对角线上的元素的下标，可以知道矩阵的第 i 行的主对角线元素 a[i][i]，次对角线元素为 a[i][3－i]。定义变量 sum1 和 sum2，将每行的主对角线元素向 sum1 中累加，将每行的次对角线元素向 sum2 中累加。

```
/* * * * * * * * * * * * * * * * * * * * * * * * * * * * * * * * * * * * * * *
 * 程序名:matrix.c                          *
 * 求主对角线和次对角线元素之和               *
* * * * * * * * * * * * * * * * * * * * * * * * * * * * * * * * * * * * * * * */
# include < stdio.h>
# include < stdlib.h>
# define N 4
int main( )
{
    int i, j, sum1= 0, sum2= 0, a[N][N];
    FILE * fp_mat, * fp_ans;
                                /* 定义文件指针,注意 FILE 必须全部大写 * /
    if ((fp_mat =  fopen("matrix.txt", "r")) = =  NULL)
                                /* 打开文件 * /
    {
        printf("% s can't be opened\n", "matrix.txt");
        exit(1);                /* 退出程序 * /
    }
    if ((fp_ans =  fopen("ans.txt", "w")) = =  NULL)
```

```
    {
        printf("% s can't be opened\n", "ans.txt");
        exit(1);
    }

    for( i= 0;i< N;i+ + )                  /* 读入矩阵元素 * /
        for( j= 0;j< N;j+ + )
            fscanf(fp_mat, "% d", &a[i][j]);

        for(i= 0; i< N; i+ + )             /* 计算主对角线、次对角线元素之和 * /
        {
            sum1+ =  a[i][i];
            sum2+ =  a[i][N- 1- i];
        }
        fprintf(fp_ans, "sum1= % d, sum2= % d\n", sum1, sum2);
        printf("sum1= % d, sum2= % d\n", sum1, sum2);

        if( fclose(fp_mat) ! =  0 )        /* 关闭文件 * /
            printf("Error in closing the file % s.\n", "matrix.txt");
        if( fclose(fp_ans) ! =  0 )
            printf("Error in closing the file % s.\n", "ans.txt");

        return 0;
    }
```

程序的运行结果如图 6.6 所示。程序的运行结果如图 6.5 所示。代码中使用宏名 N 而不是具体的数字 4,使得程序具备良好的通用性。若要求解 5×5 的矩阵,只需要修改“＃define N 5”即可。

图 6.4　原始数据 matrix. txt 文件

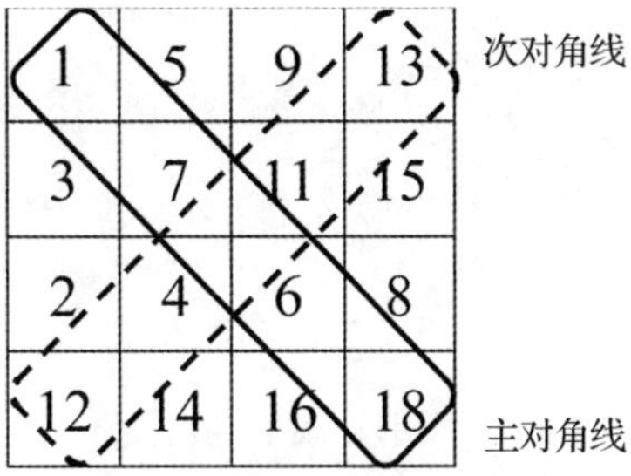

图 6.5　主对角线与次对角线

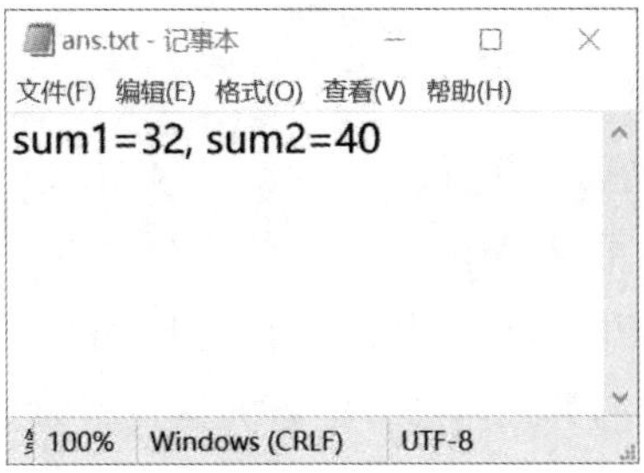

图 6.6　存放结果的 ans. txt 文件

【例 6.6】 从键盘给 4×4 的整型矩阵输入数据，并求出该矩阵的最大值。

根据问题描述可知，本题属于求最值类问题，可以采用一维数组元素求最大值的方法。首先将二维数组第 0 行第 0 列元素 a[0][0]放入变量 max 中；然后将二维数组其他元素依次和 max 变量中的内容相比较，若二维数组中某行某列元素大于 max，则修改 max 变量的值。当矩阵中的所有元素与 max 变量比较结束后，max 中存放的即为矩阵的最大值。

```
/* * * * * * * * * * * * * * * * * * * * * * * * * * * * * * * * * * * * * * *
 * 程序名:matrix_max.c                    *
 * 求矩阵的最大值                          *
* * * * * * * * * * * * * * * * * * * * * * * * * * * * * * * * * * * * * * * /
# include < stdio.h>
# include < stdlib.h>
# define N 4
int main()
{
    int a[N][N],max,i,j;
    printf("Input the data of 4* 4 matrix:\n");
    for( i= 0;i< N;i+ + )             /* 输入矩阵元素 * /
    for( j= 0;j< N;j+ + )
        scanf("% d", &a[i][j]);

    max= a[0][0];                     /* 设置 max 的初值 * /

    for( i= 0;i< N;i+ + )             /* 计算二维数组中的最大值 * /
        for( j= 0;j< N;j+ + )
        if(a[i][j]> max)
            max= a[i][j];

        printf("Max= % d\n",max);
        return 0;
    }
```

程序的运行结果为：

```
Input the data of 4* 4 matrix:
1 2 3 4 ↙
5 6 7 8 ↙
9 10 11 12 ↙
13 14 15 16 ↙
Max= 16
```

【例 6.7】 打印杨辉三角形前 10 行。

一个 10 行的杨辉三角形，可以使用 10×10 的二维数组 a 来保存。二维数组 a 共有 100 个元素，但杨辉三角为下三角矩阵，这里只需要求出主对角线及主对角线以下的元素。本题的难点是利用循环为二维数组的下三角部分的各元素进行赋值，然后进行输出。

杨辉三角形中元素的特点：

(1) 每行的第 0 列元素均为 1，即 a[i][0]=1；

(2) 每行的主对角线元素均为 1,即 a[i][i]=1;

(3) 除第 0 列和主对角线元素外,其余元素 a[i][j]等于其左上方元素 a[i−1][j−1]与正上方元素 a[i−1][j]之和,即 a[i][j]=a[i−1][j−1]+a[i−1][j]。

```
/* * * * * * * * * * * * * * * * * * * * * * * * * * * * * * * * * * * * * * * *
 * 程序名:yh_triangle.c                  *
 * 求杨辉三角形                          *
* * * * * * * * * * * * * * * * * * * * * * * * * * * * * * * * * * * * * * * * /
# include < stdio.h>
# include < stdlib.h>
# define N 10
int main()
{
    int i, j, a[N][N];

    for(i= 0; i< N; i+ + )          /* 将第 0 列元素与主对角线元素赋 1 * /
        a[i][0] = a[i][i] = 1;

    for( i= 2; i< N; i+ + )          /* 为第 2~ 9 行的夹在第 0 列与主对角线之间的元素赋值 * /
        for(j= 1;j< i;j+ + )
            a[i][j]= a[i- 1][j- 1]+ a[i- 1][j];

    for(i= 0; i< N; i+ + )          /* 输出矩阵中的下三角矩阵 * /
    {  for(j= 0; j< = i ; j+ + )
            printf("% 5d", a[i][j]);
        printf("\n");
    }

    return 0;
}
```

(1) 程序中第 2 个 for 循环为嵌套的循环,外层关于 i 的 for 循环执行一次,计算出二维数组的一行,内层关于 j 的 for 循环执行一次,求出第 i 行第 j 列的值。由于杨辉三角形为下三角矩阵,且主对角线元素的值已经计算出,因此 for 语句应写成:

```
for( i= 2; i< N; i+ + )
    for(j= 1;j< i;j+ + )
        a[i][j]= a[i- 1][j- 1]+ a[i- 1][j];
```

不能写成:

```
for( i= 2; i< N; i+ + )
    for(j= 1;j< N;j+ + )
        a[i][j]= a[i- 1][j- 1]+ a[i- 1][j];
```

(2) 程序中最后一个嵌套的 for 循环用于输出杨辉三角形,此时读者也需要注意内层循环控制变量 j 的范围。

程序的运行结果为:

```
1
1    1
1    2    1
1    3    3    1
1    4    6    4    1
1    5    10   10   5    1
1    6    15   20   15   6    1
1    7    21   35   35   21   7    1
1    8    28   56   70   56   28   8    1
1    9    36   84   126  126  84   36   9    1
```

习题

一、判断题

1. 数组的下标可以从 1 开始。 (　　)

2. 数组声明时,大小必须是常量表达式。 (　　)

3. 二维数组的元素在内存中是按列优先顺序存储的。 (　　)

4. 数组元素在内存中是连续存储的。 (　　)

5. 有语句"int arr[5];",则数组所有元素默认初始化为 0。 (　　)

二、选择题

1. 以下语句正确定义了一个包含 5 个整数元素的一维数组的是(　　)。

A. int a[5];　　B. int a[5.0];

C. int a[ ];　　D. int a[0];

2. 以下二维数组声明正确的是(　　)。

A. int a[2][3] = {{1,2}, {3,4}, {5}};

B. int arr[ ][ ];

C. int a[ ][3] = {1,2,3,4,5};

D. int a[2][ ] = {{1,2}, {3,4}};

3. 以下代码的输出是(　　)。

```
int arr[ ] = {5,4,3,2,1};
printf("% d", arr[3]);
```

A. 5　　B. 4　　C. 3　　D. 2

4. 以下代码的循环体执行次数是(　　)。

```
int arr[5] = {0};
for(int i= 0; i< 5; i+ + )
{
    arr[i] = i * 2;
}
```

A. 4　　B. 5　　C. 6　　D. 无限循环

5. 以下代码的输出是(　　)。

```
int a[3][3] = {{1}, {2,3}, {4,5,6}};
printf("% d", a[2][1]);
```

A. 0　　B. 5　　C. 6　　D. 随机值

6. 以下代码的输出是(　　)。

```
int a[3] = {1, 2, 3};
int sum = 0;
for(int i= 0; i< 3; i+ + ) {
    sum + = a[i];
}
printf("% d", sum);
```

A. 3　　B. 6　　C. 9　　D. 10

7. 以下代码的输出是(　　)。

```
int a[3] = {1, 2, 3};
for(i= 0; i< 3; i+ + ) {
    a[i] = a[i] % 2;
}
printf("% d % d % d", a[0], a[1], a[2]);
```

A. 1 0 1　　B. 1 1 1　　C. 0 0 0　　D. 1 0 0

8. 以下代码的输出是(　　)。

```
int arr[2][2] = {{1, 2}, {3, 4}};
int product = 1, i, j;
for (i = 0; i < 2; i+ + ) {
    for (j = 0; j < 2; j+ + ) {
        product * = arr[i][j];
    }
}
printf("% d", product);
```

A. 24　　B. 12　　C. 6　　D. 4

9. 以下代码的输出是(　　)。

```
int matrix[4][4];
    int sum = 0, i, j, k= 1;
    for(i= 0; i< 4; i+ + )
        for(j= 0; j< 4; j+ + )
            matrix[i][j]= k+ + ;
    for (i = 0; i < 4; i+ + )
        for (j = 0; j < i; j+ + )
            sum + = matrix[i][j];
printf("% d", sum);
```

A. 66　　B. 100　　C. 106　　D. 136

10. 以下代码的输出是(　　)。

```
int matrix[4][4];
    int sum = 0, i, j, k= 1;
    for(i= 0; i< 4; i+ + )
        for(j= 0; j< 4; j+ + )
            matrix[i][j]= k+ + ;
for (i = 0; i < 4; i+ + )
for (j = 0; j < 4; j+ + )
if (i = = 0 || i = = 3 || j = = 0 || j = = 3)
sum + = matrix[i][j];
printf("% d", sum);
```

A. 66　　B. 100　　C. 106　　D. 136

三、填空题

1. 以下代码的功能是统计数组中奇数的个数,横线处应填写________。

```
int arr[ ] = {1,2,3,4,5};
int count = 0;
for(int i= 0; i< 5; i+ + ) {
    if(_______)
        count+ + ;
}
```

2. 以下代码运行后输出的前三个数字是________。

```
# include < stdio.h>
int main( ) {
    int arr[ ] = {5, 3, 8, 1, 6};
    int i, j, temp;
    for (i = 0; i < 4; i+ + ) {
        for (j = 0; j < 4 - i; j+ + ) {
            if (arr[j] > arr[j+ 1]) {
                temp = arr[j];
                arr[j] = arr[j+ 1];
                arr[j+ 1] = temp;
            }
        }
    }
    for (i = 0; i < 3; i+ + ) {
        printf("% d ", arr[i]);
    }
    return 0;
}
```

3. 以下程序运行后输出的最后一个数字是________。

```
# include < stdio.h>
```

```
int main( ) {
    int a[3][4] = {{2,5,1,0}, {3,0,0,0}, {7,4,0,0}};
    int sum = 0, i, j;
    for (i = 0; i < 3; i+ + ) {
        for (j = 0; j < 4; j+ + ) {
            if (a[i][j] = = 0) break;
            sum + = a[i][j];
        }
    }
    printf("% d", sum);
    return 0;
}
```

4. 以下程序运行后输出的第四个数是________。

```
# include < stdio.h>
int main( ) {
int a[4][3] = {{1,2,3}, {4,0,0}, {5,6,0}, {7,0,0}};
int i, j;
    for (i = 0; i < 4; i+ + ) {
        for (j = 0; j < 3; j+ + ) {
            if (a[i][j] = = 0) break;
            printf("% d ", a[j][i % 2]);
        }
    }
    return 0;
}
```

5. 以下程序运行后输出的结果是________。

```
# include < stdio.h>
int main() {
    int arr[ ] = {3, 1, 4, 1, 5};
    int i, j, n = 5;
    for (i = 0; i < n- 1; i+ + ) {
        for (j = 0; j < n- i- 1; j+ + ) {
            if (arr[j] % 2 > arr[j+ 1] % 2 ||
                (arr[j] % 2 = = arr[j+ 1] % 2 && arr[j] > arr[j+ 1])) {
                int temp = arr[j];
                arr[j] = arr[j+ 1];
                arr[j+ 1] = temp;
            }
        }
    }
    for (i = 0; i < n; i+ + ) {
        printf("% d ", arr[i]);
    }
    return 0;
}
```

四、编程题

1. 编写一个程序，将两个等长数组对应元素相加，结果存入第三个数组。
2. 编写一个程序，查找数组中是否存在某个特定值，若存在输出其下标，否则输出－1。
3. 编写一个程序，输入 5 个整数，按逆序输出它们。
4. 编写一个程序，实现一个 4×4 矩阵的两条对角线元素求和。
5. 编写一个程序，找出一个 5×5 矩阵的所有鞍点（行最大且列最小的元素）。

第七章　函　数

C 语言是函数式语言，一个 C 语言程序可以由多个函数组成。如果把编程比作制造一台机器，函数就好比其零部件。可将这些“零部件”单独设计、调试、测试，用时拿出来装配，再总体调试。这些“零部件”可以是自己设计制造或是标准产品。如果把 C 语言本身提供的库函数比作“标准产品”，那么“自己设计制造的产品”就是用户自定义的函数。自定义函数是指由编程者自己开发、编写的以实现一定功能的函数。多个不同的零件组装成一台机器，多个功能不同的函数组成的程序可以解决复杂的问题，这恰好符合结构化程序设计的要求。一个程序究竟需要由几个函数来实现，没有硬性规定，取决于问题的复杂程度和编程者对 C 语言的理解和掌握能力。

分析下面两个例题，了解函数的优点。

【例 7.1】 计算 7！+10！－5！的值。此问题中需要计算 3 个整数的阶乘，因此用户可以自定义计算阶乘的 fact 函数，那么求解本问题的程序可以写为：

```
/* * * * * * * * * * * * * * * * * * * * * * * * * * * * * * * * * * * * * * *
 *  程序名:fact.c                         *
 *  计算 3 个整数阶乘的值                  *
* * * * * * * * * * * * * * * * * * * * * * * * * * * * * * * * * * * * * * * */
# include < stdio.h>
# include < stdlib.h>
long fact(long n)
{
    ......
}

int main(void)
{
    long result;
    result= fact(7)+ fact(10)- fact(5);         /* 调用 fact 函数计算阶乘* /
    printf("7! + 10! - 5! = % ld", result);
    return 0;
}
```

函数 fact 的实现细节需要用户自己编写。由此例可以看出，使用函数，提高代码的重用性，避免重复编写不必要的代码。例如在程序中需要多次计算阶乘功能，只需要编写一个函数即可，程序需要的时候可以调用该函数，避免了大量、重复的代码段，提高了程序的开发效率。

【例 7.2】 编写一个英语单词测试程序。

假设将英语单词测试程序进行功能分解，程序的流程如图 7.1 所示。根据此流程，编写程序代码。

图 7.1 英语测试程序的流程

```
/* * * * * * * * * * * * * * * * * * * * * * * * * * * * * * * * * * * * * *
 * 程序名:word_quiz.c                          *
 * 单词小测验                                   *
* * * * * * * * * * * * * * * * * * * * * * * * * * * * * * * * * * * * * * * */
# include < stdio.h>
# include < stdlib.h>
int main(void)
{
    char ch =  'y';
    display( );                          /* 调用软件封面显示函数 * /
    check ( );                           /* 调用密码检查函数 * /
    while (ch = = 'y'|| ch = = 'Y')      /* 当输入'Y'或'y'时,继续测试 * /
    {   question( );                     /* 调用产生题目函数 * /
      answers( );                        /* 调用接受回答函数 * /
      marks( );                          /* 调用评判计分函数 * /
      results( );                        /* 调用结果显示函数 * /
      printf("Do you want to continue? (Y/N)\n");
      ch= getchar( );
    }
    printf("Goodbye!");
    return 0;
}
```

函数程序中 display、check、question、answers 等函数，均为用户自定义函数，分别实现程序中不同的功能，这些函数的实现细节需要用户自己编写。由此例可以看出，使用函数进行编程符合模块化设计的思想，使程序的层次结构清晰，便于程序的编写、阅读、调试。

了解了函数对程序设计的重要性，那么本章将重点讲解函数定义方式、调用方式、变量的作用域等内容。

7.1　函数的分类和定义

7.1.1　函数的分类

在C语言中，可以从多个角度对函数进行分类。

（1）从函数定义的角度看，函数可分为库函数和用户自定义函数两种。

① 库函数：是系统自身提供的函数，用户不必定义就可以直接调用，调用时只需在程序前面包含有该函数原型的头文件。如getchar、putchar、fabs、sqrt等函数均属此类。C语言提供了极为丰富的库函数，有字符类函数、转换类函数、目录路径类函数、诊断类函数、图形类函数、输入输出类函数、接口类函数、字符串类函数、内存管理类函数、数学类函数、日期和时间类函数等。

② 用户自定义函数：由用户编写的函数。用户自定义函数，除了要在程序中定义函数本身外，有时还要在主调函数中对该被调函数进行必要的函数声明。

（2）根据函数是否有参数，C语言的函数分为有参函数和无参函数两种。

① 有参函数：此类函数在定义时，需要定义参数的类型。在函数调用时，主调函数需要将数据传递给函数的参数。如：strlen函数是有参函数，参数可以是字符串常量或字符数组或字符指针。

② 无参函数：此类函数在定义时没有参数，如getchar函数。在调用无参函数时，主调函数和被调函数之间不存在参数传递问题。

（3）根据函数是否有返回值，C语言的函数分为有返回值函数和无返回值函数两种。

① 有返回值函数：此类函数被调用执行完后将会返回一个执行结果（称为函数返回值），如abs即属于此类函数。如果用户自己定义的需要有返回函数值的函数，则必须在函数定义和函数声明中明确返回值的类型。

② 无返回值函数：此类函数执行完成后不返回函数值。由于函数无需返回值，用户在定义此类函数时可指定它的返回值为空类型，空类型的说明符为void。

7.1.2　函数的定义

1）函数的定义形式

和变量一样，函数也遵循“先定义，后调用”的规则。到目前为止，我们最熟悉的就是main函数，根据main函数的书写方式，可以了解函数的一般定义形式：

数据类型 函数名(参数列表)　→函数首部

```
{
    声明部分;
    语句部分;        函数体
    …
    return 表达式;
}
```

函数定义的第一行为函数首部,包含数据类型、函数名和参数列表。{}中的内容称为函数体。

说明:

(1) 数据类型用来说明函数的返回值类型,也就是 C 语言中提供的数据类型。函数的返回值类型默认是 int 型。

(2) 函数名是由用户自定义的标识符,为了提高程序的可读性,建议给函数取一个见名知义的名字。

(3) 函数名后是一对括号。对于无参函数,即使没有参数列表,括号也不能省略。对于有参函数,必须对每个参数进行类型说明,并且各参数之间用逗号间隔。

(4) {}中的语句用于实现函数的功能。"声明部分"主要是对变量进行定义;"语句部分"主要是对变量进行赋值、运算等操作。

(5) return 语句用于从函数带回返回值,不是必需的。若程序中没有 return 语句,说明函数没有返回值,这时函数首部的数据类型应定义为空类型,即 void。

2) 无参函数定义

【例 7.3】 定义无参函数 star,函数的功能为输出三行星号。

```
void star( )
{
    printf("   *    \n");
    printf("  * * *   \n ");
    printf("   *    \n ");
}
```

star 函数为无参函数,函数体中没有 return 语句,因此函数没有返回值,函数的返回值类型为 void。

3) 有参函数定义

【例 7.4】 定义函数 odd,功能为判断整数 x 的奇偶性。若 x 是奇数,函数的返回值为 1,否则返回 0。

首先分析函数首部中的三个重要组成部分:函数的返回值类型、函数名和函数参数。函数名和函数参数,题目中已经给出。根据题意可知,函数的返回值为 0 或 1,因此返回值类型为 int。

```
int odd(int x)
{
```

```
    int result;
    if (x% 2! = 0 )
        result= 1;
    else
        result= 0;
    return result;
}
```

【例 7.5】 若 x 是奇数,函数的返回值为'Y',否则返回'N'。由于函数的返回值类型为字符型,那么函数的定义形式应修改为:

```
char odd(int x)
{
    char result;
    if (x% 2! = 0 )
        result = 'Y';
    else
        result= 'N';
    return result;
}
```

【例 7.6】 判断整数 x 和 y 之和的奇偶性,若它们的和是奇数,函数的返回值为 1,否则返回 0。

题目要求判断整数 x 和 y 的和的奇偶性,因此函数名后面的参数列表应包含 x 和 y,odd 函数的具体定义如下:

```
int odd(int x, int y)
{
    int result;
    if ((x+ y)% 2! = 0 )
        result= 1;
    else
        result= 0;
    return result;
}
```

odd 函数有两个参数,因此函数的首部可以写成"int odd(int x, int y)"。如果省略第 2 个参数的数据类型,写成"int odd(int x, y)",则是错误的,这是很多初学者经常犯的错误。若函数中有多个参数,必须为每个参数指定数据类型,参数之间用逗号间隔。

由例 7.4～例 7.6 可以看出,函数的定义是非常灵活的。但用户只要能正确地分析题目的具体要求,然后按照函数定义的一般形式,就能够定义出自己所需的函数。

4) 空函数

空函数就是函数体为空的函数,空函数既然没有什么实际功能,为什么要存在呢? 原因是空函数所处的位置是要放一个函数,只是这个函数现在还未编写好,用这个空函数先占一个位置,以后用编好的函数来取代它。这种做法使程序结构清晰,可读性好,以后扩充新功能方便，对程序结构影响不大。

空函数的语法形式如下：

```
数据类型　函数名( )
{
}
```

例如，将例 7.2 中的 display 定义为一个空函数，函数体中没有编写任何代码，这里只是留出一个位置便于以后添加功能。

```
void display ( )              /* 函数首部* /
{
}
```

7.2 函数的返回值和参数

7.2.1 函数的返回值

在定义函数时，函数首部的数据类型表示的是函数的返回值类型。函数的返回值主要有两种情况：void 类型和其他类型。

（1）void 类型：若调用函数后不需要带回任何数据给主调函数，那么函数的返回值为空，则将函数返回值类型定义为 void，此时函数体中不需要 return 语句。当调用返回值为 void 的函数时，从函数体的第一句一直执行到最后一句，当遇到结束符号“}”表示函数调用结束，程序回到主调函数中。

（2）其他类型：若函数返回值的类型不是定义成 void 类型，而是 C 语言提供的其他数据类型，如整型、实型、字符型等，则表示调用函数后需要带回相应类型的数据给主调函数，此时函数体中需要 return 语句。当调用返回值为其他类型的函数时，从函数体的第一句开始执行，当执行到第一个 return 语句时，表示函数调用结束，程序回到主调函数中，并得到一个返回值。

return 语句的一般形式为：

```
return (表达式);
```

或者为

```
return 表达式;
```

执行该语句时，首先计算表达式的值，并将结果作为函数值保存下来，并返回给主调函数，然后中止该函数的执行。

关于函数的返回值需要注意以下几点：

（1）若在定义时省略了函数的类型，则默认为整型。不过强烈建议明确写明。

(2) 函数返回值的类型和函数定义中函数的类型应保持一致。如果两者不一致,则以函数类型为准,自动进行类型转换。

【例 7.7】 分析函数 max 的返回值类型。

```
int max(float x, float y)
{   float z;
    z = x > y ? x : y;
    return(z);
}
```

假设调用函数时,参数 x 和 y 的值分别为 3.6 和 6.7,那么 max(3.6, 6.7)的结果是 6 还是 6.7 呢? 在函数首部中定义了 max 函数为 int。而 max 函数体中,z 变量为 float 类型,通过 return 返回 6.7。当 return 语句后的表达式类型与函数类型不匹配时,以函数类型为准,因此函数的返回值为 6。

(3) 在一个函数体内,可以有多个 return 语句,每个 return 语句有一个返回值,但是当执行到第一个 return 语句时函数调用结束,返回一个函数值,后面的 return 语句不再被执行,所以一次函数调用只能返回一个值。

【例 7.8】 分析函数 compute 的返回值。

```
int compute(int a, int b)
{   int c, d;
    c= a+ b;
    d= a- b;
    return c;
    return d;
}
```

假设调用函数时,参数 a 和 b 的值为 12 和 4,那么 compute(12,4)的结果是 16 还是 8 呢? 当执行“return c;”时,函数调用结束,因此函数返回值为 16。

7.2.2 函数的参数

1) 函数的形参和实参

函数的参数分为形参和实参两种。所谓形参,是指函数定义时,函数名后面括号中的参数列表中声明的变量。函数调用时出现在圆括号中的表达式、变量或常量称为实参。

形参和实参是用来传送数据的,当主调函数进行函数调用时,主调函数把实参的值传送给被调函数的形参,从而实现主调函数向被调函数的数据传送。

说明:

(1) 实参可以是常量、变量、表达式、函数等,但要求在进行函数调用时,它们都必须具有确定的值,以便把这些值传送给形参。

(2) 实参将数据传送给形参时,要求实参和形参在数量上、类型上、顺序上保持一致。

(3) 形参在未出现函数调用时,它们并不占内存中的存储单元。只有在被调用时才分配内存单元,调用结束时释放所分配的内存单元。因此形参只有在函数内部有效,函数调用结束返回主调函数后则不能再使用该形参变量。

2）函数的调用形式

(1) 调用无参函数

一般形式:函数名( )

调用无参函数时,函数名后面要紧跟一对括号,括号中不能有任何数据。

例如:以下程序定义了一个无参函数 prtMsg,在 main 函数中调用该函数时不需要提供任何参数,函数名后面紧跟的是一对空括号。在 main 函数中该函数被调用了 1 次,向屏幕输出一行信息,没有返回任何值。

```
/* * * * * * * * * * * * * * * * * * * * * * * * * * * * * * * * * * * * * * * *
 * 程序名:print_message.c                    *
 * 输出信息                                  *
* * * * * * * * * * * * * * * * * * * * * * * * * * * * * * * * * * * * * * * */
# include < stdio.h>
# include < stdlib.h>
   void prtMsg( )                       /* 定义函数 * /
{
   printf("Hello C! \n");               /* 输出一行信息 * /
}
int main( void )
{
   prtMsg( );                           /* 调用函数 * /
   return 0;
}
```

(2) 调用有参函数

一般形式为:函数名(参数 1,参数 2,…,参数 n)。

【例 7.9】 在主函数中调用例 7.4 中定义的 odd 函数,判断 n 的奇偶性。

```
/* * * * * * * * * * * * * * * * * * * * * * * * * * * * * * * * * * * * * * * *
 * 程序名:print_star.c                       *
 * 输出星号        *
* * * * * * * * * * * * * * * * * * * * * * * * * * * * * * * * * * * * * * * */
# include < stdio.h>
# include < stdlib.h>
int odd(int x)                          /* 定义函数 odd * /
{
   int result;
   if (x% 2! = 0 )
       result= 1;
   else
       result= 0;
   return result;
}
int main( void )
```

```
{
    int n,flag;
    scanf("% d", &n);
    flag= odd(n);                    /* 调用函数 odd,并将函数的返回值赋给变量 flag * /
    printf("% d", flag);
    return 0;
}
```

上述程序由 main 函数和 odd 函数组成。odd 函数首部为 int odd(int x) ,调用形式为 odd(n),x 为形参,n 为实参。

注意:不管 C 程序中有多少个函数,也不管 main 函数出现在程序的什么位置,程序始终是从 main 函数“{”后的第一个语句开始执行,到 main 函数末尾的“}”结束。

上述程序的执行流程如下:

(1) 执行 main 函数的第一句,然后假设为变量 n 输入数值 12,那么开始调用 odd 函数。调用 odd 函数时,将 n 变量的值传递给参数 x。

(2) 执行 odd 函数,根据 x 的值,计算出 result 变量的值为 0,执行 return 语句表示 odd 函数调用结束,将 0 返回到 main 函数中并赋给变量 flag。

(3) 输出 flag 变量的值 0,程序执行结束。

也可以不定义 flag 变量,将 odd 函数返回的结果直接输出。即可以将 main 函数修改如下:

```
# include < stdio.h>
# include < stdlib.h>
int main( void )
{
    int n;
    scanf("% d", &n);
    printf("% d", odd(n));                /* 修改了这句 * /
    return 0;
}
```

例 7.9 中调用的函数的返回值类型为 int,下面来看看如何调用返回值为 void 的函数。如有以下程序:

```
/* * * * * * * * * * * * * * * * * * * * * * * * * * * * * * * * * * * * * * *
 * 程序名:print_stars.c                      *
 * 输出若干星号                              *
* * * * * * * * * * * * * * * * * * * * * * * * * * * * * * * * * * * * * * * * /
# include < stdio.h>
# include < stdlib.h>
void prtStars(int n)                 /* 函数的定义 * /
{
    int i;
    for(i= 1;i< = n;i+ + )           /* 输出 n 个星号 * /
        printf("* ");
}
```

```
int main( void )
{
    int n;
    scanf("% d", &n);
    prtStars(n);                    /*  函数的调用 * /
    return 0;
}
```

由于 prtStars 函数的返回值类型为 void,所以函数体内一定不能有 return 语句。在调用 void 类型的函数时,也是按照下列格式进行调用:函数名(表达式或变量)。例如 prtStars (n),但千万不能写成 t=prtStars(n)。

因为 prtStars 函数没有返回值,不能将其调用的结果赋给任何变量。初学者一定要谨记这点。

3)函数参数的传递规则

函数调用时,实参一般是表达式,在有多个实参的情况下,就存在参数传递规则问题。参数传递的顺序并不是确定的,有的编译器是按自左向右的顺序传递,有的编译器则按自右向左的顺序传递。常见的编译器,如 Dev C++和 Visual Studio 是按自右向左的顺序传递参数。

```
/* * * * * * * * * * * * * * * * * * * * * * * * * * * * * * * * * * * * * * *
 *  程序名:add.c                    *
 *  计算 2 个整数和                   *
* * * * * * * * * * * * * * * * * * * * * * * * * * * * * * * * * * * * * * * /
# include < stdio.h>
# include < stdlib.h>
int sum(int a, int b)           /*  函数定义,求两个数的和 * /
{
    return(a+ b);
}
int main( )
{
    int i= 3, j;
    j= sum(i, i+ + );           /*  函数调用 * /
    printf("j= % d\n", j);
    return 0;
}
```

在 Dev C++下运行的结果为:j=7。

函数 int sum(int a, int b)用于返回形参 a 和 b 之和。函数调用 sum(i, i++)时,根据实参从右到左的求值顺序,实参的值分别为 4 和 3,相当于"j=sum(4, 3);",所以程序运行结果为 7。

了解函数的定义方式和调用方式后,我们来求解本章开头例 7.1 提出的问题,即求表达式 7! +10! -5! 的值。

【例 7.10】 自定义函数 fact,函数功能为求形参的阶乘。调用 fact 函数计算表达式 7!

＋10！－5！的值。

首先明确函数首部的三要素：函数返回值类型、函数名、形参。由于 fact 函数的功能为计算阶乘，考虑到阶乘的值较大，因此函数的返回值类型可以定义为 long。阶乘的计算可以使用第四章中的循环来实现。

```
/* * * * * * * * * * * * * * * * * * * * * * * * * * * * * * * * * * * * * * *
 * 程序名:fact.c                             *
 * 计算 3 个整数阶乘的值                      *
* * * * * * * * * * * * * * * * * * * * * * * * * * * * * * * * * * * * * * * /
# include < stdio.h>
# include < stdlib.h>
long fact(long n)
{
    int i;
    long m= 1;
    for(i= 1; i< = n; i+ + )
        m= m* i;
    return (m);
}

int main(void)
{
    long result;
    result= fact(7)+ fact(10)- fact(5);           /* 调用 fact 函数计算阶乘* /
    printf("7! + 10! - 5! = % ld\n", result);
    return 0;
}
```

(1) 程序从主函数开始执行，在没有调用 fact 函数之前，形参 n 不占用内存空间，也没有值。当执行主函数第二条语句，开始调用 fact 函数，同时将 3 次调用后函数的返回值相加赋给 result 变量。

(2) 执行“result=fact(7)＋fact(10)－fact(5);”时，具体过程如下：

① 第一次调用 fact 函数，实参为 7，此时为形参 n、变量 i 和 m 分配内存空间，并将实参的值传递给 n，然后执行 fact 函数的函数体，计算出 7！的结果，通过 return 语句返回到主函数中，此时 fact 函数调用结束，形参 n、变量 i 和 m 所占内存空间全部释放。

② 第二次调用 fact 函数，实参为 10，得到函数返回值 10!。

③ 第三次调用 fact 函数，实参为 5，调用完成后回到主函数，得到函数返回值 5!。

④ 三次调用 fact 函数的结果进行运算后赋给 result 变量。

(3) 需要注意的是：在主函数中每次调用 fact 函数时都给形参 n、变量 i 和 m 分配内存空间，函数调用结束后，它们所占的内存空间会被释放。因此 3 次调用 fact 函数，3 次分配给形参 n、变量 i 和 m 不一定是相同的内存单元。

程序的运行结果为：

```
7! + 10! - 5! = 3633720
```

【例 7.11】 编写函数 int prime(int n)，判断 n 是否是素数。若是素数，则返回 1；否则返回 0。找出 10～1000 中所有的素数。

第五章介绍了判断素数的方法，这里要求使用函数编程实现，那么就将判断 n 是否为素数的代码"挪到"prime 函数中，但需要考虑使用 return 语句带回返回值。

```
/* * * * * * * * * * * * * * * * * * * * * * * * * * * * * * * * * * * * * * *
 * 程序名:prime.c                          *
 * 找出 10～1000 中所有的素数                *
* * * * * * * * * * * * * * * * * * * * * * * * * * * * * * * * * * * * * * * /
# include < math.h>          /* 程序中使用了 sqrt 库函数，因此需要文件包含命令 * /
# include < stdio.h>
# include < stdlib.h>
int prime(int n)             /* 判断 n 是否为素数 * /
{
    int i;
    if(n< = 1)
    return 0;                /* 如果 n< = 1，则不是素数，返回值为 0 * /
    for(i= 2;i< = sqrt(n);i+ + )
        if(n% i= = 0)
            return 0;        /* 若 n 不是素数，返回值为 0 * /
    return 1;                /* 若 n 是素数，返回值为 1 * /
}
int main( void )
{
    int n;
    FILE * fp;
    if ((fp =  fopen("ans.txt", "w")) = = NULL)
                             /* 打开源文件 * /
    {
        printf("% s can't be opened\n", "ans.txt");
                             /* 若打开失败，给出提示 * /
        exit(1);             /* 退出程序 * /
    }
    for(n= 10;n< = 1000;n+ + )
    if(prime(n))             /* 调用 prime 函数，若函数的返回值为 1，则输出 n * /
        fprintf(fp, "% 5d",n);
    printf("finished.\n");
    if( fclose(fp) ! =  0 )  /* 关闭目标文件 * /
        printf("Error in closing the file % s.\n", "ans.txt");
                             /* 关闭失败，给出提示 * /
    return 0;
}
```

(1) 主函数中的 for 循环，n 从 10 循环到 1000。循环体执行一次，则调用一次 prime 函数。若 prime(n)返回值为 1，也就是 n 为素数则将其输出。

(2) 当主函数调用 prime 函数时，prime 函数需要判断形参 n 是否为素数。当 n 能被 2～sqrt(n)中的某个数整除时，说明 n 一定不是素数，则通过"return 0;"结束函数的调用。当 for 循环执行结束，n 不能被 2～sqrt(n)范围内的任何数整除，表示 n 是素数，则通过"return

1;”结束函数的调用。

(3) 主函数和 prime 函数中都定义了变量 n,但是在内存中分配的是不同的单元。在调用 prime 函数时,形参 n 才会被分配空间,实参 n 将值传递给形参 n,函数调用结束后,形参 n 的内存单元被释放,程序回到主函数,等主函数执行结束后,实参 n 所占的单元才被释放。

程序的运行结果存放到了“ans. txt”文件中,如图 7. 2 所示。

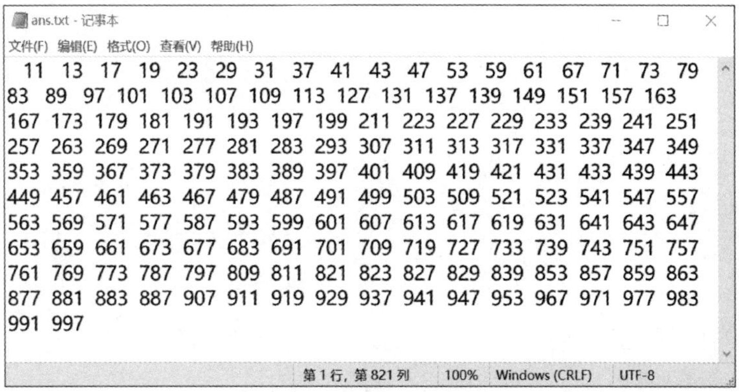

ans.txt - 记事本
文件(F) 编辑(E) 格式(O) 查看(V) 帮助(H)
11 13 17 19 23 29 31 37 41 43 47 53 59 61 67 71 73 79
83 89 97 101 103 107 109 113 127 131 137 139 149 151 157 163
167 173 179 181 191 193 197 199 211 223 227 229 233 239 241 251
257 263 269 271 277 281 283 293 307 311 313 317 331 337 347 349
353 359 367 373 379 383 389 397 401 409 419 421 431 433 439 443
449 457 461 463 467 479 487 491 499 503 509 521 523 541 547 557
563 569 571 577 587 593 599 601 607 613 617 619 631 641 643 647
653 659 661 673 677 683 691 701 709 719 727 733 739 743 751 757
761 769 773 787 797 809 811 821 823 827 829 839 853 857 859 863
877 881 883 887 907 911 919 929 937 941 947 953 967 971 977 983
991 997
第 1 行, 第 821 列　100%　Windows (CRLF)　UTF-8

图 7. 2　10～1000 中所有的素数

【例 7. 12】　若两个素数之差为 2,则这两个素数就是一对孪生素数。例如:3 和 5、5 和 7、11 和 13 等都是孪生素数。编写程序找出 3～100 之间的所有的孪生素数。

本题可以利用穷举法,检测 3～100 之间的每一个整数 n 和 n+2 是否是素数,若是,那么它们即是满足要求的孪生素数。这里可以发挥函数的优势,直接利用例 7. 11 中定义的 prime 函数进行素数的判断。

```
/* * * * * * * * * * * * * * * * * * * * * * * * * * * * * * * * * * * * *
 * 程序名:prime_twins.c                *
 * 找出 3~ 100 之间的所有的孪生素数       *
* * * * * * * * * * * * * * * * * * * * * * * * * * * * * * * * * * * * * /
# include < math.h>          /* 程序中使用了 sqrt 库函数,因此需要文件包含命令 * /
# include < stdio.h>
# include < stdlib.h>
int prime(int n)             /* 判断 n 是否为素数, 与例 7.11 完全相同 * /
{
    int i;
    if(n< = 1)
    return 0;                /* 如果 n< = 1,则不是素数,返回值为 0 * /
    for(i= 2;i< = sqrt(n);i+ + )
        if(n% i= = 0)
            return 0;        /* 若 n 不是素数,返回值为 0 * /
    return 1;                /* 若 n 是素数,返回值为 1 * /
}
int main( void )
{
    int n;
    for(n= 3; n< = 100; n+ + )
```

```
        if(prime(n) && prime(n+ 2))
        /* 若n和n+ 2都是素数,那么它们是一对孪生素数 * /
            printf("% d- % d\n",n,n+ 2);
    return 0;
}
```

程序的运行结果为:

```
3- 5
5- 7
11- 13
17- 19
29- 31
41- 43
59- 61
71- 73
```

7.2.3 参数的传递方式

在调用函数时,主调函数和被调函数进行实参和形参的数据传递,其传递方式有值传递和地址传递两种。

1) 值传递

值传递:把实参的值传递给函数的形参,由于形参和实参分别占用不同的内存单元,因此调用函数时,即使形参的值改变也无法影响实参。这种传递方式是单向的,只能将实参的值传递给形参,而不能将形参的值传递给实参。

在例7.9～例7.12中,实参和形参的传递方式均为值传递。下面来分析值传递程序。

【例7.13】 值传递。

```
/* * * * * * * * * * * * * * * * * * * * * * * * * * * * * * * * * * * * * * *
 * 程序名:compute.c                          *
 * 查看compute函数和main函数的值               *
* * * * * * * * * * * * * * * * * * * * * * * * * * * * * * * * * * * * * * * /
# include < stdio.h>
# include < stdlib.h>
int compute(int a, int b)
{    int c;
    c= a* b;
    a= a+ b;
    b= a- b;
    a= a- b;
    printf("compute: a= % d, b= % d, a* b= % d\n", a, b, c);
    return c;
}
int main( void )
{
    int a= 3,b= 4,c;
    c= compute(a,b);
```

```
    printf("main: a= % d, b= % d, a* b= % d\n", a, b, c);
    return 0;
}
```

程序的执行结果是：

```
compute: a= 4, b= 3, a* b= 12
main: a= 3, b= 4, a* b= 12
```

调用 compute 函数后，主函数中 a、b 变量的值为什么没有改变呢？主要是形参 a、b 变量和实参 a、b 变量占用不同的内存单元，形参改变，实参不会变化，这就是实参和形参之间的单向值传递关系。

下面来分析一下程序的执行过程：

(1) 在主函数中，a、b 变量分别为 3 和 4，c 变量只定义未赋值。

(2) 调用 compute 函数时，为形参 a、b 和变量 c 分配内存空间，同时将实参值传递给形参。

(3) 在执行 compute 函数时，计算出 c=12，a=4，b=3，然后输出 a、b、c 变量的值，最后通过 return 语句将 12 返回到主函数中并赋给 c 变量，同时 compute 函数调用结束，a、b 和 c 变量所占内存空间释放。

(4) 程序回到主函数中，a、b 变量的值并没有改变，c 变量的值为 compute 函数的返回值。图 7.3 为各变量在内存中的存储示意图，在函数调用结束后，虚线框内的变量 a、b、c 所占的存储单元将释放。所以读者一定要记住：值传递时，函数内对形参的操作不影响实参的值。

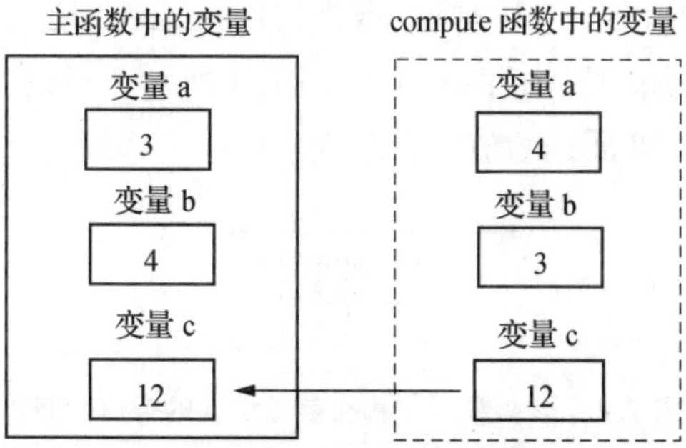

图 7.3 例 7.13 中各变量的内存单元示意图

2) 地址传递

地址传递是把实参的地址拷贝到函数的形参中，由于形参和实参指向相同的内存单元，函数对形参的修改会影响对应的实参。

由于数组名可表示数组的起始地址，将数组名作为函数参数时，就是一种典型的“地址传递”方式。在函数调用时，把实参数组起始地址传递给形参数组，形参数组和实参数组占据同样的存储区域，形参数组中的某一元素的改变，将直接影响与其对应的实参数组中的元素。

【例 7.14】 地址传递。

```
/* * * * * * * * * * * * * * * * * * * * * * * * * * * * * * * * * * * * * * *
 * 程序名:address.c                        *
 * 查看 address 函数和 main 函数的值        *
 * * * * * * * * * * * * * * * * * * * * * * * * * * * * * * * * * * * * * * * /
# include < stdio.h>
# include < stdlib.h>
void address(int x[2], int n)
{
    x[0] =  x[0]+ x[n- 1];
    x[n- 1] =  x[0]- x[n- 1];
    x[0] =  x[0]- x[n- 1];
    printf("address: x[0]= % d, x[% d]= % d\n", x[0], n- 1, x[n- 1]);
}
int main(void)
{
    int a[5]= {1,2,3,4,5};
    address(a, 2);
    printf("main: a[0]= % d, a[1]= % d\n", a[0], a[1]);
    return 0;
}
```

程序的执行结果是:

```
address: x[0]= 2, x[1]= 1
main: a[0]= 2, a[1]= 1
```

系统在编译时给主函数中的 a 数组分配 20 个字节的连续空间,并进行了赋值。调用 address 函数时,实参为数组名,也就是把 a 数组的起始地址传递给形参数组 x,那么形参数组 x 和实参数组 a 共同占用一段内存空间,如图 7.4 所示。经过计算 x[0]和 x[n－1]即 x[1]的值改变了,那么 a[0]和 a[1]的值也会改变。

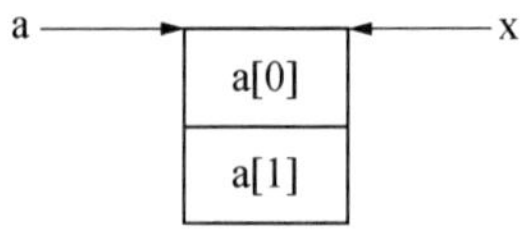

图 7.4 形参数组 x 和实参数组 a 的存储示意图

采用地址传递方式时,需要注意以下两点:

(1) 调用函数时,实参直接使用数组名,如:“address(a, 2);”不要写成“address(a[ ], 2);”或“address(a[1], 2);”。

(2) 定义形参数组时,可以省略形参数组的长度,address 函数的首部也可以写成:

```
void address(int x[ ], int n)
```

【例 7.15】 要求自定义函数 rotation,函数功能为将数组中 6 个数按逆时针顺序转动一位。程序的输入输出部分在主函数中实现。

```
/* * * * * * * * * * * * * * * * * * * * * * * * * * * * * * * * * * * * * * * *
 * 程序名:rotation.c                    *
 * 逆时针顺序转动                        *
* * * * * * * * * * * * * * * * * * * * * * * * * * * * * * * * * * * * * * * * */
# include < stdio.h>
# include < stdlib.h>
# define N 6
void rotation(int x[ ], int n)
{
    int i,t;
    t= x[0];
    for(i= 1; i< = n- 1; i+ + )
        x[i- 1]= x[i];
    x[n- 1]= t;
}
int main(void)
{
    int i, t, a[N];
    FILE * fp;                          /* 定义文件指针,注意 FILE 必须全部大写 * /

    if ((fp =  fopen("array.txt", "r")) = = NULL)
                                        /* 打开文件 * /
    {
        printf("% s can't be opened\n", "array.txt");
        exit(1);
    }

    for(i= 0; i< = N- 1; i+ + )         /* 读取数据 * /
         fscanf(fp, "% d", &a[i]);
    rotation(a,N);                      /* 调用 roatation 函数 * /
    printf("After rotation:\n");
    for(i= 0; i< = N- 1; i+ + )
        printf("% - 5d",a[i]);

    if( fclose(fp) ! =  0 )             /* 关闭文件 * /
        printf("Error in closing the file % s.\n", "array.txt");

    return 0;
}
```

主函数中调用 rotation 函数时,对数组 x 中的数组元素进行操作,实际上也改变了数组 a 中数组元素的值,因为形参数组 x 和实参数组 a 共同占用相同的一段内存空间。由于 rotation 函数中没有 return 语句,因此函数的返回值类型为 void。原始数据文件 array. txt 内容如图 7. 5 所示,程序的运行结果为:

```
After rotation:
2    3    4    5    6    1
```

图 7.5 原始数据文件 array.txt

7.3 嵌套调用

C 语言中不允许嵌套定义函数，但是允许函数的嵌套调用。所谓的嵌套调用是指在调用一个函数的过程中又调用另一个函数，主调函数与被调函数可以是不同的函数，也可以是相同的函数。如果一个函数在它的函数体内直接或间接地调用函数自身，则将这种调用形式称为函数的递归调用，将这个函数称为递归函数，函数的递归调用是函数嵌套调用的一种特殊形式。本节将介绍一般的嵌套调用和复杂的嵌套调用（递归调用）两种形式。

7.3.1 一般的嵌套调用

【例 7.16】 求三个整数 n1、n2、n3 中的最大数，分析函数之间的调用关系。

```
/* * * * * * * * * * * * * * * * * * * * * * * * * * * * * * * * * * * * * * *
 * 程序名:largest.c                           *
 * 求三个整数的最大值                          *
* * * * * * * * * * * * * * * * * * * * * * * * * * * * * * * * * * * * * * * */
# include < stdio.h>
# include < stdlib.h>
float larger(float x, float y)
{
    float max;
    if(x> y)
        max= x;
    else
        max= y;
    return max;
}
float largest(float a, float b, float c)
{
    float t1, t2;
    t1= larger(a, b);
    t2= larger(t1, c);
    return t2;
}
int main(void)
{
    float n1, n2, n3, max;
```

```
    printf("input 3 numbers:\n");
    scanf("% f % f % f", &n1, &n2, &n3);
    max= largest(n1, n2, n3);
    printf("max= % .2f\n", max);
    return 0;
}
```

程序由 3 个函数组成，虽然 main 函数位置在最后，但也从 main 函数开始执行。执行 main 函数时调用了 largest 函数，所以程序流程跳转到 largest 函数中，在 largest 函数中又调用了 larger 函数，所以又转去执行 larger 函数，larger 函数执行完毕返回 largest 函数的断点继续执行，largest 函数执行完毕返回 main 函数的断点继续执行。执行过程如图 7.6 所示。

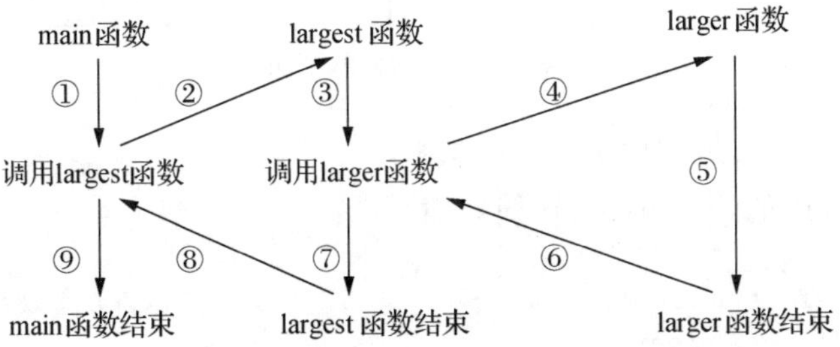

图 7.6　例 7.16 函数的调用关系

程序的运行结果为：

```
input 3 numbers:
2.1 4.5 3.7 ↙
max= 4.50
```

如果调整例 7.16 中 3 个函数的位置，如图 7.7 所示，那么此程序能否正常运行？编译程序时，程序有两条错误提示，分别是："[Error]Type MisMatch in redeclaration of 'largest'"和"[Error]Type MisMatch in redeclaration of 'larger'"。这里出现错误是因为被调用的函数出现在主调函数之后时，没有对被调用的函数进行函数声明。

函数声明的一般形式为：

函数类型　　函数名(形参类型　[形参名],…)；

```
int main(void )
{     …        }
float largest(float a, float b, float c)
{     …        }
float larger(float x, float y)
{     …        }
```

图 7.7　调整函数顺序后例 7.16 的程序代码示意图

函数声明和函数定义不同,它的形式与函数首部相似。函数声明的位置可以在函数体内或函数体外。由于函数声明语句属于说明语句,如果放在函数体内,那么应写在主调函数中的数据说明语句部分,也就是第一条可执行语句之前,如图 7.8 所示。

```
int main(void )
{ float largest(float a,float b,float c);
    …      }
float largest(float a, float b, float c)
{ float larger(float x,float y);
    …      }
float larger(float x, float y)
{  …      }
```

```
float largest(float a,float b,float c);
float larger(float x,float y);
int main(void )
{    …      }
float largest(float a, float b, float c)
{    …      }
float larger(float x, float y)
{    …      }
```

图 7.8　添加函数声明

函数声明的作用是告诉编译系统所调用函数的类型、参数个数及类型,以便编译系统进行检验,因此图 7.8 中的函数声明可以简略地写成:

```
float largest(float, float, float);             /* 可以省略参数名 */
float larger(float, float);
```

如果觉得函数声明过于繁琐,那么以下两种情况可以不写函数声明:

(1) 被调用函数定义出现在主调函数之前;

(2) 函数的返回值为 int 型时,被调用的函数出现在任何位置都可以不进行函数声明(不建议这样做)。

【例 7.17】 输入两个正整数 m 和 n,调用函数 gcd 和 lcm,求 m 和 n 的最大公约数和最小公倍数。

最小公倍数等于 m 和 n 相乘除以最大公约数,因此问题的关键在于求最大公约数。两个整数 m 和 n 的最大公约数,即能同时被 n 和 m 整除的最大的整数。下面根据辗转相除法来求解最大公约数,读者可以自己尝试用相减法来求解。

```
/* * * * * * * * * * * * * * * * * * * * * * * * * * * * * * * * * * * * * * * *
 * 程序名:gcd.c                                  *
 * 求最大公约数和最小公倍数                        *
 * * * * * * * * * * * * * * * * * * * * * * * * * * * * * * * * * * * * * * * */
# include < stdio.h>
# include < stdlib.h>
int gcd(int m, int n)                    /* 利用辗转相除法求解最大公约数 */
{
    int r;
    if (n = =  0)
        return m;
    do {
        r = m % n;
```

```
        m = n;
        n = r;
    } while (r ! = 0);

    return m;
}
int lcm(int m, int n)                  /* 求解最小公倍数 * /
{
    return (m* n)/gcd(m, n);           /* 返回最小公倍数 * /
}
int main(void)
{
    int m, n;
    printf("Please input m and n: ");
    scanf("% d,% d", &m, &n);
    printf("Greatest common divisor:% d\n", gcd(m, n));
                                       /* 输出 gcd 函数的返回值 * /
    printf("Lowest common multiple:% d\n",lcm(m, n));
                                       /* 输出 lcm 函数的返回值 * /
    return 0;
}
```

(1) 程序中的 3 个函数之间存在嵌套调用关系。主函数中输入 m 和 n 后,调用计算最大公约数的 gcd 函数,实参的值传递给形参后,根据辗转相除法,gcd 函数计算出最大公约数并进行返回。

(2) 当主函数中调用计算最小公倍数的 lcm 函数时,lcm 函数体中需要调用 gcd 函数,根据最大公约数计算出最小公倍数。

程序的运行结果为:

```
Please input m and n: 32,48 ↙
Greatest common divisor:16
Lowest common multiple:96
```

7.3.2　递归调用

递归调用是程序设计中最常用的方法之一,许多程序设计语言都提供递归调用的功能。有些问题用递归方法求解往往使程序非常简单清晰。递归分成直接递归和间接递归两种:

(1) 直接递归调用

```
int f1 (int n)
{
    int m;
    int t;
    ……
    t= f1(m);
    ……
}
```

在执行函数 f1 的过程中调用 f1 函数自身，这种调用方式为直接递归调用。

(2) 间接递归调用

```
f2(int n)
{
    int x;
    ……
    f3(x);
    ……
}
f3(int m)
{
    int y;
    ……
    f2(y);
    ……
}
```

在调用 f2 函数的过程调用 f3 函数，而在执行函数 f3 的过程中又调用 f2 函数，这样形成的就是间接递归调用。

递归方法适用于解决递归问题，通过递归调用可以将复杂问题简单化。利用递归方法一般要满足以下两个基本条件：

(1) 可以把要解决的问题转化为解决方法与原来相同的子问题。

(2) 为了防止递归调用无终止地进行，递归要有终止条件，常用 if 语句来控制。如运行前面 f1 递归函数将无休止地调用其自身，程序中不应该出现这种无休止的递归调用。程序中只能出现有限次数的、有终止的递归调用。

很多数学函数是递归定义的，例如求阶乘问题、Fibonacci(斐波那契)数列问题、累加和问题。

【例 7.18】 设计递归函数 fact，计算 n！(n>0)。

当使用递归函数来求解问题时，确立递归公式是十分重要的。需要将一个大规模的问题分解转化为和它性质相同的小规模问题。n！的递归公式可以表示为：

$$n! = \begin{cases} 1 & (n=1) \\ n*(n-1)! & (n>1) \end{cases}$$

假设定义函数 fact(n)用于计算 n!。由于 n! 可根据(n－1)! 的值进行计算，而(n－1)! 可通过调用 fact(n－1)求得。因此求解 n! 可以使用下面的递归函数：

$$fact(n) = \begin{cases} 1 & (n=1) \\ n*\ fact(n-1) & (n>1) \end{cases}$$

```
/* * * * * * * * * * * * * * * * * * * * * * * * * * * * * * * * * * *
 * 程序名:fact2.c                        *
 * 使用递归的方法求解 n!                  *
 * * * * * * * * * * * * * * * * * * * * * * * * * * * * * * * * * * */
```

```
# include < stdio.h>
# include < stdlib.h>
long fact(int n)
{
    long f;
    if(n= = 1)
        f= 1;                           /* 递归终止 * /
    else
        f =  fact(n- 1)* n;             /* 递归调用 * /
    printf("% d! = % ld\n", n, f);      /* 输出中间调用结果 * /
    return(f);
}
int main(void)
{
    int n;
    long result;
    printf("input a number:");
    scanf("% d", &n);
    result =  fact(n);
    printf("% d! = % ld\n", n, result);
    return 0;
}
```

(1) 递归函数 fact 的功能是计算 n 的阶乘。当 n=1 时，递归终止，f=1；当 n>1 时，n！需要借助于(n-1)！计算得出。

(2) 递归调用由两个阶段完成：第一阶段为递归阶段，它把待求解的问题分解成对子问题求解的形式；第二阶段为回归阶段，从子问题的解递推出所求问题的解。递归调用的次数称为递归的深度。

(3) 例如当主函数中输入 5 时，调用 fun(5)并将函数的返回值赋给 result 变量。调用 fun(5)函数时，当执行到 5 * fact(4)时，必须调用 fun(4)才能计算出此表达式的值；调用 fact(4)时，当执行到 4 * fact(3)，需要调用 fun(3)才能计算出此表达式的值，按照这种方式进行递归，不断递归直到调用 fact(1)。当调用 fact(1)时，f=1，函数得到返回值，再按照回推的过程，则可逐步计算出 fact(2)，fact(3)，…，fact(5)的函数返回值。执行过程如图 7.9 所示。

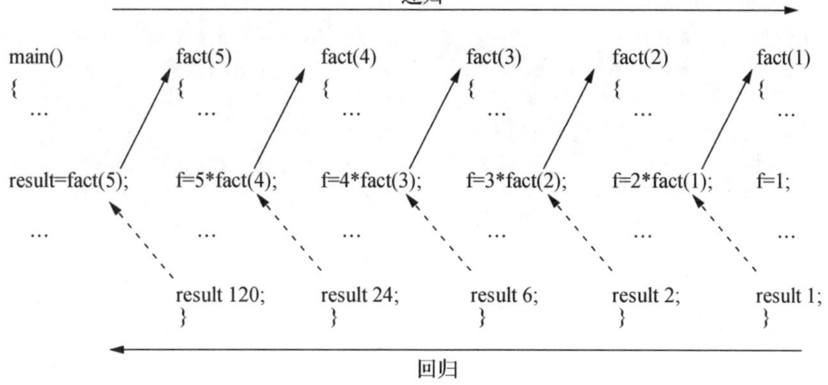

图 7.9　fun(5)的递归过程

程序的运行结果为：

```
input a number:5 ↙
1! = 1
2! = 2
3! = 6
4! = 24
5! = 120
5! = 120
```

【例 7.19】 设计递归函数 fib，计算前 n 项的 Fibonacci 数列（n≥1）。

在第六章中介绍了求解 Fibonacci（斐波那契）数列的方法。这里要求使用递归函数来求解，那么就需要找到数列的第 n 项和其他项之间的关系。在数列中，从第三项开始，每一项为前两项之和，因此 Fibonacci 数列可递归定义为：

$$Fib(n)=\begin{cases}1 & \text{若 } n=1 \text{ 或 } 2\\ Fib(n-1)+Fib(n-2) & \text{若 } n>2\end{cases}$$

```
/*************************************
 * 程序名:fib.c                     *
 * 使用递归的方法求解 fib            *
 *************************************/
#include <stdio.h>
#include <stdlib.h>
long fib(int n)
{
    long f;
    if(n==1||n==2)
        f=1;                          /* 递归终止 */
    else
        f = fib(n-1)+fib(n-2);        /* 递归调用 */
    return(f);
}
int main(void)
{
    int n, i;
    printf("input a number:");
    scanf("%d", &n);                  /* 输入需要求解的数列的项数 */
    for(i=1; i<=n; i++)               /* 计算并输出数列的 1~n 项 */
    {
        printf("%10ld", fib(i));
        if(i%5==0)                    /* 一行显示数列的 5 项 */
            printf("\n");
    }
}
```

程序的运行结果为：

```
input a number:20 ↙
```

```
1         1         2         3         5
8         13        21        34        55
89        144       233       377       610
987       1597      2584      4181      6765
```

习题

一、判断题

1. 函数定义时，函数名后面必须跟小括号()。 (　　)
2. 一个函数可以返回多个值。 (　　)
3. void 类型的函数不能包含 return 语句。 (　　)
4. 递归函数必须有终止条件，否则会导致无限递归。 (　　)
5. 函数可以嵌套定义，但不能嵌套调用。 (　　)

二、选择题

1. 以下(　　)是正确的函数声明。

A. int func( );　　B. func(int a);

C. int func(int a);　　D. func( );

2. 函数的形参是(　　)。

A. 函数定义时的参数　　B. 函数调用时的参数

C. 函数内部的变量　　D. 全局变量

3. 函数的返回值类型是(　　)。

A. int　　B. void　　C. float　　D. 以上都可以

4. 以下代码的输出是(　　)。

```
# include < stdio.h>
void func(int a) {
    a = 100;
}
int main( ) {
    int a = 10;
    func(a);
printf("% d", a);
return 0;
}
```

A. 10　　B. 100　　C. 0　　D. 随机值

5. 以下代码的输出是(　　)。

```
# include < stdio.h>
```

```
int func(int a, int b) {
    return a > b ? a : b;
}
int main( ) {
    printf("% d", func(3, func(5, 2)));
}
```

A. 3　　B. 5　　C. 2　　D. 编译错误

6. 以下代码的输出是(　　)。

```
int func(int n) {
     if(n = = 0) return 1;
     return n * func(n- 1);
}
```

A. 计算阶乘　　B. 计算斐波那契数列

C. 计算累加和　　D. 计算幂次

7. 以下代码的输出是(　　)。

```
# include < stdio.h>
void func(int arr[ ], int n) {
    int sum = 0, i;
    for (i = 0; i < n; i+ + ) {
        sum + = arr[i];
    }
    printf("% d", sum);
}
int main( ) {
    int a[3] = {1, 2, 3};
    func(a, 3);
    return 0;
}
```

A. 3　　B. 6　　C. 9　　D. 10

8. 以下代码的输出是(　　)。

```
# include < stdio.h>
void func(int arr[ ], int n) {
    int count = 0, i;
    for (i = 0; i < n; i+ + ) {
        if (arr[i] > 5) {
            count+ + ;
        }
    }
    printf("% d", count);
}
int main( ) {
    int a[ ] = {1, 3, 6, 0, 7};
    func(a, 5);
```

```
    return 0;
}
```

A. 0　　B. 1　　C. 2　　D. 3

9. 以下代码的输出是(　　)。

```
# include < stdio.h>
void changePtr(int arr[ ]) {
    int b[ ] = {4,5,6};
    arr = b;
}
int main( ) {
    int a[ ] = {1,2,3};
    changePtr(a);
    printf("% d", a[0]);
    return 0;
}
```

A. 1　　B. 4　　C. 0　　D. 随机值

10. 以下函数的功能是(　　)。

```
void func(int arr[ ][4], int rows) {
    int max = arr[0][0], i, j;
    for (i = 0; i < rows; i+ + ) {
        for (j = 0; j < 4; j+ + ) {
            if (arr[i][j] > max) {
                max = arr[i][j];
            }
        }
    }
    printf("% d", max);
}
```

A. 找到二维数组中的最大值　　B. 找到二维数组中的最小值

C. 计算二维数组所有元素的和　　D. 打印二维数组的对角线元素

三、填空题

1. 函数的参数传递方式是________。

2. 调用函数时,实参的个数必须与形参的个数________。

3. 补全函数定义:计算两个整数的最大值。横线处填写________。

```
int max(int a, _______) {
    return (a > b) ? a : b;
}
```

4. 以下代码的输出是________。

```
int func(int a) {
    return a * a;
```

```
}
int main( ) {
    printf("% d", func(func(2)));
}
```

5. 下列函数的功能是将一个正整数 n 的每位数分离出来并将其求和。填空完成程序。

```
# include < stdio.h>
int f(int n)
{
    int k;
        if(n< 10) k= ________;
        else k= f(n/10)+ ________;
        return k;
}
int main( )
{
    int n;
        scanf("% d",&n);
        printf("% d",________)
        return 0;
}
```

四、编程题

1. 编写函数,计算 1 到 n 的所有整数之和。

2. 编写一个函数,判断一个整数是否为回文数(如 121 是回文数)。

3. 编写一个递归函数,计算一个数的各位数字之和(如 123 的各位和为 6)。

4. 输入精度 e 和实数 x,用公式 $\cos x=\frac{x^0}{0!}-\frac{x^2}{2!}+\frac{x^4}{4!}-\frac{x^6}{6!}+\cdots$求 cosx 的近似值,精确到最后一项小于 e。要求定义和调用函数 funcos(double e,float x)。

5. 在一种室内互动游戏中,魔术师要每位观众心里想一个 3 位数 abc,(a、b、c 分别是百位、十位和个位上的数字),然后魔术师让观众心中记下 acb、bac、bca、cab、cba 5 个数以及这 5 个数的和值。只要观众告诉魔术师这个和的值,则魔术师一定能猜出观众心里想的原数是多少。例如,观众甲说他计算的和值是 1999,则魔术师立即说出甲想的数是 443;观众乙说他计算的和值是 1998,则魔术师说乙算错了。编程模拟这个数字魔术游戏。

第八章　程序结构

8.1　作用域和生存期

到目前为止，我们所介绍的程序中，变量的定义都是放在函数体内，其实函数体外也可以定义变量，变量定义的位置不同，其作用域也不同。C 语言从两个方面控制变量的性质：作用域和生存期。作用域是指可以存取变量的代码范围，生存期是指可以存取变量的时间范围。从作用域范围（即从空间）角度来分可分为两种：局部变量和全局变量。从变量值存在的时间（即生存期）角度来分，可以分为静态存储方式和动态存储方式。

8.1.1　变量的作用域

1）*局部变量和全局变量的作用域*

（1）局部变量（又称内部变量）：在函数内部定义的变量，其作用域仅限于本函数内，在该函数外就不能再使用。

（2）全局变量（又称外部变量）：在函数外部定义的变量，它的作用域是从定义全局变量的位置开始到整个程序结束。

例如：

```
# include < stdio.h>
# include < stdlib.h>
int x, y;
void local(int a)
{
    int b, c;
    ……
}
float p, q;                                    x, y 的作用范围
int main( void )
{
    int m, n;          p, q 的作用范围
    ……
    return 0;
}
```

在函数 local 内定义了三个变量，a 为形参，b、c 为一般变量，它们都是局部变量，作用范围在 local 函数内；变量 m、n 的作用域局限于 main 函数内。

变量 x、y、p、q 为全局变量,其作用范围为定义位置开始至结束。在 local 函数内无法访问全局变量 p 和 q,但是可以访问全局变量 x、y,以及函数内部定义的变量 a、b、c。在 main 函数内可以访问自己内部定义的变量 m 和 n,还可以访问全局变量 x、y、p、q。

关于变量需要注意:

(1) 主函数中定义的变量,并没有特殊性,只能在主函数中使用,不能在其他函数中使用。同时,主函数中也不能使用其他函数中定义的变量。因为主函数也是一个函数,它与其他函数是平行关系。

(2) 形参属于函数内定义的变量,因此也是局部变量,作用域也仅限于本函数。

(3) 在复合语句中也可定义变量,其作用域只在复合语句范围内。

2) 不同函数的局部变量同名

C 语言中允许在不同的函数中使用相同的变量名,它们代表不同的对象,分配不同的内存单元,互不干扰,也不会发生混淆。虽然允许在不同的函数中使用相同的变量名,但是为了使程序明了易懂,不提倡在不同的函数中使用相同的变量名。

【例 8.1】 不同函数使用同名的局部变量,分析程序的运行结果。

```
/* * * * * * * * * * * * * * * * * * * * * * * * * * * * * * * * * * * * * * *
 * 程序名:local_var.c                        *
 * 分析局部变量                               *
* * * * * * * * * * * * * * * * * * * * * * * * * * * * * * * * * * * * * * * /
# include < stdio.h>
# include < stdlib.h>
void prt( )
{
    int i= 20;                         /* 函数 prt 中定义了局部变量 i * /
    printf("prt: i= % d\n", i);
}
int main(void)
{
    int i= 10;                         /* 主函数中定义了局部变量 i * /
    printf("main: i= % d\n", i);
    prt();                             /* 调用函数 prt * /
    printf("main: i= % d\n", i);
    return 0;
}
```

本程序在 main 函数中定义了变量 i,而在 prt 函数内也定义了一个变量 i,它们虽同名,但作用域都是在各自的函数内有效。

程序的执行过程如下:

(1) 程序从主函数开始执行,i 变量的值为 10,因此第 1 个 print 函数执行时输出 i 的值为 10。

(2) 主函数中调用 prt 函数,给 prt 函数中的变量 i 分配内存空间,并且赋值为 20,输出 i 的值为 20。

(3) prt 函数调用结束，prt 函数中的变量所占的内存空间被释放，回到主函数中，变量 i 的值仍为 10，因此主函数中的第 2 个 printf 输出 i 的值为 10。主函数执行结束后，主函数中的 i 变量所占的内存空间被释放，程序运行结束。

程序的运行结果为：

```
main: i= 10
prt: i= 20
main: i= 10
```

3) 全局变量与局部变量同名

在同一个源文件中，如果全局变量与局部变量同名，则在局部变量的作用范围内，程序访问的是局部变量，而全局变量被“屏蔽”。

【例 8.2】 在例 8.1 的基础上，增加全局变量 i 的定义，分析程序的运行结果。

```
/* * * * * * * * * * * * * * * * * * * * * * * * * * * * * * * * * * * * * * * *
 * 程序名:local_var2.c                    *
 * 局部变量和全局变量同名                  *
* * * * * * * * * * * * * * * * * * * * * * * * * * * * * * * * * * * * * * * * /
# include < stdio.h>
# include < stdlib.h>
int i= 5;                            /* 定义了全局变量 i * /
void prt( )
{
    int i= 20;                       /* 函数 prt 中定义了局部变量 i * /
    printf("prt: i= % d\n", i);
}
int main(void)
{
    int i= 10;                       /* 主函数中定义了局部变量 i * /
    printf("main: i= % d\n", i);
    prt();                           /* 调用函数 prt * /
    printf("main: i= % d\n", i);
    return 0;
}
```

本程序和例 8.1 的唯一区别在于：在程序开始时定义了全局变量 i，并赋值为 5，其作用域为定义位置至文件结束。程序中主函数、prt 函数内部的变量 i 与全局变量同名。由于主函数内定义了局部变量 i，其值为 10，因此在局部范围内访问的是局部变量 i；同样，prt 函数内访问的也是函数内部定义的局部变量 i，其值为 20。本程序的运行结果与例 8.1 完全相同。

【例 8.3】 修改例 8.2，分析下列 3 个程序的运行结果。

(1) 程序 A：删除例 8.2 中 prt 函数内变量 i 的定义。

```
/* * * * * * * * * * * * * * * * * * * * * * * * * * * * * * * * * * * * * * * *
 * 程序名:local_var3.c                    *
```

```
 * 分析局部变量和全局变量                    *
* * * * * * * * * * * * * * * * * * * * * * * * * * * * * * * * * * * * * * * * /
# include < stdio.h>
# include < stdlib.h>
int i= 5;                          /* 定义了全局变量 i * /
void prt( )
{
   printf("prt: i= % d\n", i);
}
int main(void)
{
   int i= 10;                      /* 主函数中定义了局部变量 i * /
   printf("main: i= % d\n", i);
   prt( );                         /* 调用函数 prt * /
   printf("main: i= % d\n", i);
   return 0;
}
```

和例 8.2 相比，主函数中的程序代码没有修改，因此主函数中的两个 printf 函数的输出没有变化。由于 prt 函数中没有定义变量 i，那么在 prt 函数内部访问的 i 变量即为全局变量 i，因此 prt 函数中输出的 i 变量的值为 5。

程序的运行结果为：

```
main: i= 10
prt: i= 5
main: i= 10
```

(2) 程序 B：删除例 8.2 中 main 函数内变量 i 的定义。

```
/* * * * * * * * * * * * * * * * * * * * * * * * * * * * * * * * * * * * * * *
* 程序名：local_var4.c                 *
* 分析局部变量和全局变量                 *
* * * * * * * * * * * * * * * * * * * * * * * * * * * * * * * * * * * * * * * * /
# include < stdio.h>
# include < stdlib.h>
int i= 5;                                 /* 定义了全局变量 i * /
void prt( )
{
   int i= 20;                             /* 函数 prt 中定义了局部变量 i * /
   printf("prt: i= % d\n", i);
}
int main(void)
{
   printf("main: i= % d\n", i);
   prt( );                                /* 调用函数 prt * /
   printf("main: i= % d\n", i);
   return 0;
}
```

和例 8.2 相比，prt 函数中的程序代码没有修改，因此 prt 函数中的 printf 函数的输出没有变化。由于删除了主函数中定义的变量 i,那么在主函数内访问的 i 变量即为全局变量 i,因此主函数中输出的变量 i 的值为 5。程序的运行结果为:

```
main: i= 5
prt: i= 20
main: i= 5
```

(3) 程序 C:删除例 8.2 中 main 函数和 prt 函数内变量 i 的定义。

```
/* * * * * * * * * * * * * * * * * * * * * * * * * * * * * * * * * * * * * * *
 * 程序名:local_var5.c                    *
 * 分析局部变量和全局变量    *
* * * * * * * * * * * * * * * * * * * * * * * * * * * * * * * * * * * * * * * * /
# include < stdio.h>
# include < stdlib.h>
int i= 5;                          /* 定义了全局变量 i * /
void prt( )
{
    printf("prt: i= % d\n", i);
}
int main(void)
{
    printf("main: i= % d\n", i);
    prt();                         /* 调用函数 prt * /
    printf("main: i= % d\n", i);
    return 0;
}
```

和例 8.2 相比,prt 函数和主函数中都没有定义变量 i,那么程序中访问的都是全局变量 i,因此主函数和 prt 函数中输出的 i 变量的值均为 5。程序的运行结果为:

```
main: i= 5
prt: i= 5
main: i= 5
```

经过以上分析可知,当局部变量和全局变量同名时,在局部范围内全局变量不起作用。掌握了这个知识要点后,无论程序如何变化,都可以正确地分析程序的运行结果。其实,在编程时,为了提高程序的可读性,我们建议函数中不使用同名的变量,也不要定义和局部变量同名的全局变量。

4) 全局变量编程举例

相对于局部变量,全局变量的作用范围较大,在其作用范围内的函数都可以访问全局变量。在程序中,如果将多个函数都需要使用的变量定义为全局变量,那么主调函数和被调函数之间则不需要进行参数的传递。

【例 8.4】 求解例 7.17 中问题:输入两个正整数 M 和 N,调用函数 gcd 和 lcm,求 M 和 N 的最大公约数和最小公倍数。要求将 M 和 N 定义为全局变量。

```
/* * * * * * * * * * * * * * * * * * * * * * * * * * * * * * * * * * * * * * * *
 * 程序名:gcd_lcm2.c                     *
 * 利用全局变量求最大公约数和最小公倍数   *
* * * * * * * * * * * * * * * * * * * * * * * * * * * * * * * * * * * * * * * * */
# include < stdio.h>
# include < stdlib.h>
int M, N;                       /* 定义全局变量 M 和 N * /
int gcd( )                      /* 利用辗转相除法求解全局变量 M 和 N 的最大公约数 * /
{
    int r, a, b;
    a= M;                       /* 将全局变量 M 的值赋给变量 a * /
    b= N;                       /* 将全局变量 N 的值赋给变量 b * /
    r= a % b;
    while(r! = 0)
    {
        a= b;
        b= r;
        r= a % b;
    }
    return b;                   /* 返回最大公约数 * /
}
int lcm( )                      /* 求解全局变量 M 和 N 的最小公倍数 * /
{
    return (M* N)/gcd();        /* 返回最小公倍数 * /
}
int main(void)
{
    printf("Please input M and N: ");
    scanf("% d,% d", &M, &N);   /* 输入全局变量 M 和 N 的值 * /
    printf("Greatest common divisor:% d\n", gcd());
                                /* 输出 gcd 函数的返回值 * /
    printf("Lowest common multiple:% d\n",lcm());
                                /* 输出 lcm 函数的返回值 * /
    return 0;
}
```

(1) 和例 7.17 程序不同的是,main、gcd 和 lcm 函数中均没有定义 M 和 N,而是在程序的第一行定义了全局变量 M 和 N。由于 M 和 N 的作用范围是程序开始至结束,程序中的三个函数都可以访问 M 和 N,因此函数 gcd 和 lcm 均定义为无参函数。

(2) 程序从主函数开始执行,通过 scanf 函数给全局变量 M 和 N 进行赋值,然后分别调用 gcd 和 lcm 函数计算 M 和 N 的最大公约数和最小公倍数。

(3) gcd 函数是用于求 M 和 N 的最大公约数,需要注意的是,在 while 循环之前,需要将 M 和 N 的值分别赋给变量 a 和 b,将问题转换为求 a 和 b 的最大公约数。

(4) 如果 gcd 函数中删除变量 a 和 b 的定义,而是按照以下方式进行定义,那么程序的结果会是怎样呢?

```
int gcd()
```

```
{
    int r;
    r= M % N;
    while(r! = 0)
    {
        M= N;
        N= r;
        r= M % N;
    }
    returnN;
}
```

输入和例7.17相同的数据，M为32，N为48，得到的最小公倍数却为32，程序的运行结果为：

```
Please input M and N: 32,48 ↙
Greatest common divisor:16
Lowest common multiple:32
```

这里计算出的最小公倍数是错误的，原因是：在调用gcd函数时，while循环中会修改全局变量M和N的值，因此当调用lcm函数时，M和N的值就不再是原来主函数中输入的值。由于全局变量的“共享”特性，全局变量的值随时都可能被修改，因此，使用全局变量时一定要谨慎。

【例8.5】 阅读以下程序，分析程序的运行结果是一行星号，还是3行星号。

```
/* * * * * * * * * * * * * * * * * * * * * * * * * * * * * * * * * * * * * * * *
 * 程序名:prt_star.c                       *
 * 分析运行结果                            *
* * * * * * * * * * * * * * * * * * * * * * * * * * * * * * * * * * * * * * * * /
# include < stdio.h>
# include < stdlib.h>
int i;
void prtStar(void)
{
    for(i= 1; i< = 10; i+ + )
        printf("* ");
    printf("\n");
}
int main(void)
{
    for(i= 1; i< = 3; i+ + )
        prtStar( );
    return 0;
}
```

程序中定义了全局变量i，main函数和prtStar函数内部都没有定义变量i，因此在函数内访问的i都是全局变量。程序从主函数开始执行，执行过程如下：

① 当main函数的for语句第一次执行时(i=1)，调用prtStar函数。

② 调用 prtStar 函数时，for 循环开始执行，for 循环执行结束后，i 变量的值为 11，共输出 10 个星号"* * * * * * * * * *"；然后输出换行符，函数调用结束。需要注意的是，在调用 prtStar 函数后全局变量已经修改为 11。

③ prtStar 函数第一次调用结束回到主函数中，执行 for 循环的第三个表达式，i 变量的值为 12，此时 for 循环的第二个表达式为假，for 循环执行结束，程序运行结束。

基于以上分析可知，程序的运行结果为一行星号。

```
* * * * * * * * * *
```

如果在 main 函数或 prtStar 函数中，增加定义局部变量"int i"，那么程序的运行结果是 3 行星号。

```
* * * * * * * * * *
* * * * * * * * * *
* * * * * * * * * *
```

由于调用函数时只能通过 return 带回一个返回值，因此当主调函数需要计算多个值时，可以使用全局变量。

【例 8.6】 输入一行字符串，调用 compute 函数统计大写字母、小写字母和数字字符的个数。

根据题目要求，当调用 compute 函数后需计算出大写字母、小写字母和数字字符的个数，但是使用 return 语句只能带回一个返回值，因此这里用两个全局变量 LCOUNT、UCOUNT 分别存放大写字母和小写字母的个数，而数字字符的个数通过 return 语句返回。

```
/* * * * * * * * * * * * * * * * * * * * * * * * * * * * * * * * * * * * * * *
 * 程序名:compute.c                        *
 * 统计大小写和数字字符的个数                *
* * * * * * * * * * * * * * * * * * * * * * * * * * * * * * * * * * * * * * * /
# include < stdio.h>
# include < stdlib.h>
int LCOUNT, UCOUNT;
int compute(char str[ ])
{
    int i, dCount= 0;
    for(i= 0; str[i]! = '\0'; i+ + )                    /* 检查字符串中的每个字符 * /
        if(str[i]> = 'A' && str[i]< = 'Z')
            UCOUNT + = 1;                                /* 大写字母的个数加 1 * /
        else if(str[i]> = 'a' && str[i]< = 'z')
            LCOUNT + = 1;                                /* 小写字母的个数加 1 * /
        else if(str[i]> = '0' && str[i]< = '9')
            dCount + = 1;                                /* 数字字符的个数加 1 * /
    return dCount;
}
int main(void)
{
    char str[100];
```

```
    int n;
    printf("please input a string :\n");
    fgets(str, 99, stdin);                    /* 从键盘输入一段字符串 * /
    n= compute(str);                 /* 调用 compute 函数,将函数返回值赋给 n 变量 * /
    printf("Ucase: % d\nLcase:% d\ndigit:% d\n",UCOUNT, LCOUNT, n);
                                       /* 输出大写字母、小写字母和数字字符的个数 * /
    return 0;
}
```

程序的运行结果为:

```
please input a string :
Apple3Pear45Kiwi9'
Ucase: 3
Lcase:10
digit:4
```

compute 函数只有一个参数即字符数组名 str,它同时还代表了数组 str 在内存中的起始地址。那么这个字符数组到哪个地址结束呢? 可以利用'\0'来判断,因此无需将字符数组的大小作为函数的另一个参数。

通过 for 循环语句遍历字符数组 str,若元素 str[i]不为'\0',则分别判断元素是否是大写(全局变量 UCOUNT 累加 1)或小写(全局变量 LCOUNT 累加 1)或数字字符(局部变量 dCount 累加 1);若元素 str[i]是'\0'则终止循环,函数最终返回 dCount 的值。

8.1.2　变量的存储类别与生存期

根据存储方式的不同,C 语言的变量又可以分为自动变量、静态局部变量、全局变量三种。自动变量和寄存器变量属于动态变量,静态局部变量和全局变量属于静态变量。动态变量在执行程序时赋初值,静态变量在编译程序时赋初值。

1) 自动变量

自动变量的定义形式为:

```
[auto] 数据类型 变量名;
```

其中,关键字 auto 可以省略。

我们之前在函数内定义的变量、函数的形参以及在复合语句中定义的变量,默认情况下都是自动变量,都是由系统动态地为其分配存储空间,数据存储在动态存储区中。

例如:

```
int fact(inta)                /* 定义 fact 函数 * /
{
    auto int x, y= 3;         /* 定义 x, y 自动变量 * /
  ……
}
```

在 fact 函数中，a、x、y 都是自动变量，执行 fact 函数时对 y 赋初值 3。执行完 fact 函数后，释放 a、x、y 所占的存储单元。

说明：

(1) 自动变量的生存期是函数调用期间，也就是函数调用时分配内存空间，函数调用结束后释放内存空间。

(2) 自动变量的作用范围仅限于定义它的函数内部。

(3) 自动变量如果只定义，没有赋值，那么它的值是不确定的。

2) 静态局部变量

有时希望函数中的局部变量的值在函数调用结束后不消失而保留原值，这时可以用静态局部变量。静态局部变量的定义格式为：

```
static 数据类型 变量名;
```

静态局部变量属于静态存储类别，在静态存储区内分配存储单元，在程序整个运行期间都不释放。

说明：

(1) 静态存储区中的变量的生存期是程序执行期间，也就是程序执行结束后，变量所占的内存空间才被释放。

(2) 静态存储区中的变量如果只定义，没有赋值，那么它的值是 0。

(3) 静态局部变量在编译时赋初值，且只赋初值一次；而对自动变量赋初值是在函数调用时进行，每调用一次函数重新给一次初值，相当于执行一次赋值语句。

(4) 函数形参不能定义成静态变量。如：函数首部定义成 int fun(static int b)是错误的。

【例 8.7】 静态变量的使用。

```
/* * * * * * * * * * * * * * * * * * * * * * * * * * * * * * * * * * * * * * *
 * 程序名:fun_static.c                      *
 * 分析静态变量                             *
* * * * * * * * * * * * * * * * * * * * * * * * * * * * * * * * * * * * * * * /
# include < stdio.h>
# include < stdlib.h>
void fun_static(void)
{
    int a= 0;                       /* 定义动态局部变量 * /
    static int sa= 0;               /* 定义静态局部变量 * /
    a+ + ;
    sa+ + ;
    printf("a= % d sa= % d\n", a, sa);
}
int main(void)
{
    int i;
```

```
    for(i= 1; i< = 3; i+ + )
        fun_static( );
    return 0;
}
```

程序的运行结果为：

```
a= 1 sa= 1
a= 1 sa= 2
a= 1 sa= 3
```

从运行结果可知，每次调用 fun_static 函数后，输出的变量 a 的值都为 1，而变量 sa 的值是增加的，这主要是因为变量 a 和 sa 的存储类型不同。

① a 是自动变量，在函数调用时 a 赋初值为 0，然后自增为 1，在函数调用后释放 a 占用的空间。当下一次调用该函数，a 又被重新赋值为 0，因此三次输出 a 的值都是 1。

② sa 是静态变量，在函数第一次调用时 sa 赋初值为 0，然后自增为 1，函数调用完，sa 空间并没有释放。当函数再次执行时，sa 不会被重新赋初值，sa 在原来的内存单元进行操作。因此，sa 变量三次输出的结果都不一样。

3）全局变量

全局变量在函数的外部定义，它的作用域从定义处开始直到文件结束。全局变量的使用有一种特殊情况：在全局变量定义之前，如果函数需要引用该全局变量，则应该在引用之前用关键字 extern 对该全局变量作声明，即通过全局变量声明来扩大全局变量的作用范围。

例如：

```
int x, y;                  /* 全局变量的定义* /                       }
extern float p, q;         /* 全局变量的声明* /              }        }
    void local(int a)      /* 函数 local* /                 }        }
    {                                                       }        }
        int b, c;          /* a,b,c 作用在函数 local 内* /  }        }
        ……                                                  }        }
    }                                                       }        }  x,y 的作用范围
    float  p, q;           /* 全局变量的定义* /             } p,q 的作用范围
    int main(void)                                          }        }
    {                                                       }        }
        int m, n;          /* m, n 作用在函数 main 内* /    }        }
        ……                                                  }        }
}                                                           }        }
```

程序中定义了全局变量 x、y、p 和 q，默认情况下，全局变量的作用范围为定义位置开始至结束。由于 local 函数的上方对全局变量 p 和 q 进行了声明，因此全局变量 p 和 q 的作用范围扩大了，在 local 函数和主函数中都可以进行访问。

【例 8.8】 用 extern 声明全局变量，扩展全局变量在程序文件中的作用域。

```
/* * * * * * * * * * * * * * * * * * * * * * * * * * * * * * * * * * * * * * *
 * 程序名:fun_extern.c                    *
```

```
 *  分析全局变量                              *
****************************************/
# include < stdio.h>
# include < stdlib.h>
int max(int x, int y)
{
    int z;
    z= x> y ? x : y;
    return(z);
}
int main(void)
{
    extern int A,B;                  /*  声明全局变量 * /
    printf("max= % d\n", max(A,B));
}
int A= 13, B= - 8;                   /*  定义全局变量 * /
```

程序最后1行定义了全局变量A、B,但由于全局变量定义的位置在函数main之后,因此在main函数中访问全局变量A、B时,需要用extern对A、B进行声明,这样才能合法地使用全局变量A和B。

8.2 函数的作用域

C程序往往由多个函数构成,这些函数可以包含在多个文件中,应该如何调用不同文件的函数? 函数也有作用域,根据函数是否能被其他文件调用,将函数分为外部函数和内部函数。

8.2.1 外部函数

外部函数是指可以被其他文件调用的函数。定义外部函数的一般形式为:

```
[extern]  数据类型  函数名(参数列表)
```

extern可以省略,我们之前定义的所有函数都是外部函数。

例如:

在文件1中有如下函数定义:

```
extern int fun2(int a, int b)               /* 函数定义* /
{
…
}
```

在文件2有如下函数调用:

```
int main(void)
{
    extern int fun2(int a, int b);          /* 函数声明* /
```

```
    ...
    fun2(3, 5);
}
```

由于 fun2 是外部函数，因此可以在文件 2 中被其他函数调用。

8.2.2　内部函数

内部函数是指只能在定义它的文件中被调用，而不能被其他文件中的函数调用的函数。定义内部函数的一般形式为：

```
static  数据类型 函数名(参数列表)
```

例如：static float fun(int A)。

fun 的作用域局限于定义它的文件，在其他文件中不能调用此函数。内部函数由于只局限在所在文件，在不同的文件中即使有同名的内部函数，也可以互不干扰。

习题

一、判断题

1. 函数内定义的局部变量在函数执行结束后会被释放。　（　　）
2. 在函数中可以定义与全局变量同名的局部变量。　（　　）
3. static 修饰的全局变量只能在本文件内使用。　（　　）
4. 未显式初始化的全局变量会被默认赋值为 0。　（　　）
5. 全局变量会占用程序整个运行周期的内存。　（　　）

二、选择题

1. 以下关于全局变量的描述正确的是（　　）。

A. 只能在 main 函数内访问　　B. 必须使用 static 修饰

C. 可以被多个文件共享　　D. 必须使用 extern 修饰

2. 以下关于全局变量和局部变量的作用域的说法正确的是（　　）。

A. 全局变量的作用域是整个文件

B. 局部变量的作用域是整个文件

C. 全局变量的作用域仅限于定义它的函数

D. 局部变量的作用域从定义位置开始，到函数结束

3. 以下关于静态全局变量的说法正确的是（　　）。

A. 静态全局变量的作用域是整个文件

B. 静态全局变量的作用域仅限于定义它的文件

C. 静态全局变量可以在其他文件中被访问

D. 静态全局变量的初始化必须在定义时进行

4. 以下代码的输出是(　　)。

```
# include < stdio.h>
void func( ) {
    static int x =  0;
    x+ + ;
    printf("% d ", x);
}
int main( ) {
    func( );
    func( );
    return 0;
}
```

A. 1 1　　B. 1 2　　C. 0 1　　D. 编译错误

5. 以下代码的输出是(　　)。

```
# include < stdio.h>
int x =  10;
void func( ) {
    int x =  20;
    printf("% d ", x);
}
int main( ) {
    func( );
    printf("% d", x);
    return 0;
}
```

A. 20 10　　B. 10 20　　C. 10 10　　D. 20 20

6. 下面说法正确的是(　　)。

A. 调用函数时,实参不可以是表达式,必须是数值

B. 调用函数时,实参与形参是共用内存单元的

C. 调用函数时,将实参的值复制给形参,使实参变量和形参变量在数值上相等

D. 调用函数时,实参与形参的类型可不一致,编译器能够自动转换

7. 以下代码的输出是(　　)。

```
# include < stdio.h>
void func(int a) {
    a =  100;
}
int main( ) {
    int a =  10;
    func(a);
    printf("% d", a);
    return 0;
}
```

A. 10　　B. 100　　C. 0　　D. 随机值

8. 以下代码的输出是(　　)。

```
# include < stdio.h>
int x =  10;
void func( ) {
    int x =  20;
    {
        int x =  30;
        printf("% d ", x);
    }
    printf("% d ", x);
}
int main( ) {
    func( );
    printf("% d", x);
    return 0;
}
```

A. 10 20 30　　B. 30 20 10　　C. 30 20 20　　D. 30 20 10

9. 以下代码的输出是(　　)。

```
# include < stdio.h>
int func(int a, int b) {
    if(b= = 0) return a;
    else return (fun(- - a, - - b));

}
int main() {
    printf("% d", func(4,2));
    return 0;
}
```

A. 1　　B. 2　　C. 3　　D. 4

10. 以下代码的输出是(　　)。

```
# include< stdio.h>
int m= 13;
int fun(int x, int y)
{    int m= 2;
     return(x* y- m);
}
int main( )
{    int a= 7,b= 6;
     printf("% d",fun(a,b)/m);
     return 0;
}
```

A. 1　　B. 3　　C. 7　　D. 10

三、填空题

1. 使用 static 修饰全局变量时,其作用域限制在________。
2. 在另一个文件中使用全局变量 x,需用关键字________声明。
3. 以下程序输出的结果是________。

```
# include < stdio.h>
int w= 3;
fun(int k)
{
    if(k= = 0)return w;
    return(fun(k- 1)* k);
}
int main( )
{
    int w= 10;
    printf("% d\n",fun(5)* w);
    return 0;
}
```

4. 以下程序输出的结果是________。

```
# include < stdio.h>
int d= 1;
fun(int p)
{
    static int d= 5;
    d+ = p;
    printf("% d ",d);
    return(d);
}
int main( )
{
    int a= 3;
    printf("% d\n",fun(a+ fun(d)));
    return 0;
}
```

5. 以下程序输出的结果是________。

```
# include < stdio.h>
int x =  1;
void func( ) {
    extern int x;
    x =  2;
}
int main( ) {
    func( );
    printf("% d", x);
    return 0;
}
```

四、编程题

1. 编写一个程序，定义一个局部变量和一个全局变量同名，观察它们的作用域。

2. 编写一个程序，定义一个静态全局变量，并观察它的作用域。

3. 编写一个程序，使用 extern 关键字在两个文件中共享一个全局变量。

4. 编写程序，使用全局变量记录 fibonacci 函数的调用次数，并在主函数中输出。

5. 编写一个程序，使用全局变量和局部变量实现一个简单的游戏计分系统，包括增加分数、减少分数、查看分数、重置分数和退出系统。

第九章　字符串处理

前面的章节中我们提到了字符串这个概念，也就是字符串常量：一般用一对双引号" "括起来的一串字符，如"hello""program"。但是在 C 语言中，不存在显式的字符串数据类型，字符串以字符串常量的形式出现或存储在字符数组中。和数值型数组相比，字符数组在输入、输出等操作方面有所不同，本章将进行详细介绍。

9.1　字符串的存放

在我们求解的问题中，如果需要解决的问题涉及字符或字符串，那就可以使用字符数组来存放。字符数组和数值型数组的定义方式、数组元素的引用方式相似，例如：

```
char str1[5];
char str2[4][5];
```

这里定义了一维字符数组 str1，数组元素为 str1[0]，str1[1]，…，str1[4]，共 5 个元素；二维数组 str2，包含 4 行 5 列，共 20 个元素。

字符数组定义完成后，需对数组元素进行初始化，字符数组的初始化操作和数值型数组稍有些不同。

1）采用逐个字符对数组进行初始化

例如：char str1[7]={ 'g', 'o', 'o', 'd', 'b', 'y', 'e'};

初始化时，将每个字符常量放在一组单引号中，字符常量之间用逗号隔开，花括号中的 7 个字符分别赋给数组元素 str1[0]～str1[6]。

当定义数组并省略数组长度时，自动根据赋值的字符个数来计算数组长度，如下面代码中 str1 数组的缺省长度为 7：

char str1[ ]={ 'g', 'o', 'o', 'd', 'b', 'y', 'e'};

当赋值元素个数小于数组长度时，未赋值的元素默认为空字符，即'\0'，如：

char str1[7]={ 'g', 'o', 'o', 'd'};

这里 str1 数组长度为 7，但实际赋值 4 个字符，所以 str1[4]、str1[5]和 str1[6]三个元素为'\0'，数组状态如图 9.1 所示：

str1[0]	str1[1]	str1[2]	str1[3]	str1[4]	str1[5]	str1[6]
g	o	o	d	\0	\0	\0

图 9.1　字符数组 str1 存储示意图

2）采用字符串常量对数组进行初始化

例如：char str2[8]={"goodbye"}；

赋值时，将字符串常量放在一对花括号中，也可以省略花括号，直接写成：

```
char str2[8]= "goodbye";
```

也可以省略数组长度写成：

```
char str2[]= "goodbye";
```

str2 数组各元素中存放的字符如图 9.2 所示，大家会发现这个数组的最后一个字符为空字符'\0'。因为字符串结束标志符为空字符'\0'，所以用字符串给字符数组赋值时，会自动在字符串末尾增加一个空字符。而空字符也要占用一个字节的存储空间，所以这个数组在内存中实际占用的存储空间为 8 个字节。

str2[0]	str2[1]	str2[2]	str2[3]	str2[4]	str2[5]	str2[6]	str2[7]
g	o	o	d	b	y	e	\0

图 9.2　字符数组 str2 存储示意图

如果将 str2 数组定义为 char str2[10]="goodbye"，那么由于赋值的字符个数小于数组长度，所以 str2 数组从元素 str2[7]到元素 str2[9]都为空字符。

对于初学者来说，使用“逐个字符赋值”和“字符串赋值”这两种方式很容易混淆，这里需要注意的是：采用“逐个字符赋值”方式，不要求数组的最后一个元素一定为'\0'；而采用“字符串赋值”方式，数组的最后一个元素一定为'\0'。

例如有以下字符数组定义和初始化形式：

①char c[ ]={'h', 'e', 'l', 'l', 'o' }；

②char c[6]={ 'h', 'e', 'l', 'l', 'o' }；

③char c[ ]={'h', 'e', 'l', 'l', 'o' , '\0' }；

④char c[6]="hello"；

⑤char c[ ]="hello"；

⑥char c[5]="hello"；

第①种形式：数组长度为 5，此时只能称字符数组 c 中存放了 5 个字符，而不能称为存放了字符串，因为它不包含字符串结束标志。

第②种、第③种、第④种和第⑤种形式是等价的，数组长度均为 6，字符数组中存放的都是字符串，最后一个元素存储的都是字符串结束标志符'\0'。

第⑥种形式是错误的，因为虽然字符串"hello"的有效字符个数只有 5 个，但因为还要存储字符串结束标志符'\0'，所以一共需要 6 个字节的存储空间，而 char c[5]只提供了 5 个字节的空间，不够存储，所以报错。

由于采用逐个字符对字符数组进行初始化的方式书写繁琐，且无法使用字符串的特性，因此编程时往往会采用字符串对字符数组进行初始化，也就是第④、⑤两种形式。

字符数组初始化注意事项：只有在定义字符数组的同时才可以对字符数组用字符串或多个字符常量对其进行整体赋初值，即初始化。数组定义之后，不能对数组名进行赋值。

例如：

定义了两个字符数组 s1、s2：

```
char s1[10],s2[10];
```

则以下两个赋值语句都是错误的。

```
s1= "hello";
s2= {'h', 'e', 'l', 'l', 'o' , '\0' };
```

9.2 字符串的输入和输出

字符数组可以存放一个字符序列或是一个字符串，字符序列和字符串的本质性区别在于它们的末尾是否有'\0'。下面我们来介绍字符序列和字符串的输入和输出。

1）使用格式控制符"%c"，通过循环完成逐个字符的输入或输出

【例 9.1】 从键盘上输入 5 个字符，若是小写字母则将其转换成相应的大写字母后再输出。

这里使用字符数组存放从键盘输入的字符，程序代码如下：

```
/* * * * * * * * * * * * * * * * * * * * * * * * * * * * * * * * * * * * * * *
 * 程序名:upper_case.c                  *
 * 小写字母变大写                        *
* * * * * * * * * * * * * * * * * * * * * * * * * * * * * * * * * * * * * * */
# include < stdio.h>
# include < stdlib.h>
int main()
{
    char str[5];                                    /* 定义数组大小为 5 * /
    int i;
    printf("input 5 letters:");
    for(i= 0; i< 5; i+ + )                          /* 输入 5 个字符 * /
        scanf("% c", &str[i]);
    for(i= 0; i< 5; i+ + )
        if(str[i]> = 'a' && str[i]< = 'z')          /* 若是小写字母 * /
            str[i]- = 32;                           /* 转换为大写字母 * /
    for(i= 0; i< 5; i+ + )
        printf("% c", str[i]);
    printf("\n");
    return 0;
}
```

在本程序中，字符数组的输入和输出类似于数值型数组。第 1 个 for 循环用于字符数组

的输入，循环执行一次输入一个字符，因此格式控制符为"%c"。第 2 个 for 循环用于判断数组中的元素，若是小写字母则转换成大写字母。第 3 个 for 循环用于字符数组元素的输出，程序的运行结果为：

```
input 5 letters:Njfu! ↙
NJFU!
```

2）使用格式控制符"%s"，完成字符串的整体输入或输出

如果将例 9.1 的问题修改如下：从键盘输入一串字符，若是小写字母则将其转换成相应的大写字母后再输出。

此问题仍然使用字符数组来求解，由于数组长度没有明确，这里可以将其定义得足够长，如 100。将例 9.1 的程序中涉及数组长度的代码进行修改，修改后如下：

```
/* * * * * * * * * * * * * * * * * * * * * * * * * * * * * * * * * * * * * * *
 * 程序名:upper_case2.c                      *
 * 小写字母变大写                            *
* * * * * * * * * * * * * * * * * * * * * * * * * * * * * * * * * * * * * * * * /
# include < stdio.h>
# include < stdlib.h>
int main()
{
    char str[100];                          /* 定义数组大小为 100 * /
    int i;
    printf("input 100 letters:");
    for(i= 0; i< 100; i+ + )                /* 输入 100 个字符 * /
        scanf("% c", &str[i]);
    for(i= 0; i< 100; i+ + )
        if(str[i]> = 'a' && str[i]< = 'z')/* 若是小写字母 * /
            str[i]- = 32;                   /* 转换为大写字母 * /
    for(i= 0; i< 100; i+ + )
        printf("% c", str[i]);
    printf("\n");
    return 0;
}
```

此程序没有任何错误，可是仔细分析会发现，程序中的每一个 for 循环都需要执行 100 次，也就是说此程序运行时必须输入 100 个字符，这样程序的通用性就很差。将程序再次修改如下：

```
/* * * * * * * * * * * * * * * * * * * * * * * * * * * * * * * * * * * * * * *
 * 程序名:upper_case3.c                      *
 * 小写字母变大写                            *
* * * * * * * * * * * * * * * * * * * * * * * * * * * * * * * * * * * * * * * * /
# include < stdio.h>
# include < stdlib.h>
int main()
{
```

```
    char str[100];                          /* 定义数组大小为 100 * /
    int i;

    printf("input 100 letters:");
    scanf("% s", str);                      /* 字符数组 str 的整体输入 * /
    for(i= 0; str[i]! = '\0'; i+ + )
        if(str[i]> = 'a'&&str[i]< = 'z')
            str[i]- = 32;
    printf("% s\n", str);                   /* 字符数组 str 的整体输出 * /

    return 0;
}
```

程序 upper_case3. c 的通用性更强，数组长度虽为 100，但只要输入的字符个数在 1～99 范围内（因为字符数组需要一个字节存放字符串的结束标志'\0'）均可以正确运行。这里没有使用循环逐个字符输入或输出，而是使用“%s”格式控制符完成字符数组的整体输入和输出。

（1）输入字符串

输入字符串的具体格式：scanf("%s"，数组名 ）

在输入字符串时，字符串的长度应小于字符数组的长度。需要特别注意的是，输入列表中只能是数组名，因为数组名表示的是数组首元素的地址。

如：scanf("%s"，str)

不能写成：scanf("%s"，&str)

在运行程序 upper_case3. c 时，对比以下两组输入数据：

①输入数据：LoveNjfu

则输出：LOVENJFU

②输入数据：Love Njfu

则输出：LOVE

第二组输入数据比第一组数组多了一个空格字符，可是结果却相差很大。因为 C 语言规定，在 scanf 函数中使用“%s”完成字符串整体输入时，当从键盘按下空格、回车或 Tab 键时，系统会自动地在原字符后添加空字符，即'\0'。在第一组数据输入完成，按下回车键时，系统自动在 LoveNjfu 后面加一个'\0'结束符；在输入第二组数据时，系统自动在“Love”后面加'\0'，从而“Njfu”字符串并没有存放到字符数组中。

如有以下定义

```
char str1[20], str2[20];
scanf("% s% s ", str1, str2);
```

若输入数据：“Love Njfu”，那么 str1 和 str2 数组中分别存放了哪些字符？此时 str1 数组中存放的是字符串“Love”，而 str2 数组中存放的是字符串“Njfu”。

(2) 输出字符串

输出字符串的具体格式是：printf ("%s", 数组名)

在输出字符串时，输出列表中只能是数组名，该函数的功能是从数组的起始元素开始输出，直至'\0'结束('\0'不输出)。

若字符数组中包含多个'\0'，则遇到第一个'\0'时输出就结束。例如：

```
char str[100]= "Love\0Njfu";
printf("% s", str);
```

此时输出："Love"。

"%s"格式控制符强调的是格式字符串，若字符数组中存放的是没有'\0'作为结束标志的若干个字符，那么会不会得到正确结果呢？例如有以下定义：

```
char str[ ]= { 'g', 'o', 'o', 'd', 'b', 'y', 'e'};
printf("% s", str);
```

读者可以分析一下，输出结果会不会是goodbye？

3) 利用字符串处理函数fgets和puts，完成字符串的输入和输出

(1) 字符串输入函数gets和fgets

具体格式：gets (字符数组名)或fgets(字符数组名，字符个数，stdin)

gets函数的功能是从标准输入设备(一般是键盘)获得一个字符串，它的参数是字符数组名，函数的返回值是字符数组的起始地址。在使用gets函数输入字符串时，当输入回车键时，系统会自动在字符串后加一个'\0'。但gets函数存在严重的安全隐患，如果输入的字符串长度超过了字符数组的大小，则会引发未定义行为，甚至可能导致系统崩溃，因此C11标准已经将其移除，并推荐使用更安全的fgets函数来代替。

fgets函数会读取最多字符个数−1个字符，若遇到换行符'\n'、文件结束符EOF则停止，并在末尾自动添加一个空字符'\0'；参数stdin将在15.1节详细介绍。

(2) 字符串输出函数puts

具体格式：puts (字符数组名)

puts函数的功能是把字符数组中的字符串输出到标准输出设备(一般是显示器)，它的参数可以是字符数组名，也可以是字符串常量。puts函数会将字符串中第一个'\0'前的字符输出，并自动在其后添加一个换行符'\n'。

了解了fgets和puts函数之后，将程序upper_case3.c的代码修改如下：

```
/* * * * * * * * * * * * * * * * * * * * * * * * * * * * * * * * * * * * *
 * 程序名:upper_case4.c                *
 * 小写字母变大写                        *
* * * * * * * * * * * * * * * * * * * * * * * * * * * * * * * * * * * * * /
# include < stdio.h>
# include < stdlib.h>
int main()
```

```
{
    char str[100];                  /* 定义数组大小为 100 * /
    int i;

    printf("input 100 letters:");
    fgets(str,100, stdin);          /* 从键盘获取字符数据 * /
    for(i= 0; str[i]! = '\0'; i+ + )
        if(str[i]> = 'a'&&str[i]< = 'z')
            str[i]- = 32;
    puts(str);                      /* 字符数组 str 的整体输出 * /

    return 0;
}
```

运行此程序时，以下两组数据的测试结果如下：

```
input 100 letters:LoveNjfu ↙

LOVENJFU

input 100 letters:Love Njfu ↙
LOVE NJFU
```

输入以上两组数据，程序 upper_case4. c 都可以将字符串中的小写字母正确地转换成大写字母。

本节介绍了字符数组的多种输入输出方式，建议读者编程时，凡是需要完成字符串的输入，都使用 fgets 函数。

9.3 字符串处理函数

C 语言中没有字符串变量，因此一般都使用字符数组来存放字符串。在编程时，字符串和数值型数据有很多不同之处，如对字符串进行比较、赋值时，不能使用关系运算符、赋值运算符。由于字符串的特殊性，C 语言函数库中提供了一些用来处理字符串的函数，如 9.2 节介绍的 fgets、puts 函数，下面再来介绍几种常用的函数，使用这些函数时必须在程序前加“#include <stdio. h>”或“#include <string. h>”。

1）字符串长度函数 strlen

格式：strlen (字符数组名)

字符串长度函数 strlen 的功能是计算字符串的实际长度，函数的参数可以是字符串常量，也可以是字符数组名。函数的值为字符串实际长度(不包括字符串结束标志符'\0')。例如：

```
char str[10]= "LoveNJFU";
```

使用 strlen(str)计算字符串的实际长度为 8，但数组的长度为 10，因此字符串的长度和数组长度不是同一个概念。

又如：

```
char str[10]= { 'L', 'o', 'v', 'e', '\0', 'N', 'J', 'F' , 'U', '\0'};
```

此时使用 strlen(str)计算出字符串的长度为 4，因为数组元素 str[4]为'\0'，strlen 函数将它作为字符串的结束标识符，因此字符数组中实际存放的字符串为“Love”。

2）字符串比较函数 strcmp

在比较数据的大小关系时，经常使用的是关系运算符，如>、<或==等关系运算符，但对于字符串，则需要使用 strcmp 函数。

格式：strcmp(字符数组名 1，字符数组名 2)

字符串比较函数 strcmp 的功能是比较数组中两个字符串的大小，函数参数可以是字符数组名，也可以是字符串常量。

字符串比较的规则是按照 ASCII 码值的大小，从左向右逐个字符进行比较，直到出现不相同的字符或遇到'\0'为止。

根据字符串的大小关系，strcmp 函数返回值有三种：

① 字符串 1 等于字符串 2，返回值为 0；

② 字符串 1 大于字符串 2，返回值大于 0；

③ 字符串 1 小于字符串 2，返回值小于 0。

3）字符串拷贝函数 strcpy 和 strncpy

格式：strcpy（字符数组名 1，字符数组名 2）

字符串拷贝函数 strcpy 的功能是把字符数组 2 中的字符串拷贝到字符数组 1 中，包括字符数组 2 中的'\0'也一同拷贝过去。字符数组 2 也可以是一个字符串常量。

字符串不能像数值型数据一样使用赋值运算符进行赋值。例如：

```
char str1[10], str2[10];
str2= "NJFU";
str1= str2;
```

此程序段是错误的，无法将字符串“NJFU”赋值给字符数组 str2，也不能将 str2 中的字符串赋值给 str1 数组，因为 C 语言中数组名表示地址常量，赋值号左边只能是变量。将程序段修改如下：

```
char str1[10], str2[10];
strcpy(str2, "NJFU");
strcpy(str1, str2);
```

此程序段使用 strcpy 函数可以完成字符串的拷贝，字符数组 str1 和 str2 中存放的都是字符串“NJFU”。

在使用 strcpy 函数时需要注意以下几点：

(1) 将字符数组 2 中的字符串拷贝到字符数组 1 中，那么字符数组 1 的长度不能小于字符数组 2 的长度。

(2) 若字符数组 1 在拷贝之前已赋值，当拷贝完成后，字符数组 2 中的字符串将替换字符数组 1 相应位置的字符，字符数组 1 未被替换的字符将被保留。例如：

```
char str1[15]= "Love NJFU",str2[15];
strcpy(str2, "hello");
strcpy(str1,str2);
```

当数组 str2 中的字符串拷贝到数组 str1 后，字符串“hello”存放到 str1[0]～str1[5]位置上，str1 中原有的后 9 个字节的内容保持不变。字符数组 str1 的元素存储如图 9.3 所示。

L	o	v	e		N	J	F	U	\0	\0	\0	\0	\0	\0

(a) 拷贝前

h	e	l	l	o	\0	J	F	U	\0	\0	\0	\0	\0	\0

(b) 拷贝后

图 9.3 拷贝前后字符数组 str1 数组元素存储示意图

(3) 如果只需要将字符数组 2 中部分字符拷贝到字符数组 1 中，可以使用 strncpy 函数。

格式：strncpy（字符数组名 1，字符数组名 2，长度 n）

字符串拷贝函数 strncpy 的功能是将字符数组 2 中前面 n 个字符拷贝到字符数组 1 中，但不包括'\0'。例如：

```
char str1[15]= "Love NJFU",str2[15];
strcpy(str2, "hello");
strncpy(str1, str2, 5);
puts(str1);
```

此程序段运行后，输出的结果应为“helloNJFU”。由于 strncpy 函数只将“hello”拷贝到 str1 数组中(不包括'\0')，那么 str1[0]～str1[4]元素被替换成“hello”，其他元素保持不变。图 9.4 为拷贝完成后，str1 数组的存储形式。

h	e	l	l	o	N	J	F	U	\0	\0	\0	\0	\0	\0

图 9.4 使用 strncpy 拷贝后字符数组 str1 数组元素存储示意图

4) 字符串连接函数 strcat

格式：strcat（字符数组名 1，字符数组名 2）

字符串连接函数 strcat 的功能是将字符数组 2 中的字符串(字符数组 2 可以是一个字符串常量)连同结束标志符'\0'一起连接到字符数组 1 字符串的后面，并删去原来字符数组 1 中的字符串结束标志符'\0'，如图 9.5 所示。

例如：

```
char str1[10]= "every", str2[10]= "one";
strcat (str1, str2);
```

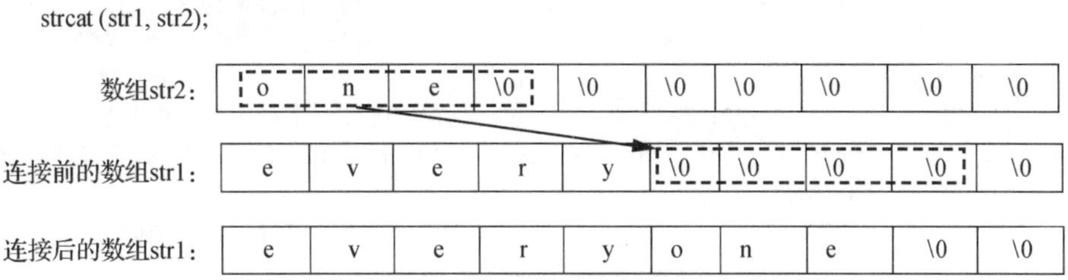

图 9.5 字符串连接示意图

当字符串连接时，字符数组 1 中的字符串长度会增加，因此字符数组 1 在定义时必须足够长，否则连接后就会出问题。

【例 9.2】 输入一个不包含空格的字符串，判断输入的字符串是否是回文。所谓回文就是相对中心左右对称的字符串。如字符串“ababcbaba”和“abddba”是回文，而字符串“abcaa”不是回文。

判断回文的思路是：找到字符串的中间位置，将此位置作为“对称轴”，然后判断左右两边的字符串是否关于“对称轴”对称。使用字符数组 str 存放字符串，假设字符串长度为 len，那么“对称轴”的位置为 len/2。将“对称轴”作为中心，先比较起始字符 str[0]和末尾字符 str[len−1]，如果相同就再分别向对称轴移动一个位置，继续比较字符 str[1]和末尾字符 str[len−2]，直到比较到中间位置，如图 9.6 所示。如果比较到“对称轴”，左右两边的字符都是相同的，那么字符串一定是回文；如果某次比较的结果不同，那么该字符串不是回文。

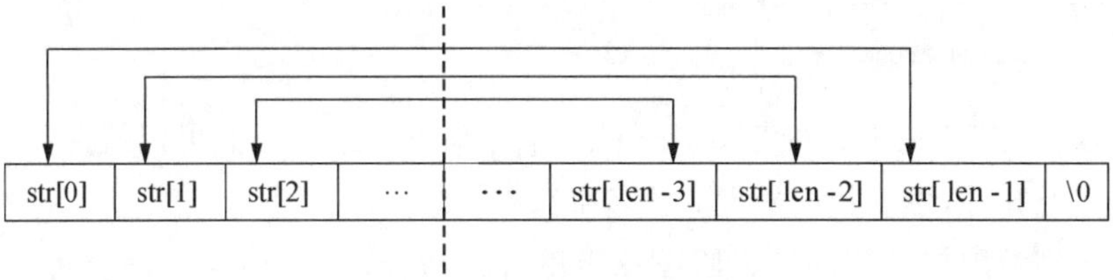

图 9.6 判断回文比较示意图

```
/* * * * * * * * * * * * * * * * * * * * * * * * * * * * * * * * * * * * * *
 * 程序名:palindrome.c                        *
 * 判断回文                                   *
* * * * * * * * * * * * * * * * * * * * * * * * * * * * * * * * * * * * * * * /
# include < stdio.h>
# include < stdlib.h>
# include < string.h>
int main( )
{
    char str[50];
    int len, i;
```

```
        printf("please input a string: ");
        fgets(str, 50, stdin);
        len= strlen(str);                     /* 计算字符串的长度,包含换行符 * /
        if(len> 0 && str[len- 1]= = '\n')     /* 如果末尾是换行符,则移除它 * /
        {
            str[len-1] =  '\0';               /* 将换行符替换为字符串终止符 * /
            len= len- 1;                      /* 字符串的实际长度,不含终止符 * /
        }
        for(i= 0; i< len/2; i+ + )            /* 比较到字符串的中间位置 * /
            if(str[i]! = str[len- 1- i])      /* 若首尾对应字符不同,提前跳出循环 * /
                break;
        if(i< len/2)                          /* 如果提前退出循环,那么不是回文 * /
            printf("It is not a palindrome\n");
        else
            printf("It is a palindrome\n");
        return 0;
    }
```

(1) 字符数组长度为 50,但实际输入的字符串长度不是 50,通过 fgets 函数会将换行符也读入,使用 strlen 函数计算出字符串长度(包含换行符),并用 if 语句去掉换行符后,得到字符串真正的长度 len。字符串的中间位置即为 len/2,因此首尾字符比较最多进行 len/2 次,由于数组下标从 0 开始,因此 for 循环的第二个表达式为"i<len/2"。

(2) 若数组元素 str[i]! =str[len−1−i],那么字符串不是回文,for 循环提前结束,此时变量 i 的值小于 len/2。程序的最后正是据此来判断字符串是否是回文。

运行此程序时,以下两组数据的测试结果如下:

```
please input a string: abcba ↙
It is a palindrome
please input a string: abcdba ↙
It is not a palindrome
```

【例 9.3】 花店里有上百种花,百花争艳,难分高下。这里我们可以按照字母表的顺序对各种花名进行排序,然后找出最大的花名字符串。

这是关于字符串求最值问题。假设花店里有康乃馨(carnation)、郁金香(tulip)、百合(lily)、玫瑰(rose)、水仙(narcissus)等品种,我们可以将每一种花看成一个字符串,然后利用第六章介绍的数组元素求最大值的方法来找出最大的字符串。

首先将第 1 个字符串放入字符数组 max_str 中,然后将其他字符串依次和数组 max_str 字符串比较,若比 max_str 中的字符串大,则修改 max_str 数组。本题的解题思路不复杂,关键是灵活应用和字符串相关的处理函数。

```
/* * * * * * * * * * * * * * * * * * * * * * * * * * * * * * * * * * * * * * *
 * 程序名:flower.c                      *
 * 判断最大花名                          *
* * * * * * * * * * * * * * * * * * * * * * * * * * * * * * * * * * * * * * * /
# include < stdio.h>
```

```
# include < stdlib.h>
# include < string.h>
int main()
{
    char flower_str[100], max_str[100];
    int i, n, len;

    printf("please input the kinds of flowers:");
    scanf("% d",&n);                    /* 输入需要比较的花的种类数 * /
    getchar();

    printf("please input the name of flower 1:");
    fgets(flower_str, 100, stdin);      /* 输入第 1 种花的名称 * /
    len= strlen(flower_str);
    if (len> 0 && flower_str[len- 1]= = '\n')
                                        /* 如果末尾是换行符,则移除它 * /
        flower_str[len- 1]= '\0';       /* 将换行符替换为字符串终止符 * /

    strcpy(max_str, flower_str);
    for(i= 2;i< = n;i+ + )              /* 输入 n- 1 种花的名称 * /
    {     printf("please input the name of flower % d:",i);
          fgets(flower_str, 100, stdin);
          len= strlen(flower_str);
          if (len> 0 && flower_str[len- 1]= = '\n')
             flower_str[len- 1] =  '\0';

          if(strcmp(flower_str, max_str)> 0)
                                      /* 比较输入的字符串和 max_str 中的字符串 * /
              strcpy(max_str, flower_str);
    }

    printf("The max string is:");
    puts(max_str);

    return 0;
}
```

(1) 题目中没有明确说明花的种类,也就是字符串的个数,因此程序从键盘输入一个数值存放到变量 n 中,用于确定字符串的个数。

(2) 程序中“getchar();”语句看似多余,但实际是为保证第 1 个字符串的正确输入而添加的。若将该语句删除,此时的运行过程如下所示。

```
please input the kinds of flowers:5 ↙
please input the name of flower 1:please input the name of flower 2:
```

可以看出,当输入 n 的值并按下回车键后,第 1 个字符串还没有输入,就显示输入第 2 个字符串的提示信息。出错原因在于,当输入 n 的值并按下回车键后,此时的回车键被第一个“fgets(flower_str, 100, stdin);”接收,系统认为第 1 个字符串已完成输入,直接显示输入第 2 个字符串的提示信息。如果增加了“getchar();”语句，那么当输入 n 的值并按下回车键时被语句“getchar();”接收，表示第 1 个字符串还未完成输入，需要从第 1 个字符串开始输入。

(3) for 循环中的第 2 个 if 语句用于判断输入的字符串和 max_str 数组中字符串的大小关系，若 strcmp(flower_str, max_str)>0，说明 flower_str 数组中的字符串较大，那么需要使用 strcpy 函数修改 max_str 数组中的字符串。程序的运行结果如下：

```
please input the kinds of flowers:5 ↙
please input the name of flower 1:carnation ↙
please input the name of flower 2:tulip ↙
please input the name of flower 3:lily ↙
please input the name of flower 4:rose ↙
please input the name of flower 5:narcissus ↙
The max string is:tulip
```

习题

一、判断题

1. “char str[5] = "abcde";”是正确的数组初始化方式。 (　　)
2. strcpy(dest, src) 会检查目标数组 dest 的空间是否足够。 (　　)
3. char str[] = {'H', 'i', '\0'} 和 char str[] = "Hi" 的初始化效果不同。 (　　)
4. strcat(dest, src) 将 src 追加到 dest 的末尾，覆盖 dest 的\0。 (　　)
5. "A" 和 'A' 在内存中的存储方式相同。 (　　)

二、选择题

1. 以下(　　)是正确的字符串定义。

A. char str[5] = "hello";

B. char str[ ] = "hello";

C. char str[5] = {'h','e','l','l','o'};

D. 以上都是

2. 以下(　　)是正确的字符串输入方式。

A. gets(str);　　B. scanf("%s", str);

C. fgets(str, sizeof(str), stdin);　　D. 以上都是

3. 以下代码的输出是(　　)。

```
printf("% d", strlen("Hello\0World"));
```

A. 5　　B. 6　　C. 11　　D. 10

4. 以下代码的输出是(　　)。

```
char str[ ] = "Hello";
str[2] = '\0';
printf("% s", str);
```

A. He　　B. Hel　　C. Hello　　D. Hlo

5. 下面是有关C语言字符数组的描述,其中错误的是(　　)。

A. 不可以用赋值语句给字符数组名赋字符串

B. 可以用输入语句把字符串整体输入给字符数组

C. 字符数组中的内容不一定是字符串

D. 字符数组只能存放字符串

6. 以下代码的输出是(　　)。

```
char s[ ] = "Hello";
printf("% c", s[sizeof(s) - 2]);
```

A. o　　B. \0　　C. l　　D. 越界访问

7. 以下代码的输出是(　　)。

```
# include< stdio.h>
# include< string.h>
int main( )
{       char x[ ]="STRING";
        x[0]= 0;
        x[1]='\0';
        x[2]='0';
printf("% d  % d\n", sizeof(x), strlen(x));
return 0;
}
```

A. 6　1　　B. 7　0　　C. 6　3　　D. 7　1

8. 以下叙述中正确的是(　　)。

A. 语句“char str[10]= "string!";”和“char str[10]={"string!"};”并不等价

B. 对于字符串常量"string!",系统已自动在最后加入了'\0 '

C. 对于一维字符数组,不能使用字符串常量来赋初值

D. 在语句“char str[ ]= "string!";”中,数组 str 的大小等于字符串的长度

9. 以下代码的输出是(　　)。

```
# include< stdio.h>
# include< string.h>
int main( )
{       char a[20]= "ABCD\0EFG\0", b[ ]= "IJK";
        strcat(a,b);
        printf("% s\n", a);
```

```
    return 0;
}
```

A. ABCD\0EFG\0IJK　　B. ABCDIJK

C. IJK　　D. EFGIJK

10. 以下代码的输出是(　　)。

```
# include < stdio.h>
# include < ctype.h>
void fun(char * p)
{       int i= 0;
        while(p[i])
        {       if(p[i]= = '' && islower(p[i- 1]))
                    p[i- 1]= p[i- 1]- 'a'+ 'A';
                i+ + ;
            }
}
int main( )
{       char s1[100]= "ab cd EFG!";
        fun(s1);
        printf("% s\n", s1);
        return 0;
}
```

A. ab　cd　EFG!　　B. Ab　Cd　EFg!

C. aB　cD　EFG!　　D. ab　cd　EFg!

三、填空题

1. strcmp("apple", "Apple") 的返回值是________。

2. 有 char str[ ]="abcd\n\123\xab";,则 strlen(str)的结果是________。

3. 程序运行时如果输入 upcase,程序的输出结果是________。

```
# include < stdio.h>
# include < string.h>
int main( )
{
    char str[80];
    int i= 0;
    gets(str);
    while(str[i]! = 0)
    {
        if(str[i]> = 'a'&&str[i]< = 'z')
            str[i]- = 32;
        i+ + ;
    }
    puts(str);
    return 0;
}
```

4. 以下函数的功能是________。

```
int func(char s1[ ], char s2[ ]) {
    int i = 0;
    while (s1[i] == s2[i]) {
        if (s1[i] == '\0') return 0;
        i++;
    }
    return s1[i] - s2[i];
}
```

5. 以下代码的输出是________。

```
char str[10] = "Hi";
strcat(str, "!");
printf("%d", strlen(str));
```

四、编程题

1. 编写一个函数,将字符串中的所有空格替换为下划线。

2. 编写一个函数,输入一个字符串,删除其中的某个字符。

3. 编写一个函数,将字符串中的字母循环右移一位(如 "abc" 变为 "cab")。

4. 编写一个程序,检查字符串是否符合邮箱格式(包含 @ 和 .)。

5. 编写函数 void copy(char s[ ], char t[ ], int start, int end),将字符数组 s 中从 start 开始到 end 结束的字符逆序复制到字符数组 t 中。

第十章　预处理

预处理就是在编译之前对程序进行处理，所以预处理命令也叫预编译命令。“＃”号是预处理命令特有的符号，C语言中凡是出现“＃”的地方一定是预处理命令。

编译器通过“＃”号将我们写的程序和预处理命令区分开。

C语言的编译器主要有两个作用：

(1) 如果程序中有预处理命令，根据预处理命令对程序做一些前期的处理，否则什么都不做。

(2) 对预处理的程序进行编译，生成计算机可以识别的二进制文件。

C语言提供了多种预处理命令，如宏定义、文件包含、条件编译等。本章介绍常用的几种预处理命令。

10.1　宏定义

宏定义指令(＃define)能有效地提高程序的编程效率，增强程序的可读性、可修改性。C语言的宏定义指令包括无参宏定义和带参数宏定义。以下分别介绍这两种宏定义。

1) 无参宏定义

无参宏定义的宏名后不带参数，其指令格式为：

```
# define  标识符  [字符串]
```

其中的“＃”表示这是一条预处理命令，凡是以“＃”开头的均为预处理命令，“define”为宏定义命令，“标识符”为所定义的宏名，“字符串”可以是常量、表达式、格式串等，这里的字符串和第二章、第五章中介绍的字符串常量不一样，这里的字符串不要求用双引号""括起来。字符串也可以省略。比如：

```
# define  TRUE  1
# define  FALSE  0
```

预处理程序处理源程序时，将程序中出现标识符的地方均用其指定的字符串代替。前面介绍的符号常量的定义就是一种无参宏定义。此外，还可以将程序中反复使用的表达式定义成宏，以简化程序。

【例 10.1】 无参宏应用举例。

```
/*************************************
 * 程序名:def_example.c              *
 * 无参宏应用举例                    *
*************************************/
# include < stdio.h>
# include < stdlib.h>
# define  WIDTH  10
# define  LENGTH  20
int  main( )
{
    float s;
    s =  WIDTH *  LENGTH;
    printf("Rectangular  area  is % f\n", s);
    return 0;
}
```

经过编译预处理后将得到如下程序：

```
/*************************************
 *  程序名:def_example.c              *
 *  无参宏应用举例                    *
*************************************/
# include < stdio.h>
# include < stdlib.h>
int  main( )
{
    float s;
    s = 10 *  20;
    printf("Rectangular  area  is % f\n", s);
    return 0;
}
```

说明：

(1) 宏名通常采用大写字母,以便与程序中的其他标识符区别开来。

(2) 宏定义是用宏名代替一个字符串,只是作简单的替换,不作语法检查,只有在编译已被宏展开后的源程序时才开始检查语法。

(3) 字符串可以是一个关键字、某个符号或为空。例如：

```
# define  START*
# define  END@
# define  A
```

(4) 一个宏名一旦被定义了,在没有消除该定义之前,它就不能再被定义为其他不同的值。其作用域是从定义的地方开始到该源文件结束。

(5) ＃undef 命令可以终止宏定义的作用域。若一个宏名消除了原来的定义,便可被重新定义为其他的值。例如,在程序中定义：

```
# define TRUE 1
```

后来又用下面的宏定义撤销：

```
# undef TRUE
```

那么，程序中再出现 TRUE 时就是未定义的标识符了。也就是说，TRUE 的作用域是从定义的地方开始到＃undef 之前结束。

(6) 宏定义不是说明或语句，在行末不必加分号，如加上分号则连分号也一起替换。

(7) 宏名在源程序中若用引号括起来，则预处理程序不对其作宏替换。

2) 带参宏定义

C 语言允许宏带有参数。在宏定义中的参数称为形式参数，在宏调用中的参数称为实际参数。对带参数的宏，在调用中，不仅要宏展开，还要用实参去代换形参。

带参宏定义的一般格式为：

```
# define  宏名(形参表)  字符串
```

其中，"形参表"是用逗号分隔的若干个形参，在字符串中含有各个形参。

带参宏调用的一般形式为：

```
宏名(实参列表)
```

例如：

```
# define PI 3.1415926
# define s(r) PI* r* r              /* 宏定义 * /
      …
k= s(3);                            /* 宏调用  * /
      …
```

在宏调用时，用实参 3 去代替形参 r，PI 属于不带参的宏定义，只要用 3.1415926 替换，经预处理宏展开后得到的语句为：

```
k= 3.1415926* 3* 3
```

【例 10.2】 带参宏定义应用举例。

```
/* * * * * * * * * * * * * * * * * * * * * * * * * * * * * * * * * * * * * *
 * 程序名:def_argv_example.c            *
 * 有参宏应用举例                        *
* * * * * * * * * * * * * * * * * * * * * * * * * * * * * * * * * * * * * * /
# include < stdio.h>
# include < stdlib.h>
# define  MAX(a,b)  (a> b)? a:b
int main()
{
    int x, y, max;
```

```
    printf("input two numbers:");
    scanf("% d % d", &x, &y);
    max= MAX(x, y);
    printf("max= % d\n", max);
    return 0;
}
```

上例程序中使用了带参宏定义，用宏名 MAX 表示条件表达式(a>b)? a:b，形参 a、b 均出现在条件表达式中。“max=MAX(x,y);”为宏调用，实参 x、y 将替换形参 a、b。宏展开后该语句为：

```
max= (x> y)? x:y;
```

用于计算 x、y 中的大数。

对于带参的宏定义有以下几点需要注意：

(1) 带参宏定义中，宏名和形参表之间不能有空格。

例如：

```
# define MAX(a,b) (a> b)? a:b
```

如果误写成：

```
# define MAX  (a,b)  (a> b)? a:b
```

则被认为是无参宏定义，宏名 MAX 代表字符串 (a,b) (a>b)? a:b。宏展开时，宏调用语句：

```
max= MAX(x,y);
```

将变为：

```
max= (a,b)  (a> b)? a:b(x,y);
```

这显然是错误的。

(2) 在带参宏定义中，形式参数不分配内存单元，因此不必作类型定义。而宏调用中的实参有具体的值，要用它们去替换形参，因此必须作类型说明。这与函数中的情况不同。在函数中，形参和实参是两个不同的量，有各自的作用域，调用时要把实参值赋予形参，进行“值传递”。而在带参宏中，只是符号替换，不存在值传递的问题。

(3) 在宏定义中的形参是标识符，而宏调用中的实参可以是表达式。

【例 10.3】 用表达式作实参调用宏举例。

```
/* * * * * * * * * * * * * * * * * * * * * * * * * * * * * * * * * * * * * * *
 * 程序名:def_power.c                   *
 * 表达式作实参调用宏                   *
* * * * * * * * * * * * * * * * * * * * * * * * * * * * * * * * * * * * * * * /
```

```
# include < stdio.h>
# include < stdlib.h>
# define POWER(y) (y)* (y)
int main()
{
    int a, pow;
    printf("input a number:");
    scanf("% d", &a);
    pow= POWER(a+ 1);
    printf("pow= % d\n", pow);
    return 0;
}
```

上例中宏定义中的形参为 y，程序宏调用中实参为 a+1，是一个表达式，在宏展开时，用 a+1 替换 y，再用(y) * (y) 替换 POWER，得到如下语句：

```
pow= (a+ 1)* (a+ 1);
```

这与函数的调用是不同的，函数调用时要把实参表达式的值求出来再赋予形参。而宏替换中对实参表达式不作计算，而是直接按照原样进行替换。

(4) 在宏定义中，字符串内的形参通常要用括号括起来以避免出错。在上例中，宏定义中表达式 y 都用括号括起来了。如果去掉括号，把程序改为以下形式：

```
/* * * * * * * * * * * * * * * * * * * * * * * * * * * * * * * * * * * * * * *
 * 程序名:def_power2.c                    *
 * 表达式作实参调用宏                       *
* * * * * * * * * * * * * * * * * * * * * * * * * * * * * * * * * * * * * * * /
# include < stdio.h>
# include < stdlib.h>
# define POWER(y) y* y
int main()
{
    int a, pow;
    printf("input a number:");
    scanf("% d", &a);
    pow= POWER(a+ 1);
    printf("pow= % d\n", pow);
    return 0;
}
```

程序的运行结果为：

```
input a number: 3 ↙
pow= 7
```

pow 不等于 16 的原因是宏替换只作简单的符号替换，对参数不做任何处理。宏替换后将得到的语句为：

```
pow= a+ 1* a+ 1;
```

所以 pow 的值为 7。这显然与题意相违,因此参数两边的括号是不能少的。

(5) 宏定义嵌套时作层层替换。

【例 10.4】 宏定义嵌套举例。

```
/* * * * * * * * * * * * * * * * * * * * * * * * * * * * * * * * * * * * * * * *
 *  程序名:def_MB.c                         *
 *  嵌套的宏定义                             *
* * * * * * * * * * * * * * * * * * * * * * * * * * * * * * * * * * * * * * * * /
# include < stdio.h>
# include < stdlib.h>
# define MC(m) 2* m
# define MB(n,m) 2* MC(n)+ m
int main()
{
    int i= 2, j= 3;
    printf("% d\n", MB(j, MC(i)));
    return 0;
}
```

作宏替换时,先将 MB(j,MC(i))替换为 2 * MC(j)+MC(i) ,再将 MC(j)、MC(i) 分别替换为 2 * j、2 * i,得到的最终表达式为 2 * 2 * j+2 * i,将 i、j 的值代入该表达式,得到 16。

10.2　文件包含

文件包含是 C 语言预处理命令的另一个重要功能。在程序设计中,通常将一个大的程序分为多个独立的模块,由多个程序员分别编程。对于一些公用的符号常量或宏定义等可单独组成一个文件,在其他文件的开头用包含命令包含该文件即可使用。这样可避免在每个文件开头都去声明那些公用变量,从而节省时间,并减少出错。

文件包含命令的功能是把指定的文件插入该命令行位置,从而把指定的文件和当前的源程序文件连成一个源文件。

例如,有如下文件的示意图:

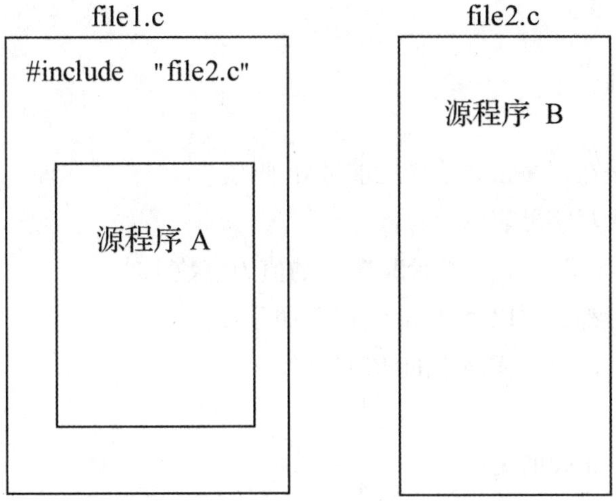

图 10.1　文件 file1. c 和 file2. c 示意图

图 10.1 中，在源程序文件名为 file1. c 的程序中，在“源程序 A”的前面，使用了文件包含命令“#include "file2. c"”，经过编译预处理后，将源程序文件名为 file2. c 的源程序 B，替换了编译预处理命令“#include "file2. c"”，即放在了源程序 A 的上面，如图 10. 2 所示。

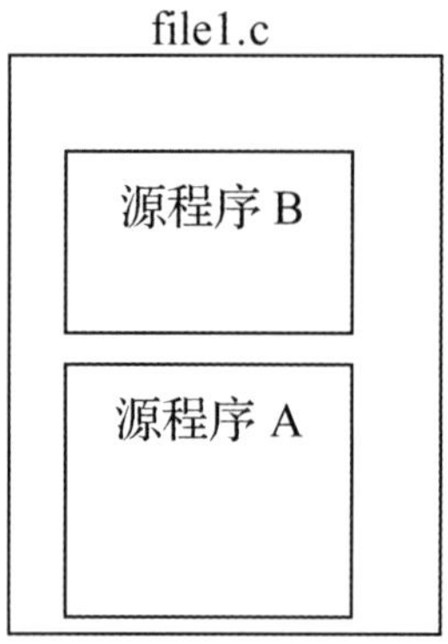

图 10. 2　经过编译处理后的 file1. c 文件

文件包含命令的一般形式有两种：

```
# include < 文件名>
# include  "文件名"
```

二者的区别在于搜索路径的顺序不一样。“#include ＜文件名＞”先在编程软件所在目录下搜索该文件，找不到再搜索其他路径；#include "文件名" 则先在用户程序所在目录下搜索文件。如果包含的文件是系统自身提供的，如 stdio. h、math. h、string. h、stdlib. h 等，最好用“#include ＜文件名＞”形式，如果是用户自己编写的文件，则用 #include "文件名"形式。

注意：

(1) 一个 include 命令只能指定一个被包含文件，若有多个文件要包含，则需用多个 include 命令。

(2) 文件包含允许嵌套，即在一个被包含的文件中可以包含另一个文件。

习题

一、判断题

1. 预处理命令是在程序正式编译之前被处理的。　　(　　)
2. 宏名必须用大写字母表示。　　(　　)
3. #define N 100 表示定义了标识符 N 的值为整数 100。　　(　　)
4. 预处理命令行都必须以#开始，结尾不加分号。　　(　　)
5. 预处理命令可以放在程序中的任何位置。　　(　　)

二、选择题

1. 以下叙述中不正确的是(　　)。

A. ＃define M 是合法的宏定义命令行

B. 在程序中凡是以＃开始的语句都是预处理命令行

C. C 语言程序在执行过程中对预处理命令进行处理

D. 预处理命令行不必位于源程序的开始

2. 以下关于宏的叙述中正确的是(　　)。

A. 宏名必须用大写字母表示

B. 宏定义必须位于源程序中所有语句之间

C. 宏替换没有数据类型限制

D. 宏调用比函数调用耗费运行时间

3. 以下代码的输出是(　　)。

```
# define F(X,Y) (X)* (Y)
int main( )
{       int a= 3, b= 4;
        printf("% d\n", F(a+ + , b+ + ));
        return 0;
}
```

A. 12　　B. 15　　C. 16　　D. 20

4. 当用"＃define F 37.5"定义后,下列叙述正确的是(　　)。

A. F 是 float 类型　　B. F 是 char 类型

C. F 无类型　　D. F 是字符串

5. 以下代码的输出是(　　)。

```
# include< stdio.h>
# define S(x)   3* (x)* x+ 1
int main()
{
    int k= 5, j= 1;
    printf("% d\n", S(k+ j));
    return 0;
}
```

A. 126　　B. 92　　C. 109　　D. 28

6. 下列说法不正确的是(　　)。

A. 有参宏的参数不占内存空间　　B. 宏定义可以嵌套定义

C. 宏定义可以递归定义　　D. 宏展开只作替换,不含计算过程

7. 以下代码的输出是(　　)。

```
# include < stdio.h>
# define S(x) x* x
int main( )
{
```

```
    int k= 5,j= 2;
    printf("% d,% d\n", S(k+ j+ 2), S(j+ k+ 2));
    return 0;
}
```

A. 21,18　　B. 81,81　　C. 21,21　　D. 18,18

8. 以下代码的输出是(　　)。

```
# include < stdio.h>
# define S(x) (x)* x* 2
int main( )
{
    int k= 5,j= 2;
    printf("% d,", S(k+ j));
    printf("% d\n", S(k- j));
    return 0;
}
```

A. 98,18　　B. 39,11　　C. 39,18　　D. 98,11

9. 以下代码的输出是(　　)。

```
# include < stdio.h>
# define S(x)   x* x
# define T(x) S(x)* S(x)
int main()
{
    int k= 5,j= 2;
    printf("% d,% d\n",S(k+ j),T(k+ j));
    return 0;
}
```

A. 17,289　　B. 49,289　　C. 17,37　　D. 49,2401

10. 以下代码的输出是(　　)。

```
# include < stdio.h>
# define FNA(x) x* x
# define FNB(x) x+ x
int main( )
{
    int a= 2, b= 4;
    printf("% d,% d\n", FNA(FNB(a)), FNB(FNA(b)) );
    return 0;
}
```

A. 8,16　　B. 16,32　　C. 8,32　　D. 16,16

三、填空题

1. 若有以下宏定义,则执行语句“a=3 * (N+f(5));”后的结果是________。

```
# define N 2
```

```
# define f(n) ((N+ 1)* n)
```

2. 以下代码运行的结果是________。

```
# include< stdio.h>
# define F(x) 2.84+ x
# define P(y) printf("% d", (int)(y))
# define w(y) P(y)
int main( )
{
    int x= 4;
    P(F(3)* x);
    return 0;
}
```

3. 有以下的宏定义：#define　SQR(x)　x * x

则表达式 a=16, a /= SQR(2+1) / SQR(2+1)执行后的值是________。

4. 设有宏定义#define IsDIV(k,n) ((k%n==1)? 1:0)，且变量 m 已正确定义并赋值，则宏调用 IsDIV(m,5)&&IsDIV(m,7) 为真时，表达的是________。

5. 以下代码的输出是________。

```
# include < stdio.h>
# define M 5
# define f(x,y) x* y+ M
int main()
{
    int k;
    k= f(2,3)* f(2,3);
    printf("% d\n",k);
    return 0;
}
```

四、编程题

1. 使用宏定义编写一个程序，若 LANGUAGE 为 1，输出“hello”，若为 2 输出“你好”，若为其他输出“Bonjour”。

2. 定义一个宏 IS_LEAP_YEAR(year)，判断输入的年份是否为闰年。

3. 定义一个宏 IS_EVEN(x)，判断 x 是否为偶数。若为偶数返回 1，否则返回 0。

4. 定义一个宏 DEBUG_PRINT(x)，当 DEBUG 被定义时输出 x 的值；否则不输出。

5. 定义一个宏 SAFE_MOD(a, b)，计算 a % b，在 b 为 0 时返回 0 并输出错误信息。

第十一章　初识指针

指针是表示内存地址的一种数据类型。用指针来编程是 C 语言的主要特色之一。通过利用指针，我们能很好地利用内存资源，使其发挥最大的效率。有了指针技术，我们可以描述复杂的数据结构，对字符串的处理可以更灵活，对数组的处理更方便，使程序的书写简洁，高效。本章主要介绍指针和变量、一维数组、二维数组等多种类型之间的联系，介绍使用指针作函数参数等内容。对初学者来说，由于指针难于理解和掌握，这就必须彻底理解指针的相关概念，熟练掌握指针的各种应用，多做多练，多上机编程，才能在实践中尽快掌握，充分发挥 C 语言的独特优势。

11.1　变量与指针

11.1.1　地址与指针

C 语言中，所有的变量必须遵循“先定义，再使用”的原则。对于程序中定义或说明的变量，编译系统需要为其分配相应的内存单元，也就是说，每个变量在内存中会有固定的空间，而每个空间都有具体的地址。不同数据类型的变量，它所占的内存单元数(即字节数)也不相同。例如：

```
int i= 3;
```

这个语句定义了整型变量 i，C 编译系统为该变量分配连续 4 个字节的存储空间，假设分配编号为 2000H～2003H(即内存地址，“H”表示十六进制数，内存地址用两个字节二进制代码表示，即 4 位十六进制数)的内存单元给变量 i，3 以二进制的形式存储在这些单元中。为了方便起见，用十进制表示。具体存储情况示意图如图 11.1 所示。变量 i 的地址为 2000H。一个内存地址唯一地指向一个变量，这个地址又称为变量的指针。简言之，指针就是地址。

在图 11.1 中，变量 p 的内存单元中存放的是变量 i 的地址 2000H。因此，访问变量 i 的值可以有两种方式。一种是直接通过变量名 i 来访问，另一种是先通过变量 p 得到变量 i 的地址，再根据这个地址到相应的内存单元中取出值。第一种方式称为直接访问，第二种方式称为间接访问。

举个简单的例子来说明直接访问和间接访问的区别，让读者理解得更加透彻。假设有一个存放珠宝首饰的保险柜 A，保险柜 A 的密码写在一张纸条上，存放在保险柜 B 中。那么用户如何打开保险柜 A 取出珠宝呢？

第一种方式：用户知道保险柜 A 的密码，可以直接将其打开。

第二种方式：用户知道保险柜 B 的密码，打开保险柜 B，然后取出保险柜 A 的密码纸条，打开保险柜 A。这种方法是先打开保险柜 B，再打开保险柜 A，也就是通过保险柜 B 来打开保险柜 A，两者的关系如 11.2 所示。

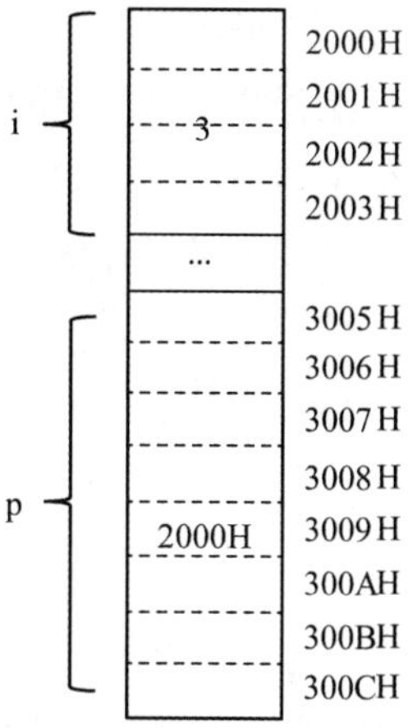

图 11.1　变量的存储示意图

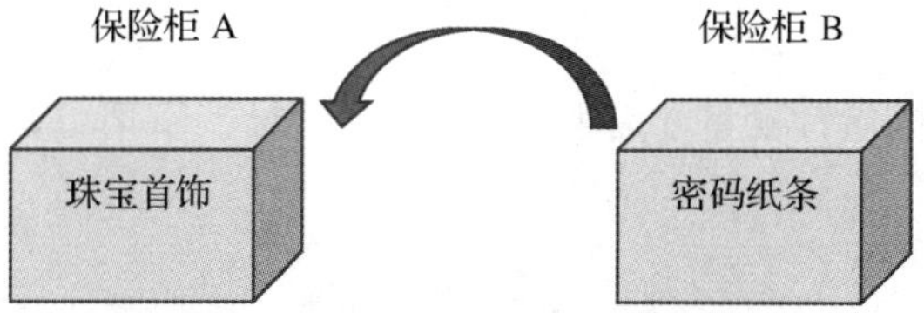

图 11.2　保险柜 A 和 B 的关系示意图

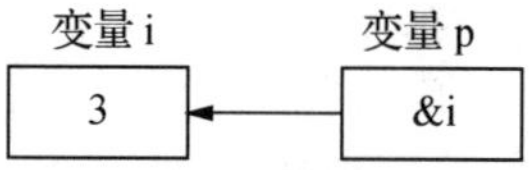

图 11.3　变量 i 与 p 之间的关系

这里保险柜 A 和 B 的密码相当于变量的地址，保险柜里存放的东西相当于变量的值。在图 11.1 中，i 的值为 3，p 中存放变量 i 的地址（即 &i），那么变量 i 和变量 p 即建立起了关联，变量 p 指向变量 i，两者的关系如图 11.3 所示。

11.1.2　指向变量的指针变量

程序中若定义了整型变量，那么该变量中只能存放整型数据；若定义了实型变量，该变量中只能存放实型数据；若需要存放地址类型的数据，那需要将变量定义成何种类型？C 语言提供了丰富的数据类型，若将变量定义为指针类型，那么该变量中即可存放地址。在之前的章节中，我们讨论的大多是变量的值，很少涉及变量的地址，下面来介绍如何定义存放地址的指针变量，体会指针变量和其他类型变量的区别。

1）指针变量的定义

存放地址的变量称为指针变量。指针变量是一种特殊的变量，它不同于一般的变量，一般变量存放的是数据本身，而指针变量存放的是数据的地址。定义指针变量的一般形式为：

```
基类型* 指针变量名 1[= 初值][,* 指针变量名 2[= 初值],…];
```

“基类型”用来表示指针变量所指向的变量的类型；“初值”可以给出，也可以不给；C 编译系统为每个指针变量分配 8 个字节的存储单元，与它的基类型无关。

若有以下定义：

```
int  * p1,* p2;
float * f;
```

这里定义了指针变量 p1、p2 和 f，变量 p1 和 p2 均是指向整型变量的指针变量，也就是只能存放整型变量的地址。变量 f 是指向单精度实型变量的指针变量，只能存放 float 类型变量的地址。整型指针变量 p1、p2 和单精度实型指针变量 f 各占 8 个字节的存储空间。

在定义指针变量时，需要注意的是指针变量名为 p1、p2 和 f，而不是 * p1、* p2 和 * f，“ * ”只是一个说明符，表示定义的变量类型为指针。在一个语句中定义多个指针变量时，每个指针变量前面都要有“ * ”说明符。如有以下两种定义：

```
int  * p1,* p2;
int  * p3,p4;
```

第一行将 p1 和 p2 定义为指向整型的指针变量。第二行将 p3 定义为指向整型的指针变量，而 p4 为整型变量。

2）指针变量的赋值

指针变量在使用前必须先赋值，这样指针变量才有明确的指向，常见的赋值方法有以下两种：

（1）定义时赋值

例如：

```
int i= 3, * p= &i;
```

表示定义整型变量 i、指针变量 p，并将整型变量 i 的地址赋给变量 p。当指针变量中存放另一个变量的地址时，二者即建立了指向关系。由于指针变量 p 只能存放整型变量的地址，因此在赋值时不能将任意类型的地址赋值给变量 p，如：

```
float f= 3.14;
int * p= &f;        /* 错误的初始化方式,不能将实型变量的地址赋值给整型指针变量 p * /
```

也不能将一个整数值赋值给指针变量 p，

```
int * p= 1000;     /* 错误的初始化方式 * /
```

但是可以将指针变量赋值为 0，如“int * p=0;”，表示该指针变量 p 不指向任何内存单元，这个赋值是合法的，也是安全的。

（2）先定义再赋值

例如：

```
int i, *  p;
i= 3;
p= &i;
```

这里先定义整型变量 i 和指针变量 p，然后再给变量 i 和 p 赋值。变量 i 的值为 3，变量 p 的值为 i 的地址。需要注意的是，赋值语句不能写成“ * p=&i;”。

除了可以用变量的地址给指针变量赋值外，指针变量之间也可以相互赋值，但前提条件是指针变量的基类型相同。例如：

```
int i= 3,* p1= &i,* p2;
p2= p1;
```

这里 p1 和 p2 均为指向整型变量的指针变量，p1 的值为 &i，当将 p1 赋值给 p2 后，指针变量 p1 和 p2 均指向整型变量 i，如图 11.4 所示。

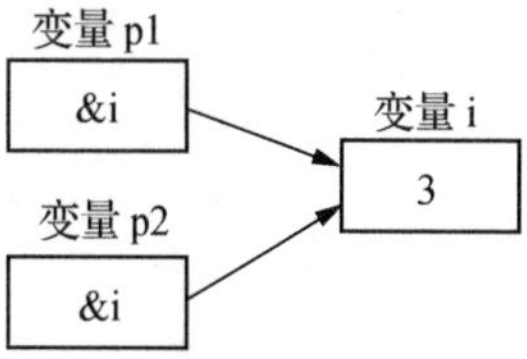

图 11.4　变量 p1 与 p2 同时指向变量 i

3) 运算符 & 和 *

和指针运算相关的运算符主要有以下两个：

(1) &：取地址运算符，属于单目运算符，表示变量的地址，如 &i，&p。

(2) *：指针运算符，属于单目运算符，该运算符后可以接指针变量或变量地址，表示取地址所指向的内存单元中的值。

若有定义：

```
int i= 3, * p= &i;
```

表示指针变量 p 指向变量 i，那么 * p 表示指针变量 p 所指向的存储单元的值，也就是 i 的值，那么 * p 和 i 的值是相同的。如果需要修改变量 i 的值，可以使用直接访问方式或间接访问方式。

```
i= 10;          /* 使用变量名直接访问变量 i * /
* p= 10;        /* 通过指针变量 p 间接访问变量 i * /
```

& 与 * 运算符是互逆的，是可以互相抵销的。下面来分析以下表达式：

(1) & * p：由于指针变量 p 指向变量 i，所以 * p 相当于 i，& * p 相当于 &i，即变量 p 的值，换言之，& * p 等价于 &i 和 p。

(2) * &i：&i 表示变量 i 的地址，即变量 p 的值，所以 * &i 相当于 * p，表示这个地址里存放的值，也就是变量 i 的值，因此 * &i 等价于 i 和 * p。

根据以上分析，可以得到以下两组等价关系：

& * p ⇔&i ⇔p

* &i ⇔ * p ⇔i

【例 11.1】 输入 a 和 b 两个整数，使用指针变量实现 a 和 b 的交换。

对于交换问题常见的求解思路是借助其他变量作为桥梁。题目要求使用指针实现，因此可以定义两个指针变量分别指向整型变量 a 和 b。对于指针变量，指针变量的值和指针变量所指向的变量的值，这是两个不同的概念，因此需要特别注意在交换时究竟交换的是指针变量的值，还是指针变量指向的变量的值。

```
/* * * * * * * * * * * * * * * * * * * * * * * * * * * * * * * * * * * * * * *
 *  程序名:change.c                          *
 *  交换两个整数值                            *
* * * * * * * * * * * * * * * * * * * * * * * * * * * * * * * * * * * * * * * /
# include < stdio.h>
# include < stdlib.h>
int main()
{
    int a, b, c, * p1, * p2;
    p1= &a;                          /* 将变量 a 的地址存放到指针变量 p1 中 * /
    p2= &b;                          /* 将变量 b 的地址存放到指针变量 p2 中 * /
    printf("Please input two numbers:");
    scanf("% d % d",p1,p2);          /*  输入变量 a 和 b 的值 * /
    c= * p1;                         /* 借助变量 c 交换指针变量 p1、p2 指向的变量的值 * /
    * p1= * p2;
    * p2= c;
    printf("After change:\n");
    printf("a= % d,b= % d\n",a,b);
    printf("* p1= % d,* p2= % d\n",* p1,* p2);
    return 0;
}
```

(1) 由于指针变量 p1 和 p2 分别存放变量 a 和 b 的地址，所以在 scanf 函数中可以使用 p1 和 p2 完成 a 和 b 的输入。变量 p1、p2、a 和 b 之间的关系如图 11.5(a)所示。

(2) 程序中借助整型变量 c，交换 * p1 和 * p2，也就是交换 p1 和 p2 指针指向的内容，即交换变量 a 和 b。交换完成后，变量 p1、p2、a 和 b 之间的关系如图 11.5(b)所示。

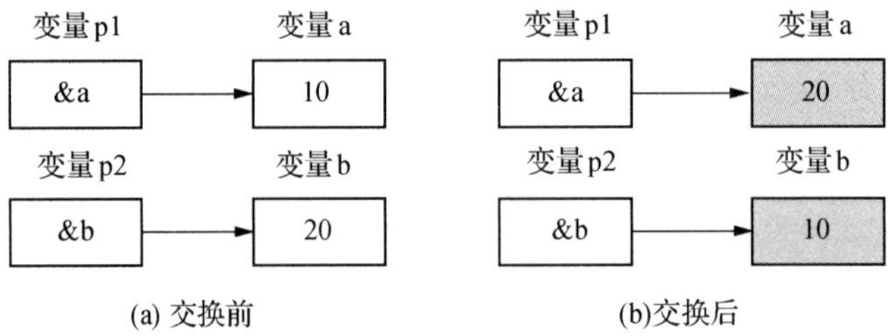

图 11.5　交换 * p1 和 * p2 前后各变量的对照示意图

程序的运行结果为：

```
Please input two numbers:10 20 ↙
After change:
a= 20,b= 10
* p1= 20,* p2= 10
```

【例 11.2】 将例 11.1 程序修改如下，分析程序的运行结果是否与例 11.1 相同。

```
/* * * * * * * * * * * * * * * * * * * * * * * * * * * * * * * * * * * * * * *
 *  程序名:change2.c                         *
 *  交换两个整数值                            *
* * * * * * * * * * * * * * * * * * * * * * * * * * * * * * * * * * * * * * * /
```

```
# include < stdio.h>
# include < stdlib.h>
int main()
{
    int a,b,* p1,* p2,* p;
    p1= &a;
    p2= &b;
    printf("Please input two numbers:");
    scanf("% d % d",p1,p2);
    p= p1;              /* 借助 p 变量交换 p1 和 p2 * /
    p1= p2;
    p2= p;
    printf("After change:\n");
    printf("a= % d,b= % d\n",a,b);
    printf("* p1= % d,* p2= % d\n",* p1,* p2);
    return 0;
}
```

(1) 程序中没有定义整型变量 c,而是定义了指针变量 p。初始状态时,指针变量 p1 和 p2 分别指向整型变量 a 和 b,如图 11.6(a)所示。

(2) 程序中借助指针变量 p 交换 p1 和 p2,也就是交换 p1 和 p2 中存放的值 &a 和 &b。交换完成后,变量 p1 中存放的值变成 &b,变量 p2 中存放的值变成 &a,如图 11.6(b)所示。

(3) 例 11.1 中交换的是 * p1 和 * p2,也就是 a 和 b 的值实现了交换,而变量 p1 和 p2 的值没有改变,仍为 &a 和 &b。本例中交换的是 p1 和 p2,因此指针变量 p1 和 p2 的指向发生了变化,而变量 a 和 b 的值没有改变。因此本程序的运行结果与例 11.1 不是完全相同。

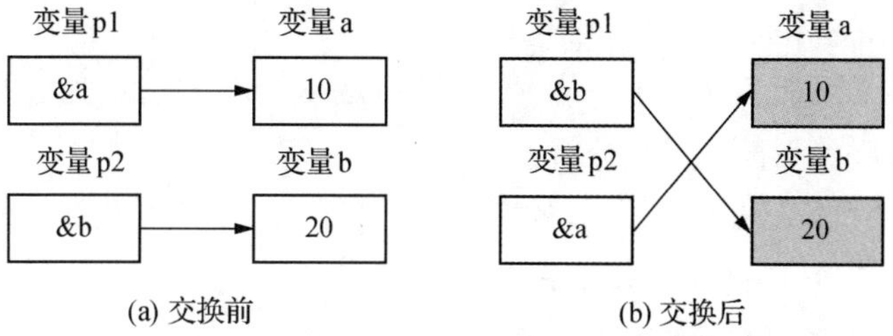

图 11.6 交换 p1 和 p2 前后各变量的对照示意图

程序的运行结果为:

```
Please input two numbers:10 20 ↙
After change:
a= 10,b= 20
* p1= 20,* p2= 10
```

11.1.3 指针变量作函数参数

函数的参数不仅可以是整型、实型、字符型等数据,还可以是指针类型。当使用指针作函数参数时,实参向形参传递的是一个地址值。

【例 11.3】 自定义函数 sum，函数功能为计算两个整数之和。要求输入和输出在主函数中实现。

先来分析下面的程序 add1. c 能否满足题目的要求，能否计算出两整数之和。

```
/* * * * * * * * * * * * * * * * * * * * * * * * * * * * * * * * * * * * * * *
 * 程序名:add1.c                             *
 * 计算两个整数和                             *
* * * * * * * * * * * * * * * * * * * * * * * * * * * * * * * * * * * * * * * /
# include < stdio.h>
# include < stdlib.h>
void sum(intx,int y,int z)
{
    z= x+ y;
}
int main()
{
    int a,b,c;
    printf("Please input two numbers:");
    scanf("% d % d", &a,&b);
    sum(a,b,c);
    printf("a+ b= % d\n", c);
    return 0;
}
```

程序的运行结果为：

```
Please input two numbers:10 20 ↙
a+ b= 43007712
```

读者运行的结果可能和这里不一样，但肯定不是 a+b=30。c 变量中为什么保存的不是变量 a 和 b 的和呢？下面来仔细分析：

(1) 主函数调用 sum 函数时，函数的实参为 a、b 和 c。由于 a 和 b 的值分别为 10 和 20，而 c 变量只定义未赋值，因此其值是不确定的。

(2) 调用函数时，给形参分配内存空间，同时实参将值传递给形参，形参 x 和 y 的值分别为 10 和 20，z 为随机值，然后将 a 和 b 之和 30 存放于 z 变量中。

(3) 函数调用结束后，形参 x、y 和 z 所占的内存单元释放，回到主函数时，c 变量的值仍是一个不确定的值。

根据以上分析可知，程序 add1. c 不能得到所需要的运行结果，主要是函数调用时，实参和形参之间的传递方式为单向值传递，函数调用结束后，形参所占内存空间会被释放。因此可以考虑将参数的传递方式改为地址传递，也就是使用指针变量作函数参数。请分析程序 add2. c 的运行结果。

```
/* * * * * * * * * * * * * * * * * * * * * * * * * * * * * * * * * * * * * * *
 * 程序名:add2.c                             *
 * 计算两个整数和                             *
```

```
*****************************************/
# include < stdio.h>
# include < stdlib.h>
void sum(int x, int y, int * z)
{
    * z= x+ y;
}
int main()
{
    int a,b,c;
    printf("Please input two numbers:");
    scanf("% d % d", &a,&b);
    sum(a, b, &c);
    printf("a+ b= % d\n", c);
    return 0;
}
```

程序的运行结果为：

```
Please input two numbers:10 20 ↙
a+ b= 30
```

这次程序运行结果是我们的期望值！在主函数中调用 sum 函数时，第 3 个实参为 &c，那么第 3 个形参 z 接收的是 c 的地址，形参的指针变量 z 指向变量 c，即 * z 相当于 c。当执行"* z=x+y"时，就相当于执行 c=x+y，所以变量 c 的值就变成了 30，如图 11.7 所示。sum 函数调用结束后，虽然形参 x、y 和 z 的内存空间被释放，但是变量 c 的内存空间仍存在，所以可以得到正确结果。

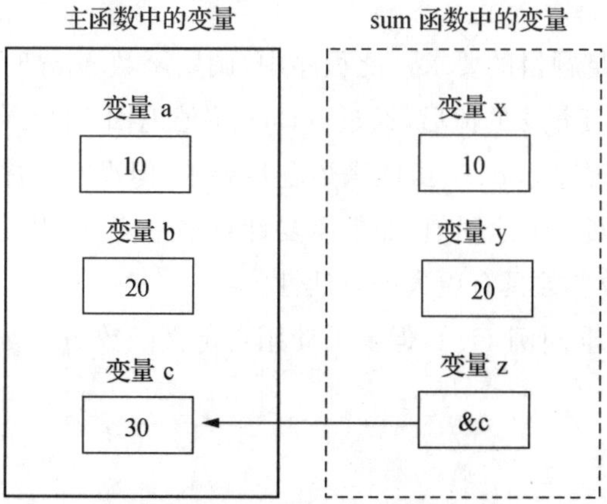

图 11.7　例 11.3 程序 add2.c 中各变量的内存单元示意图

需要注意的是，由于程序 add2.c 中第 3 个实参为 &c，是地址类型的数据，因此 sum 函数的第 3 个形参要定义为指针类型。

程序 add2.c 在被调函数中通过指针变量作形参，从而间接地改变了主调函数中变量 c 的值，体现了指针变量作函数参数的优势。

也许读者会思考,调用 sum 函数不能通过形参 z 将值带回给实参 c,但可以通过 return 带回返回值。若将程序修改如下,分析程序 add3.c 的运行结果是否与题目相符。

```
/* * * * * * * * * * * * * * * * * * * * * * * * * * * * * * * * * * * * * * *
 * 程序名:add3.c                        *
 * 计算两个整数和                        *
* * * * * * * * * * * * * * * * * * * * * * * * * * * * * * * * * * * * * * * /
# include < stdio.h>
# include < stdlib.h>
int sum(int x,int y)
{
    int z;
    z= x+ y;
    return z;
}
int main()
{
    int a,b,c;
    printf("Please input two numbers:");
    scanf("% d % d", &a, &b);
    c= sum(a,b);
    printf("a+ b= % d\n", c);
    return 0;
}
```

程序的运行结果为:

```
Please input two numbers:10 20 ↙
a+ b= 30
```

程序的运行结果满足题目的要求。此程序中,调用函数 sum 时,实参将值传递给形参。根据形参 x 和 y,计算出变量 z 的值后,通过 return 将值返回,并赋给变量 c,因此 c 变量中存放的是两个整数之和。程序 add3.c 虽能满足题目要求,但没有程序 add2.c 灵活,因为使用 return 从函数中只能带回一个返回值,如果需要计算多个值,可以使用程序 add2.c 的方法。可见,用指针变量作函数参数具有更大的灵活性。

【例 11.4】 题目要求同例 11.1,但要求使用自定义函数 change 实现 a 和 b 的交换。

```
/* * * * * * * * * * * * * * * * * * * * * * * * * * * * * * * * * * * * * * *
 * 程序名:change3.c                     *
 * 交换两个整数值                        *
* * * * * * * * * * * * * * * * * * * * * * * * * * * * * * * * * * * * * * * /
# include < stdio.h>
# include < stdlib.h>
void change(int * x, int * y)
{
    int z;
    z= * x;
    * x= * y;
```

```
    * y= z;
}
int main()
{
    int a,b;
    printf("Please input two numbers:");
    scanf("% d % d", &a, &b);
    change(&a,&b);
    printf("a= % d,b= % d\n",a,b);
    return 0;
}
```

程序的运行结果为：

```
Please input two numbers:10 20 ↙
a= 20,b= 10
```

(1) 主函数调用 change 函数时，实参为 &a 和 &b，因此形参的指针变量 x 和 y 分别指向变量 a 和 b。交换前，a、b 的值分别为 10 和 20。执行 change 函数时，借助变量 z，完成了 * x 和 * y 交换，即 a 和 b 实现了交换，如图 11.8 所示。

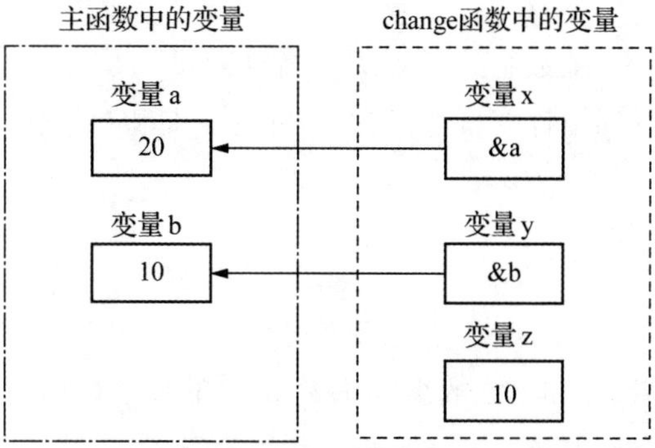

图 11.8　例 11.4 中各变量的内存单元示意图

(2) 程序中，形参为指针类型，实参为地址类型，其实实参也可以修改为指针变量形式，只要将主函数稍作修改即可。程序运行结果略。

```
/* * * * * * * * * * * * * * * * * * * * * * * * * * * * * * * * * * * * * * *
 * 程序名:change4.c                        *
 * 交换两个整数值                          *
* * * * * * * * * * * * * * * * * * * * * * * * * * * * * * * * * * * * * * * /
# include < stdio.h>
# include < stdlib.h>
void change(int * x, int * y)
{
    int z;
    z= * x;
    * x= * y;
    * y= z;
}
```

```
int main()
{
    int a, b, * p1, * p2;
    p1= &a;
    p2= &b;
    printf("Please input two numbers:");
    scanf("% d % d", &a, &b);
    change(p1, p2);              /* 使用指针变量作函数参数 * /
    printf("a= % d,b= % d\n", a,b);
    return 0;
}
```

11.2 数组与指针

由于数组在内存中占用一片连续的内存空间，因此数组元素的地址也是连续的。若有一指针变量指向数组的起始元素，那么通过该指针变量可以访问数组中的其他元素。由此可见，指针和数组的关系极为密切。

11.2.1 指针与一维数组的联系

如何建立指针变量与一维数组的联系呢？指针变量就是存放变量地址的变量，若将数组中某个元素的地址放置到指针变量中，那么指针变量即和数组建立了联系。

例如：

```
int a[10], * pa;
pa= &a[0];
```

这里定义了指针变量 pa 和一维数组 a，并将 a[0]的地址(即数组的起始元素的地址)赋给指针变量，那么指针变量 pa 指向 a[0]，* pa 就等价于 a[0]。

如果需要将指针变量指向 a[0]，除了使用语句“pa=&a[0];”外，还可以写成：

```
pa= a;
```

因为在 C 语言中，数组名是地址常量，表示数组在内存中的起始地址，它和 &a[0]的值相同。当指针变量和数组建立了关联后，和数组相关的一些操作，如数组元素的引用、数组元素的输入和输出，就可以通过指针变量来实现了。

1) 使用指针引用数组元素

第六章中介绍了使用下标法来引用数组元素，例如 a[i]表示数组中的下标为 i 的元素的值，那么 &a[i]表示元素 a[i]的地址。由于数组名 a 表示数组的起始地址，那么 a+i 也表示 a[i]的地址，如图 11.9 所示。

若有以下定义：

```
int a[10], * pa= a;
```

那么指针变量 pa 中存放 a[0]的地址，pa+i 也就是 a[i]的地址。根据以上分析，数组中元素 a[i]的地址有 4 种表示方法：&a[i]、&pa[i]、a+i、pa+i。对一维数组元素的地址作 * 运算，即可得到数组元素的内容，那么数组元素的值也有 4 种表示方法：a[i]、pa[i]、*(a+i)、*(pa+i)。

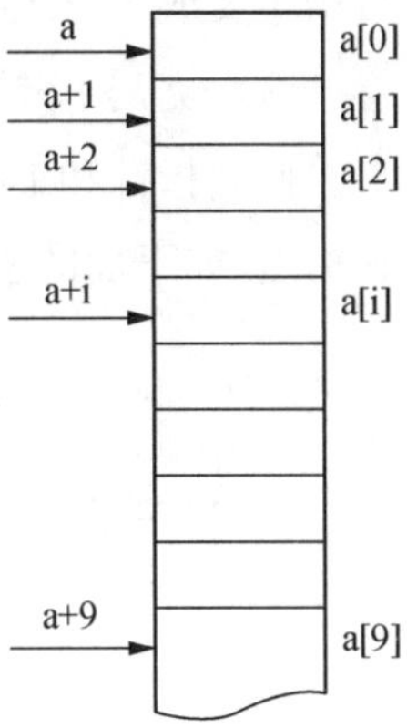

图 11.9　一维数组的结构示意图

2) 指针变量的运算

指针变量可以作自增、自减、加减一个整数、两个指针变量相减等运算，但是不能对两个指针变量做相加或相乘运算。指针变量加上或减去一个整数 n，表示将指针变量当前所指向的内存地址增加(前进)或减小(后退)n 个单位，一个单位长度为指针变量所指向的变量的长度。如果是指向整型变量的指针变量，则一个单位为 4 个字节，以此类推，指向双精度实型变量的指针变量，一个单位长度为 8 个字节。指向一维数组的指针变量通过上述运算可以灵活地引用数组中的各个元素。

例如：

```
int a[10]= {0,1,2,3,4,5,6,7,8,9}, * p1, * p2, * pa;
p1= a+ 2;
p2= a+ 5;
```

这里指针变量 p1 和 p2 分别指向数组中的元素 a[2]和 a[5]，* p1 表示 a[2]，* p2 表示 a[5]。p1、p2、pa 可以做以下运算：

(1) p2－p1：当 p1 和 p2 指向同一个数组时，p2 和 p1 作减法运算是有意义的，p2－p1 的值为(a+5)－(a+2)，也就是 3。

(2) p1[5]：可以表示为 *(p1+5)，也就是 *(a+2+5)，表达式的值为数组元素 a[7]的值。

(3) *(p1+4)：可以表示为 *(a+2+4)，也就是 *(a+6)，表达式的值为数组元素 a[6]的值。

(4) *p1+4：可以表示为 *(a+2)+4，表达式的值为数组元素 a[2]+4，即 6。

(5) pa=p1++：将指针变量 p1 的值赋给 pa，p1 指向下一元素。pa 指向 a[2]，p1 指向 a[3]，表达式的值为 a+2。

(6) pa= ++ p1：先执行 p1=p1+1，然后将其值赋给变量 pa，此时 p1 和 pa 均指向 a[3]，表达式的值为 a+3。

(7) *p1++：等价于 *(p1++)，先作 * p1 运算，取出 a[2]的值，并将 a[2]的值 2 作为表达式的值，然后指针变量前进一个单位，指向 a[3]。

(8) * ++p1：等价于 *(++ p1)，先作++p1 运算，使指针变量指向 a[3]，然后再作 * p1 运算，取出 a[3]的值，表达式的值为 a[3]的值，即 3。

(9) ++ * p1：它等价于++(* p1)，先作 * p1 运算，取出 a[2]的值，然后将 a[2]的值

自增1变成3,表达式的值也为3。

3）使用指针输入和输出数组元素

使用指针和下标都可以访问数组元素,那么就可以使用多种方法完成数组元素的输入和输出,如下面的程序所示。

```
# include < stdio.h>
# include < stdlib.h>
int main()
{
    int a[10],i, * pa;
    pa= a;
    for(i= 0;i< 10;i+ + )
        scanf("% d", pa+ i);
    for(i= 0;i< 10;i+ + )
        printf("% d", * (pa+ i));
    return 0;
}
```

其中,"scanf("%d", pa+i);"中的 pa+i 可以修改为 &pa[i]或 a+i 或 &a[i],而"printf("%d", *(pa+i));"中的 *(pa+i)可以修改 pa[i]或 *(a+i)或 a[i]。在这段程序中,虽然使用指针法来访问数组元素,但是指针变量 pa 的指向其实没有改变,始终指向的是数组元素 a[0],只是通过 pa+i 的方式来表示数组元素 a[i]的地址。在完成数组的输入和输出的 for 循环中,都是通过变量 i 来控制循环的,如果使用指针变量 pa 来控制 for 循环,那么完成数组元素输入和输出的程序可以修改如下:

```
# include < stdio.h>
# include < stdlib.h>
int main()
{
    int a[10],i, * pa;
    for(pa= a; pa< a+ 10; pa+ + )
        scanf("% d", pa);
    for(pa= a; pa< a+ 10; pa+ + )
        printf("% d", * pa);
    return 0;
}
```

此程序的第一个 for 循环用于数组元素的输入。for 循环的第一个表达式让指针变量 pa 指向数组的起始元素 a[0]。当完成 a[0]元素的输入后,执行 pa++,pa 指向下一个元素,继续进行其他数组元素的输入。由于数组最后一个元素的地址为 a+9,因此当 pa 指针为 a+10 时,循环终止。

程序的第二个 for 循环用于数组元素的输出。要注意的是,在执行第二个 for 循环之前,要将 pa 的值重新设置为数组的首地址,否则循环将无法执行。因为退出第一个 for 循环时,pa 的值为 a+10,不满足循环条件 pa<a+10。

指针变量和数组名的区别:指针变量可以作自增、自减、赋值运算,数组名则不可以,因为数组名是数组的首地址,而一个数组的首地址在整个程序运行期间是不能发生改变的,数组名相当于一个地址常量,常量是不能做赋值运算的。

【例 11.5】 使用指针编程实现例 6.3 查找元素的问题:给定一个包含 10 个整数的序列,在该序列中查找元素 m。若查找成功,则输出该元素第一次出现的位置,若查找不成功,输出“not found”。

和例 6.3 分析的求解思路类似,只是这里使用指针来求解此问题。首先需要定义一个指向数组首元素的指针变量 p,若 * p=m,则输出相应的位置,若 * p! =m,则让指针变量 p 指向下一个数组元素(即前进一个单位),继续检查其他元素。当检查到数组的最后一个元素和 m 也不相等时,则输出“not found”。程序运行结果略。

```
/* * * * * * * * * * * * * * * * * * * * * * * * * * * * * * * * * * * * * * *
 * 程序名:find2.c                        *
 * 查找元素值                            *
* * * * * * * * * * * * * * * * * * * * * * * * * * * * * * * * * * * * * * * /
# include < stdio.h>
# include < stdlib.h>
int main()
{
    int a[10], m, flag, * p;
    flag= 0;                     /* 将 flag 变量设置为标志 * /
    printf("please input 10 integers:\n");
    for(p= a;p< a+ 10;p+ + )     /* 使用指针完成数组的输入 * /
        scanf("% d",p);
    printf("please input m:");
    scanf("% d", &m);            /* 输入需查找的元素 m * /

    for(p= a;p< a+ 10;p+ + )
        if(* p= = m)             /* 判断指针指向的元素是否与 m 的值相等 * /
        {
            printf("% ld\n",p- a+ 1);
                                 /* 数组下标从 0 开始,因此 m 对应位置应是 p- a+ 1 * /
                                 /* 注意这里使用的是长整型格式说明符 ld
                                    输出两个地址的差值,使用% ld 比% d 更严格 * /
            flag= 1;             /* 若查找到元素 m,修改标志变量 * /
            break;
        }
    if(flag= = 0)                /* 没有找到元素 m,输出提示信息 * /
        printf("not found\n");
    return 0;
}
```

【例 11.6】 使用指针编程实现:输入 6 个整数,将这 6 个数按逆时针顺序转动一次后再输出。

定义指针变量 p 指向数组的起始元素,然后将 p 指向的元素(* p)放到变量 t 中,再将下一个数组元素挪到 p 当前指向的位置,之后指针变量 p 前进一个单位(即指向下一个数组元素)，此操作重复执行，直至数组中最后一个元素的值挪动前一个位置为止；最后将存放在 t 中的首元素放入数组的最后位置，如图 11.10 所示。

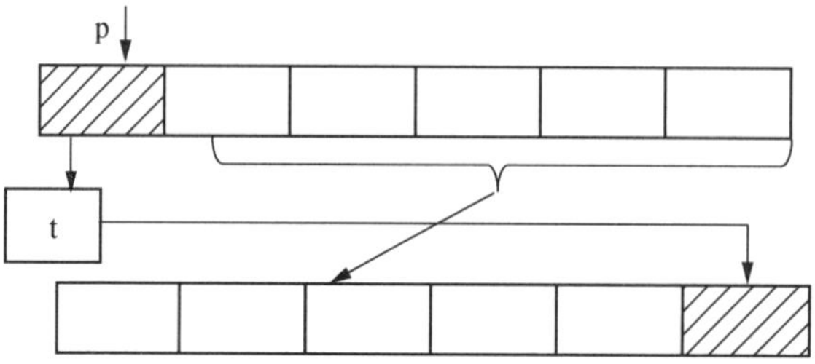

图 11.10　使用指针逆时针移动数据示意图

```
/* * * * * * * * * * * * * * * * * * * * * * * * * * * * * * * * * * * * * * *
 * 程序名:anticlockwise.c                      *
 * 逆时针顺序转动                              *
* * * * * * * * * * * * * * * * * * * * * * * * * * * * * * * * * * * * * * * /
# include < stdio.h>
# include < stdlib.h>
int main()
{
    inti, t, a[6], * p= a;
    printf("Input 6 integers:\n");
    for(i= 0; i< = 5; i+ + )
        scanf("% d", p+ i);
    t= * p;
    for(; p< = a+ 4; p+ + )
          * p= * (p+ 1);
                                        /* 将指针 p 指向的下一个位置的元素移动到
                                           指针 p 指向的位置 * /
    * p= t;                             /* 将首元素放置到数组的最后一个位置 * /
    printf("After rotation:\n");
    for(p= a; p< = a+ 5; p+ + )
       printf("% - 5d", * p);
    printf("\n");
    return 0;
}
```

程序的运行结果为：

```
Input 6 integers:
1 2 3 4 5 6↙
After rotation:
2    3    4    5    6    1
```

11.2.2　指针与二维数组的联系

要用指针处理二维数组，首先要解决从存储的角度对二维数组的认识问题。二维数组在计算机中存储时，是按行存储的，即先存储第 0 行的元素，再存储第 1 行的元素。当把每一行看作一个整体,即作为一个大的数组元素时,原来的二维数组也就变成一个一维数组了。而每个大数组元素对应原来二维数组中的一行,称为行数组元素,显然每个行数组元素都是一个一维数组。

1) 行指针和列指针

假设有一个二维数组 a,它有 3 行 4 列。我们可以把二维数组 a 看成是由 a[0],a[1],a[2]三个元素组成的一维数组,而 a[0]、a[1]、a[2]每个元素又分别是由 4 个整型元素组成的一维数组,如图 11.11 所示。

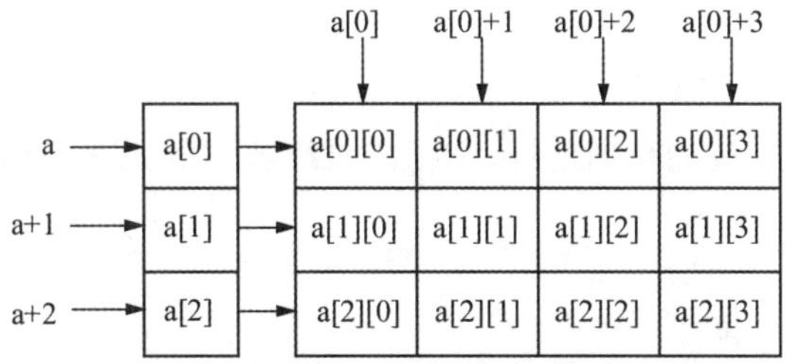

图 11.11 二维数组 a 的组成形式示意图

在一维数组中,数组名表示数组的起始地址,对于二维数组来说数组名同样表示数组的起始地址。由于二维数组由行列组成,因此数组元素的地址表示方式比一维数组要复杂得多,这里可以分成行指针和列指针两大类:

(1) 行指针

由 a[0]、a[1]和 a[2]三个元素组成的一维数组,它们的数组名为 a,那么 a 表示第一个元素 a[0]的地址(&a[0]),而 a+1 和 a+2 分别是 a[1]和 a[2]的地址。这里 a 和 &a[0]的值相同,它们表示二维数组第 0 行的地址。由此得知,a+i 和 &a[i]的值相同,表示二维数组第 i 行的地址,此类地址均属于行指针。

(2) 列指针

二维数组的每行由 4 个元素组成,每行的 4 个元素组成一个数组,而 a[0]、a[1]、a[2]可以看成每行的一维数组名。由于数组名代表数组首元素的地址,因此 a[0]代表第 0 行一维数组首元素 a[0][0]的地址,即 &a[0][0]。由此可知,a[0]和 &a[0][0]的值相同,表示第 0 行第 0 列元素的地址。表达式 a[0]+1 则代表下一个元素 a[0][1]的地址(&a[0][1]),表达式 a[0]+2 则代表 a[0][2]的地址(&a[0][2])。由此可知 a[0]+j 与 &a[0][j]的值相同。

推而广之,a[i]指向第 i 行的首元素 a[i][0],a[i]和 &a[i][0]都表示第 i 行第 0 列元素的地址。第 i 行第 j 列元素的地址可以表示为 &a[i][j]、a[i]+j。当指针表示的是二维数组元素的地址时,这类地址均属于列指针。

下面来讨论二维数组这两类指针的关系,考虑 a[i]的双重身份:一方面 a[i]是二维数组这个特殊一维数组的一个元素,它的地址可以表示为 &a[i];另一方面 a[i]又是这一行一维数组的数组名,是这个一维数组首元素的指针。因此从数值的角度来看,a+i、&a[i]、a[i]、

*(a+i)和 &a[i][0]这 5 个表达式的值是相同的，但是前两个表达式表示的是二维数组第 i 行的行指针，而后 3 个表达式表示的是二维数组第 i 行第 0 列的列指针。若对行指针 a+i 作 * 运算，可得到列指针 *(a+i)，对列指针继续做 * 运算，可得到 * *(a+i)，即数组元素 a[i][0]。

从上面的分析中，可以得到以下等价关系：

- 第 i 行的指针：a+i ⇔&a[i]
- 第 i 行第 j 列的指针：*(a+i)+j ⇔a[i]+j ⇔&a[i][j]
- 第 i 行第 j 列的元素：a[i][j] ⇔ *(a[i]+j) ⇔ *(*(a+i)+j)

2）指向列的指针变量

指向列的指针变量存放的是列地址，它指向二维数组的元素，其定义方式和指向变量相同，如有以下定义：

```
int a[3][4], * pa, * pb;
pa= &a[0][0];
pb= pa+ 5;
```

这里指针变量 pa 指向二维数组第 0 行第 0 列的元素 a[0][0]，* pa 即为元素 a[0][0]。pb 的值为 pa+5，表示指针 pa 后移 5 个元素，即指向元素 a[1][1]，* pb 即为 a[1][1]。

变量 pa 和 pb 均为指向列的指针变量，因此只能赋列指针，不能使用行指针对其进行赋值。读者一定要理清行指针、列指针和数组元素三者之间的关系。

若有赋值语句：

```
pa= a[0];
pa= &a[0];
```

那么第一条赋值语句是正确的，a[0]表示的是第 0 行第 0 列的元素地址，而第二条赋值语句则是错误的，因为 &a[0]为行地址。

3）指向行的指针变量

二维数组的每行可以看成是由若干个元素组成的一维数组，二维数组的行指针表示的是行方向的地址，那么指向行方向的指针和指向列方向的指针是有区别的，其定义方式也不同。指向由 n 个元素组成的一维数组的指针变量的定义格式为：

```
数据类型  (* 指针变量名)[n];
```

定义时数据类型必须与指向的数组的类型一致，方括号中的 n 是一个整型常量，必须与指向的二维数组的列数一致。

例如：

```
int  a[3][4],(* pa)[4];
pa= a;
```

这里将二维数组名 a 赋值给指针 pa，指向二维数组的第 0 行。由于 pa 为指向行的指针，因此只能将行指针赋值给 pa。下面来分析以下表达式：

(1) pa=&a[0]：pa 指向二维数组第 0 行，为行指针。

(2) * pa：表示数组首元素 a[0][0]地址，即是 a[0][0]。

(3) * pa+2：表示数组元素 a[0][2]的地址，即 &a[0][2]。

(4) *(pa+2)：表示数组元素 a[2][0]的地址，即 &a[2][0]。

(5) *(pa+2)+2：表示数组元素 a[2][2]的地址，即 &a[2][2]。

(6) *(*(pa+2)+2)：表示数组元素 a[2][2]的值。

(7) ++pa：表示指针变量前进一行，相当于 &a[1]。

(8) ++a：不合法的表达式，因为二维数组名是指针常量，不能进行自增操作。

4) 使用指针完成二维数组元素的输入输出

下面的两个程序分别使用列指针和行指针完成二维数组元素的输入和输出。

```
/* * * * * * * * * * * * * * * * * * * * * * * * * * * * * * * * * * * * * * *
 * 程序名:input_output_1.c            *
 * 使用列指针实现二维数组元素的输入和输出 *
* * * * * * * * * * * * * * * * * * * * * * * * * * * * * * * * * * * * * * * /
# include < stdio.h>
# include < stdlib.h>
# define M 3
# define N 4
int  main()
{
    int a[M][N], * pa,i, j;                /*  pa 为列指针 * /
    FILE * fp;

                                           /* 打开文件 * /
    if ((fp =  fopen("data.txt", "r")) = =  NULL)
    {
        printf("% s can't be opened\n", "data.txt");
            exit(1);
    }

                                           /* 使用列指针将文件中数据读出并存放到数组 a
中 * /
    for(pa= a[0]; pa< = a[0]+ M* N- 1; pa+ + )
        fscanf(fp, "% d", pa);

                                           /* 使用列指针将数组 a 中数据输出 * /
    printf("a[% d][% d]:", M, N);
    for(pa= a[0]; pa< = a[0]+ M* N- 1; pa+ + )
    {
        if((pa- a[0]) % 4= = 0)
            printf("\n");
        printf("% 5d", * pa);
    }
```

```
    printf("\n");

                                              /* 关闭文件 * /
    if(fclose(fp) ! = 0 )
        printf("Error in closing the file % s.\n", "data.txt");

    return 0;
}
```

图 11.12　data.txt 中的原始数据

原始数据 data.txt 如图 11.12 所示，程序中打开文件的代码使用了相对路径，即文本文件 data.txt 和可执行文件 input_output_1.exe 文件要处在同一个文件夹中。程序的运行结果为：

```
a[3][4]:
    1    2    3    4
    5    6    7    8
    9   10   11   12
```

下面程序使用行指针实现二维数组元素的输入和输出。

```
/* * * * * * * * * * * * * * * * * * * * * * * * * * * * * * * * * * * * * *
 * 程序名:input_output_2.c                          *
 * 使用行指针实现二维数组元素的输入和输出            *
* * * * * * * * * * * * * * * * * * * * * * * * * * * * * * * * * * * * * * * /
# include < stdio.h>
# include < stdlib.h>
# define M 3
# define N 4
int  main()
{
    int a[3][4], j, (* pb)[4];               /* pb 为行指针 * /
    FILE * fp;

                                             /* 打开文件 * /
    if ((fp =  fopen("d:\\chp11\\data.txt", "r")) = = NULL)
    {
        printf("% s can't be opened\n", "data.txt");
        exit(1);
    }
```

```
                                        /* 使用行指针将文件中数据读出并存放到数组 a 中 * /
    for(pb= a; pb< = a+ M- 1; pb+ + )
        for(j= 0; j< = N- 1; j+ + )
            fscanf(fp, "% d", * pb+ j);

                                        /* 使用行指针将数组 a 中数据输出 * /
    printf("a[% d][% d]:\n", M, N);
    for(pb= a; pb< = a+ M- 1; pb+ + )
    {
        for(j= 0; j< = N- 1; j+ + )
            printf("% 5d", * (* pb+ j));
        printf("\n");
    }

                                        /* 关闭文件 * /
    if(fclose(fp) ! = 0 )
        printf("Error in closing the file % s.\n", "data.txt");
    return 0;
}
```

程序中打开文件的代码使用了绝对路径，即文本文件 data. txt 必须放在 D 盘根目录的 chp11 文件夹中(注意路径需要书写两个“\”)，读者也可以根据自己的实际情况修改路径。若操作系统为类 Unix(如 Mac 操作系统)，fopen 代码可能需要修改为 if((fp = fopen("/Users/yourname/chp11/data. txt", "r")) == NULL)，程序的运行结果同 input_output_1. c。

程序 input_output_1. c 中，pa 定义为列指针变量，其初值为 a[0]，指向数组第 0 行第 0 列的元素。当执行 pa++时，pa 后移，指向下一个元素。a[0]+12 表示数组最后一个元素 a[2][3]的下一个地址，当 pa 指向该位置时，表示数组中所有元素已经访问结束。程序中的两个 for 循环分别完成数组元素的输入和输出。第二个 for 循环中 if 语句的作用是输出 4 个数据后换行。

程序 input_output_2. c 中，pb 定义为行指针变量，其初值为 a，指向数组的第 0 行。第一个嵌套的 for 循环用于完成二维数组元素的输入，外层循环表示指针 pb 指向数组的各行，内层循环通过变量 j 表示数组的各列。pb 的初值为 a，那么 * pb+j 表示第 0 行第 j 列元素的地址，利用 scanf 函数完成第 0 行所有元素的输入。当执行 pb++时，pb 前进一行，指向数组的第 1 行，通过内层关于 j 的循环，即可完成第 1 行所有元素的输入。此过程不断重复，直至二维数组所有行完成输入。第 2 个嵌套的 for 循环用于数组元素的输出，其执行过程和第 1 个 for 循环相同。

【例 11.7】 使用指针编程实现例 6. 6 的问题：从键盘给 4 ×4 的整型矩阵输入数据，并求出该矩阵的最大值。

使用指针求解二维数组的最大值，那么需要定义一个指向二维数组元素的指针变量(如 p)和一个指向最大值的指针变量(如 pMax)。首先将指针变量 p 和 pMax 初始化为数组元素 a[0][0]的地址,然后通过循环使指针变量 p 依次指向数组中的每个元素,判断数组中的每个元素和 pMax 指向的元素的大小关系。若指针变量 p 所指向的元素大于 pMax 指向的元素,则将 pMax 的值改为 p 的值。

```
/* * * * * * * * * * * * * * * * * * * * * * * * * * * * * * * * * * * * * * *
 * 程序名:pMax.c                        *
 * 使用指针实现求二维数组元素的最大值     *
* * * * * * * * * * * * * * * * * * * * * * * * * * * * * * * * * * * * * * * /
# include < stdio.h>
# include < stdlib.h>
# define N 4
int main()
{
    int a[N][N], * p, * pMax, * pEnd;
    pEnd= a[0]+ N* N- 1;
                                        /* 指针 pEnd 指向二维数组的最后一个元素 * /
    printf("please input the data of array:\n");
    for(p= a[0]; p< = pEnd; p+ + )      /* 实现二维数组元素的输入 * /
        scanf("% d",p);
    pMax= a[0];
    for(p= a[0];p< = pEnd;p+ + )
                                        /* 使指针 pMax 指向数组中的最大值 * /
        if(* p> * pMax)
            pMax= p;
    printf("MAX= % d\n",* pMax);
    return 0;
}
```

(1) 程序中定义的指针变量 p、pMax 和 pEnd 都是列指针,它们均指向二维数组的元素。pEnd 变量中存放数组最后一个元素的地址,由于二维数组的大小是 N * N,pEnd 的值为 a[0]+N * N−1,也可以表示为 &a[N−1][N−1]。

(2) 第一个 for 循环用于实现数组元素的输入,当 for 循环结束后,指针变量 p 指向数组最后一个元素的下一个位置。当执行第二个 for 循环时,需要将指针变量 p 重新指向二维数组的起始位置,因此需要将 p 初始化为 a[0]。

程序的运行结果为:

```
please input the data of array:
1 3 5 7 ↙
2 4 6 8 ↙
11 22 33 44 ↙
55 66 77 88 ↙
MAX= 88
```

11.2.3 指向数组的指针作函数参数

函数参数的传递方式包含值传递和地址传递两种。在地址传递方式中,如果实参使用数组名作函数参数，形参定义为指向数组的指针变量，那么实参和形参之间可以完成正确的地址传递。

【例 11.8】 定义函数 compute，函数功能为计算 n 个学生的平均分，要求使用指针实现。程序的输入、输出部分在主函数中完成。

要求解的问题是将 n 个数求和，然后计算出平均值，其实问题本身不复杂，只是要求使用指针来实现。这里可以使用数组来存放 n 个学生的成绩，然后调用函数 compute 来计算平均分。如何将主函数中 n 个学生的成绩传递给函数 compute？方法有多种，比如第七章介绍的形参和实参都定义为数组，使得实参数组和形参数组共同占用一段内存空间。这里使用不同的方法，将形参定义为指针变量，用于接收数组的起始地址。

```
/* * * * * * * * * * * * * * * * * * * * * * * * * * * * * * * * * * * * * * *
 * 程序名:compute.c                         *
 * 使用指针计算学生的成绩平均分              *
* * * * * * * * * * * * * * * * * * * * * * * * * * * * * * * * * * * * * * * */
# include < stdio.h>
# include < stdlib.h>
float compute(float * s, int n)
{
    float ave, sum= 0, * p;
    for(p= s; p< s+ n; p+ + )                /* 计算总分 * /
        sum+ = * p;
    ave= sum/n;                              /* 计算平均分 * /
    return(ave);
}
int main()
{
    float score[50], average;
    int i, n;
    printf("Please input the number of students(1~ 50):");
    scanf("% d", &n);                        /* 输入学生人数 * /
    printf("Please input the scores:");
    for(i= 0; i< n; i+ + )                   /* 输入学生成绩 * /
        scanf("% f", score+ i);
    average= compute(score, n);
                                 /* 调用函数返回平均分,实参 score 为数组名 * /
    printf("The average score is % .1f\n", average);
    return 0;
}
```

(1) 主函数中输入了学生人数 n，将 n 个学生的成绩存放到数组 score 中，通过语句“average=compute(score, n);”调用函数 compute 完成平均分的计算。

(2) 函数 compute 的第 1 个形参 s 为指针变量，调用函数 compute 时，将实参数组 score 的起始地址传递给形参 s，那么指针变量 s 指向数组的起始元素。在 for 循环中，通过移动指针变量 s，不断将指针变量指向的元素(* p)累加到变量 sum 中。循环结束后，变量 sum 中存放了 n 个学生的总分。

程序的运行结果为：

```
Please input the number of students(1~ 50):5 ↙
Please input the scores:78 86 91 68 77 ↙
The average score is 80.0
```

在例 11.8 程序中调用函数时，实参为数组，形参为指针变量，除此调用方式外，以下三种方式均可：

（1）实参仍为数组，形参修改为数组，那么需要将函数 compute 的函数首部修改为：float compute(float s[ ], int n)或 float compute(float s[50], int n)，函数调用语句不需修改。

（2）实参修改为指针变量，形参仍为指针变量，那么需要对主函数做两处修改：

① 定义指向 score 数组起始地址的指针变量 a：

```
float score[50], average, * a= score;
```

② 函数调用语句修改为：

```
average= compute(a, n);
```

（3）实参修改为指针变量，形参修改为数组，那么和(2)一样在主函数中增加定义指针变量，同时修改形参的定义，如下面的代码片段所示：

```
/*  程序中省略的代码和例 11.8 均相同              * /
/* 函数实参为指针变量,形参为数组名                * /
float compute(float s[ ], int n)
{
    ......
}
int main()
{
    float score[50], average, * a= score;
    ......
          average= compute(a, n);        /*  调用函数返回平均分,实参 a 为指针变量 * /
    ......
}
```

【例 11.9】 扩展例 11.8 中函数 compute 的功能。函数 compute 的功能为计算 n 个学生的平均分、最高分和最低分，要求使用指针实现。程序的输入、输出部分在主函数中完成。

题目要求在函数 compute 中计算平均分、最高分和最低分。在第六章中介绍过最大值和最小值问题求解的思路，这里虽然使用指针，但方法还是类似的。本题目还有一个难点，函数通过 return 只能带回一个返回值，另外两个数据只能使用其他方法，这里可以考虑使用指针变量。

```
/* * * * * * * * * * * * * * * * * * * * * * * * * * * * * * * * * * * * * * * *
 * 程序名:compute_pointer.c              *
 * 使用指针改写 compute 函数              *
```

```
***************************************** /
# include < stdio.h>
# include < stdlib.h>
float compute(float * s, int n, float * pMax, float * pMin)
{
    float ave, sum= 0, * p;
    for(p= s; p< s+ n; p+ + )
    {
          sum+ = * p;
        if(* p> * pMax)
             * pMax= * p;              /* 修改最大值指针 pMmax 指向的内容 * /
        if(* p< * pMin)
             * pMin= * p;              /* 修改最小值指针 pMin 指向的内容 * /
    }
    ave= sum/n;                        /* 计算平均分 * /
    return(ave);
}
int main()
{
    float score[50], average, max= - 1, min= 101, * a;
    inti, n;
    printf("Please input the number of students(1~ 50):");
    scanf("% d", &n);                  /* 输入学生人数 * /
    printf("Please input the scores:");
    for(a= score; a< score+ n; a+ + )   /* 输入学生成绩 * /
        scanf("% f", a);
    a= score;
    average= compute(a, n, &max, &min);   /* 调用函数 * /
    printf("average= % .1f, max= % .1f, min= % .1f\n", average, max, min);
    return 0;
}
```

(1) 主函数中定义了指向数组起始位置的指针变量 a,然后通过 for 循环完成 n 个学生成绩的输入。当循环结束后,通过语句“a=score;”使指针重新指向数组的起始位置。

(2) 主函数中通过函数调用语句“average=compute(a, n, &max, &min);”将函数返回的平均分赋值给 average 变量,而最高分和最低分分别保存在 max 和 min 变量中。函数调用时,将第 1 个实参 a(数组的起始地址)传递给形参 s,那么形参变量接收到的是数组的起始地址;第 2 个实参 n(学生的人数)传递给第 2 个形参;第 3 个实参 &max(max 变量的地址)传递给形参 pMax,指针变量 pMax 指向实参的 max 变量;第 4 个实参 &min(min 变量的地址)传递给形参 pMin,指针变量 pMin 指向实参的 min 变量。图 11.13 为形参指针变量的指向示意图。

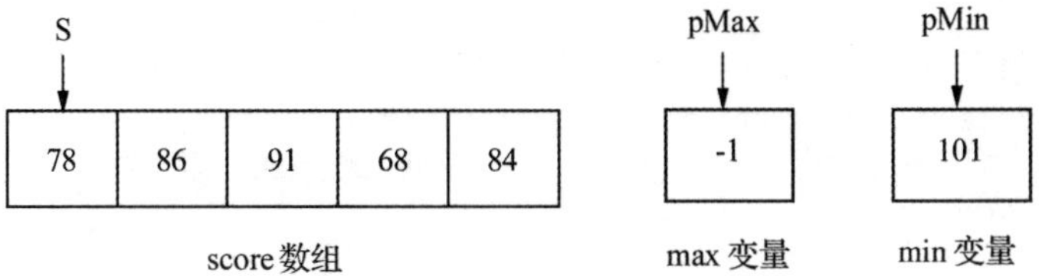

图 11.13　指针变量的指向示意图

(3) 函数 compute 中,通过 for 循环计算出最高分、最低分和平均分。指针变量 p 首先指向的是数组的起始元素,当指针变量 p 指向的数组元素的值大于指针变量 pMax 指向的变量时,需要修改 pMax 指向的变量的值,也就是修改实参变量 max 的值。循环体执行一次,指针变量 p 后移,继续判断数组中的其他元素与 * pMax 的关系。循环结束后,* pMax (max 变量)中保存的即是数组中的最大值。最低分的求解过程与最高分类似。

(4) 需要注意的是,主函数中 max 和 min 变量如果没有赋初值的话,compute 函数的 for 循环在执行第一次循环时,无法将 * pMax、* pMin 与 * p 进行比较。因此 max 和 min 变量需要赋初值,如 max=－1, min=101。

程序的运行结果为:

```
Please input the number of students(1~ 50):5 ↙
Please input the scores:78 86 91 68 75 ↙
average= 79.6, max= 91.0, min= 68.0
```

【例 11.10】 改写例 11.7,要求:定义函数 findMax,函数功能为求二维数组的最大值,程序的输入和输出部分在主函数中完成。

根据题意,自定义 findMax 函数来实现求解二维数组的最大值,需要考虑的是如何定义函数的形参,以保证主函数中可以正确地将实参传递给形参。由于主函数中,需要将二维数组的数据传递给形参,因此可以采用地址传递方式,将二维数组名作为实参,形参可以定义为指向一维数组的行指针。

```
/* * * * * * * * * * * * * * * * * * * * * * * * * * * * * * * * * * * * * * *
 * 程序名:find_max.c                        *
 * 使用指针改写 findMax 函数                  *
* * * * * * * * * * * * * * * * * * * * * * * * * * * * * * * * * * * * * * * /
# include < stdio.h>
# include < stdlib.h>
# define N 4
int findMax(int (* pa)[N])
    {
    int max, j, * p, * pEnd;
    max= * * pa;                      /* 将数组第 0 行第 0 列的元素赋给 max * /
    pEnd= * pa+ N* N- 1;
    for(p= * pa; p< = pEnd; p+ + )      /*  max 存放二维数组中的最大值 * /
        if(* p> max)
            max= * p;
    return max;
}
int main()
{
    int a[N][N], * p, max;
    printf("please input the data of array:\n");
    for(p= a[0]; p< a[0]+ N* N; p+ + )  /* 实现二维数组元素的输入 * /
        scanf("% d", p);
    max= findMax(a);
```

```
    printf("MAX= % d\n", max);
    return 0;
}
```

(1) 主函数中,使用列指针变量 p 完成数组元素的输入。调用 findMax 函数计算出二维数组的最大值,函数的实参为数组名,也就是第 0 行的地址。findMax 函数的形参为指向一维数组的行指针,可以正确接收到实参数组 a 的第 0 行的地址。

(2) findMax 函数中形参 pa 表示第 0 行的地址,max 变量的初值为 * * pa,表示二维数组第 0 行第 0 列的元素。指针变量 p 初值为 * pa,表示二维数组第 0 行第 0 列的地址。pEnd 为 * pa+N * N−1,表示二维数组最右下角元素的地址。通过 for 循环,将指针变量 p 所指向的元素依次和 max 变量进行比较。循环结束后,max 变量存放的即二维数组的最大值。

(3) 函数 findMax 的形参除了可以使用指向一维数组的指针外,也可以定义成二维数组的形式,如:

```
int findMax(int pa [N][N])
```

或

```
int findMax(int pa [ ][N])
```

提醒读者注意的是:当使用数组作形参时,其第一维的长度可以省略。和一维数组作函数参数类似,数组名作为函数的参数时,它的本质是一个指针变量。

11.3 字符串与指针

了解了指针与一维和二维的数值型数组之间的关联后,下面来学习指针如何指向字符串,建立指针与字符串之间的联系。

11.3.1 字符指针变量的定义与初始化

所谓字符指针变量就是存放字符地址的变量,其定义形式为:

```
char * 指针变量名;
```

例如:

```
char * str;
```

这里定义了字符指针变量 str,它可以指向某个字符,但究竟是哪个字符,这就需要给指针变量 str 赋值。指针变量必须先赋值再使用,这个要点是使用指针时必须牢记的。

1) 字符指针变量的初始化

例如:

```
char * str= "Love NJFU";
```

该语句看似将字符串“Love NJFU”赋值给字符指针变量 str,但实际是字符指针变量 str 中存放的是字符串“Love NJFU”起始字符‘L’的地址,也就是这个字符串的首地址,即 * str 中存放的字符为'L',如图 11.14 所示。

可以这样来理解,字符指针变量只能存放字符地址,而不是整个字符串中所有字符的地址。在进行初始化时,之所以要写出整个字符串,是为了方便编译系统把整个字符串装入连续的一块内存单元,并以'\0'作为结束标志。

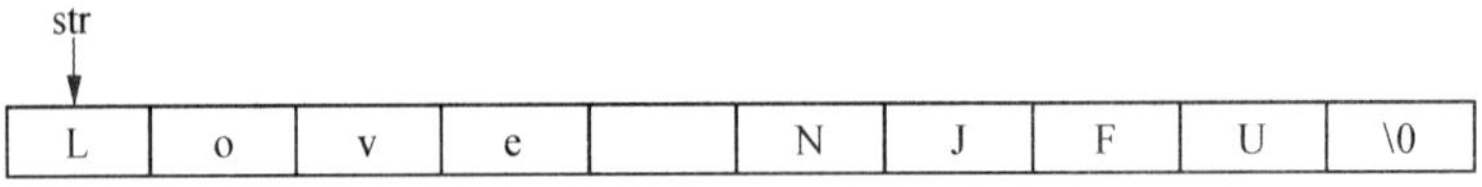

图 11.14　指向字符的指针 str

由图可以看出,字符指针变量 str 指向字符'L',那么 str+1 指向字符'o',依次类推,str+9 指向字符串的结束标志'\0'。

对于字符指针变量的赋值,也可以使用下面的方法,也就是先定义再赋值,例如:

```
char * str;
str= "Love NJFU";
```

2) 字符串的输入和输出

在第五章中介绍了使用字符数组来完成字符串的输入和输出,下面来看一下使用字符指针变量如何实现。

(1) 字符串的输入

使用字符指针完成字符串的输入,首先需要给字符指针变量赋值,也就是字符指针变量需要一个确定的指向,例如:

```
char ch[10], * str;
str= ch;
scanf("% s", str);
```

该程序段利用格式控制符%s 完成字符串的输入,输入完成后,字符指针变量 str 指向输入的字符串的起始字符。

和字符数组类似,上面程序段中的“scanf("%s", str);”语句也可以替换成“fgets(str, 10, stdin);”,也就是使用 fgets 函数实现字符串的输入。两种方法的区别已在 9.2 节中详细介绍。

(2) 字符串的输出

当字符指针变量指向某个字符串,可以使用格式控制符%c、%s 或 puts 函数完成字符串的输出,例如:

```
char * str;
```

```
str= "Love NJFU";
printf("% s", str);   /* 或 puts(str); * /
```

该程序段执行后输出字符串“Love NJFU”，也就是从 str 所指向的字符开始输出，直到'\0'。

如果使用格式控制符%c，那么程序代码如下：

```
char * str= "Love NJFU";
for(; * str! = '\0'; str+ + )
   printf("% c", * str);
```

该程序段中 for 循环体执行一次，str 执行一次自增操作，指向下一个字符，直到指向'\0'时，循环结束，那么'\0'前的所有字符均可正确输出。

3) 字符指针变量和字符数组

字符指针变量和字符数组都可以用来处理字符串，两者有相似之处，但也有不同之处，读者一定要理解清楚，在编程时避免出错。

(1) 字符指针变量和字符数组都可以在定义的同时进行赋值。

例如：

```
char * str= "Love", ch[10]= "NJFU";
```

(2) 字符指针变量可以先定义再赋值，但字符数组不可以先定义再整体赋值。

例如：

```
char * str, ch[10];
str= "Love";      /* 正确的赋值语句 * /
ch= "NJFU";       /* 错误的赋值语句，只能使用 strcpy(ch, "NJFU")完成字符数组的赋值 * /
```

(3) 可以对字符指针变量进行赋值操作，但不可以对字符数组名进行赋值操作。

运行以下两段程序代码，程序 A 可以正确运行，输出字符串“NJFU”，而程序 B 出错。

```
/* 程序 A * /
# include < stdio.h>
# include < stdlib.h>
int main()
{
   char * str= "Love NJFU";
   str= str+ 5;
   printf("% s\n", str);
   return 0;
}

/* 程序 B * /
# include < stdio.h>
# include < stdlib.h>
int main()
```

```
{
    char str[ ]= "Love NJFU";
    str= str+ 5;                    /* 错误的赋值语句 * /
    printf("% s\n",str);
    return 0;
}
```

程序A定义了字符指针变量str,当执行“str=str+5;”后,str存放的是字符“N”的地址,输出时从字符“N”开始输出,直至'\0',因此运行结果为“NJFU”。

程序B定义了字符数组str,而数组名代表的是数组的首地址,相当于一个常量,因此在程序运行期间不能对数组名进行赋值操作,所以不能执行赋值语句“str=str+5;”,程序运行时会出错。

【例11.11】 使用字符指针编程实现例9.2判断回文字符串的问题。所谓回文就是相对中心左右对称的字符串。如字符串“ababcbaba”和“abddba”是回文,而字符串“abcaa”不是回文。

回文字符串的判断规则是:相对于字符串的中间位置,左右两边的字符串对称。具体的步骤是:

(1) 定义字符指针变量start、end和mid,它们分别指向字符串的起始位置,末尾位置和中间位置,如图11.15所示。

(2) 比较指针start和end指向的字符是否相同。若不同,说明该字符串不是回文,循环结束。若相同,指针start后移(即进行自增操作),指针end前移(即进行自减操作),然后继续执行步骤(2),直到字符指针start或end移动到字符指针mid处,可判断出该字符串是回文。

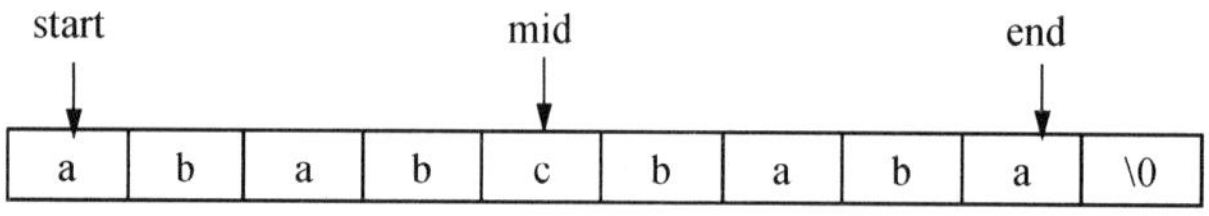

图11.15 回文判断比较示意图

```
/* * * * * * * * * * * * * * * * * * * * * * * * * * * * * * * * * * * * * * *
 * 程序名:palindrome.c                    *
 * 使用指针改写第九章的 palindrome.c      *
* * * * * * * * * * * * * * * * * * * * * * * * * * * * * * * * * * * * * * * /
# include < stdio.h>
# include < stdlib.h>
# include < string.h>
int main( )
{
    char str[50], * start, * end, * mid;
    int len;
    printf("please input a string : ");
    fgets(str, 50, stdin);
    len= strlen(str);                    /* 计算字符串的长度,包含换行符 * /
    if(len> 0 && str[len- 1]= = '\n')     /* 如果末尾是换行符,则移除它 * /
```

```
    {
        str[len- 1]= '\0';              /* 将换行符替换为字符串终止符 * /
        len= len- 1;
    }
    mid= str+ len/2;                    /* 初始化指向中间字符的指针 * /
    end= str+ len- 1;                   /* 初始化指向末尾字符的指针 * /
    for(start= str; start< mid; start+ + , end- - )
                                        /* 比较到字符串的中间位置 * /
        if(* start ! =  * end)   /* 若首尾字符指针指向的字符不同,提前跳出循环 * /
            break;
    if(start< mid)                      /* 如果提前退出循环,那么不是回文 * /
        printf("It is not a palindrome\n");
    else
        printf("It is a palindrome\n");
    return 0;
}
```

11.3.2 字符指针作函数参数

【例 11.12】 定义函数 palindrome,函数功能为判断字符串是否是回文,若字符串是回文,则返回 1,否则返回 0。程序的输入和输出部分在主函数中完成。

在例 11.11 的程序代码中,判断回文字符串的功能是在主函数中实现的,现使用自定义函数来实现,那么需要考虑的是函数的形参和函数的返回值。将字符指针作为形参,函数的返回值为 int,将例 11.11 中主函数的相关功能代码挪到函数 palindrome 中。

```
/* * * * * * * * * * * * * * * * * * * * * * * * * * * * * * * * * * * * * * *
 * 程序名:palindrome2.c                 *
 * 使用函数改写例 11.11                 *
 * * * * * * * * * * * * * * * * * * * * * * * * * * * * * * * * * * * * * * /
# include < stdio.h>
# include < stdlib.h>
# include < string.h>
int palindrome(char * string)
{
    char * start, * end, * mid;
    intlen;
    len= strlen(string);                     /* 计算字符串的长度,包含换行符 * /
    if(len> 0 && * (string+ len- 1)= = '\n')  /* 如果末尾是换行符,则移除它 * /
    {
        * (string+ len- 1)= '\0';             /* 将换行符替换为字符串终止符 * /
        len= len- 1;
    }
    mid= string+ len/2;                      /* 初始化指向中间字符的指针 * /
    end= string+ len- 1;                     /* 初始化指向末尾字符的指针 * /
    for(start= string; start< mid; start+ + , end- - )
                                             /* 比较到字符串的中间位置 * /
        if(* start ! =  * end)               /* 若不是回文,返回 0 * /
            return 0;
```

```
        return 1;                               /* 若是回文,返回 1 * /
    }
    int main( )
    {
        char str[50];
        int flag;
        printf("please input a string : ");
        fgets(str, 50, stdin);
        flag= palindrome(str);              /* 调用函数 palindrome,判断是否是回文 * /
        if(flag= = 0)
            printf("It is not a palindrome\n");
        else
            printf("It is a palindrome\n");
        return 0;
    }
```

(1) 主函数中通过语句“fgets(str, 50, stdin);”完成字符串的输入,然后调用 palindrome 函数来判断 str 数组中存放的是否是回文字符串,将函数的返回值赋给变量 flag。调用语句为“palindrome(str); ”,这里的实参是数组名,采用的是地址传递方式,也就是将数组起始地址传递给形参的字符指针变量 string,使字符指针变量 string 指向数组的起始字符。

(2) 在函数的执行过程中,若遇到 return 语句,函数调用结束。因此在自定义函数 palindrome 中,当判断出字符串不是回文时,没有使用例 11.11 的方法(使用 break 语句跳出循环),而是直接使用“return 0”结束函数的调用。在执行 for 循环时,若不是回文,那么函数将返回 0,调用结束。当 for 循环结束,说明字符串是回文,函数将返回 1。

(3) palindrome 函数采用的是字符指针变量作形参,其实也可以使用字符数组作形参。那么其函数首部也可以写成“int palindrome(char string[ ])”或“int palindrome(char string[50])”。但读者需要牢记,形参数组是指针变量,而不是常量,因此可以对其进行自增、自减操作。

【例 11.13】 定义函数 digit,函数功能为依次取出字符串中所有数字字符,形成新的字符串,并取代原字符串,程序的输入和输出部分在主函数中完成。例如原字符串为“n3a6nji9ng7”,那么提取出的数字字符串为“3697”。

题目要求提取原字符串中的数字字符,那么需要对字符串的字符依次判定是否为数字字符。问题的关键在于,当某字符为数字字符时,不能将数字字符真正地“提取”出来放到另一字符数组中(因为题目要求是新的字符串取代原字符串),只能在原来的字符串中处理。

问题的求解思路是:定义字符指针变量 p 和 q。p 指向数字字符待插入的位置,q 通过循环依次指向字符串中的每个字符。若指针变量 q 指向的字符为数字字符时,就将该数字字符赋给指针变量 p 所指向的位置,同时 p 后移(后移之后的位置为下一个数字字符存放的位置),q 也后移一个元素。当字符串中的所有字符检查完毕,字符串中只保留了数字字符。

如图 11.16(a)所示,指针变量 q 指向数字字符'3'时,那么将 q 指向的字符'3'赋给 p 指向的位置,也就是 * p= * q,然后指针变量 p 和 q 分别后移(图 11.16(b))。在图 11.16(b)中,q 指向的字符为非数字,那么 q 后移,p 的指向不变(图 11.15(c))。

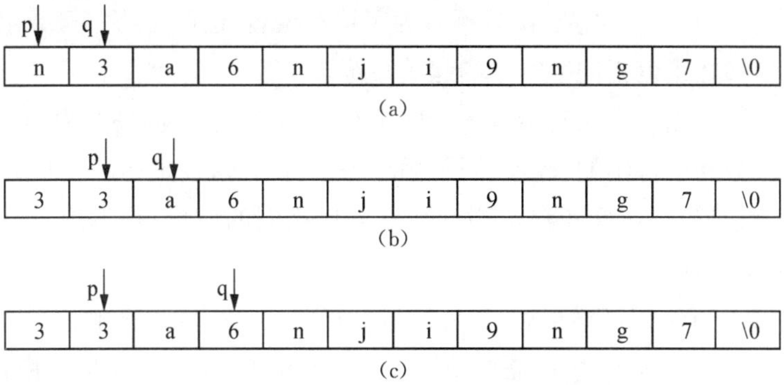

图 11.16　指针 p 和 q 移动示意图

```
/* * * * * * * * * * * * * * * * * * * * * * * * * * * * * * * * * * * * * * * *
 * 程序名:digit.c                          *
 * 取出字符串中所有数字字符                *
* * * * * * * * * * * * * * * * * * * * * * * * * * * * * * * * * * * * * * * * /
# include < stdio.h>
# include < stdlib.h>
# include < string.h>
void digit(char * string)
{
    char * p, * q;
    p= q= string;
    for(; * q! = '\0'; q+ + )         /* 从字符串首字符开始循环,直至字符串末尾 * /
        if(* q> = '0' && * q< = '9')
                                      /* 若指针 q 指向的字符为数字字符,则修改指针 p * /
        {
            * p= * q;
            p+ + ;
        }
    * p= '\0';                        /* 添加字符串结束标志* /
}
int main( )
{
    char str[50];
    int len;
    printf("please input a string : ");
    fgets(str, 50, stdin);
    len= strlen(str);                        /* 计算字符串的长度,包含换行符 * /
    if (len> 0 && str[len- 1]= = '\n')       /* 如果末尾是换行符,则移除它 * /
    {
        str[len- 1]= '\0';                   /* 将换行符替换为字符串终止符 * /
        len= len- 1;
    }
    digit(str);                              /* 调用函数 digit* /
    printf("digit string: ");
    puts(str);
```

```
    return 0;
}
```

（1）主函数中调用 digit 函数，函数实参为字符数组名，也就是将字符数组的起始地址传递给形参，使得形参数组也指向字符串的起始字符。

（2）digit 函数中，循环开始时指针 q 指向字符串的首字符，循环结束时指向'\0'，那么 for 循环的执行次数和字符串的长度相同。循环每执行一次，判定指针变量 q 指向的是否为数字字符，若是，就将该数字字符赋给指针变量 p 所指向的位置；若不是，指针变量 q 后移，继续完成其他字符的判定。

（3）digit 函数的 for 循环结束后，指针变量 p 指向的是提取出来的最后一个数字字符的下一个位置，如图 11.17 所示，因此需要使用“*p='\0';”添加字符串结束标志，否则程序输出的字符串为“3697nji9ng7”，而不是“3697”。

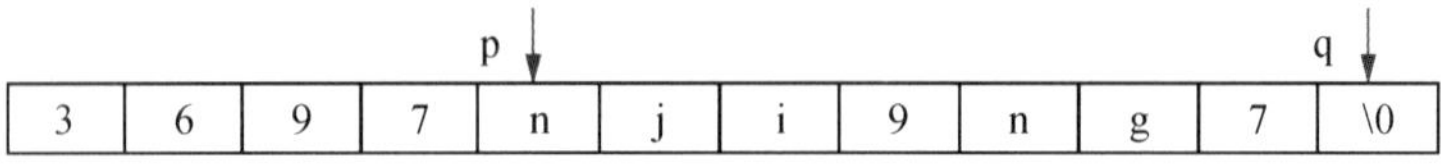

图 11.17　for 循环结束时指针的指向示意图

程序的运行结果为：

```
please input a string : n3a6nji9ng7 ↙
digit string: 3697
```

习题

一、判断题

1. 若 p 是指针变量，则 *p+1 和 *(p+1)的效果是一样的。（　）

2. 指针变量所占内存的大小与其类型有关，char 类型指针变量只占 1 个字节，double 类型指针变量占 8 个字节。（　）

3. 可以通过对指针变量自增、自减来移动指针。（　）

4. 一般情况下，指针的运用可以使程序的执行效率更高。（　）

5. 两个基类型相同的指针变量不能指向同一个对象。（　）

二、选择题

1. 以下程序段完全正确的是(　　)。

A. int *p; scanf("%d", &p);

B. int *p; scanf("%d", p);

C. int k, *p=&k; scanf("%d", p);

D. nt k, *p; *p=&k; scanf("%d", p);

2. 以下代码的输出是(　　)。

```
int a[5] = {1, 2, 3, 4, 5};
int * p = a;
p+ + ;
printf("% d", * p);
```

A. 1　　B. 2　　C. 3　　D. 0

3. 以下代码的输出是(　　)。

```
char s1[ ] = "abc";
char s2[ ] = "abc";
printf("% d", s1 = = s2);
```

A. 1　　B. 0　　C. 编译错误　　D. 随机值

4. 以下代码的输出是(　　)。

```
char str[ ] = "hello";
printf("% s", &str[1]);
```

A. ello　　B. ello\0

C. ello(后面有随机字符)　　D. 错误

5. 以下代码的输出是(　　)。

```
# include < stdio.h>
int main( ) {
    char * s= "IloveNJFU";
    while(* s+ + ! = 'e');
    printf("% c\n", * s);
    return 0;
}
```

A. N　　B. I　　C. e　　D. U

6. 有以下代码，执行程序段之后，∗(ptr+10)的值是(　　)。

```
char str[ ]= "HelloWorld";
char* ptr;
ptr= str;
```

A. '\0'　　B. '0'　　C. 不确定的值　　D. '0'的地址

7. 以下不能将 s 所指字符串正确复制到 t 所指存储空间的是(　　)。

A. while(∗t= ∗s)　{t++; s++;}

B. for(i=0; t[i]=s[i]; i++);

C. do { ∗t++= ∗s++;} while(∗s);

D. for(i=0, j=0; t[i++]=s[j++];);

8. 以下代码的输出是(　　)。

```
# include < stdio.h>
void f(int * p);
int main( )
{
    int  a[5]={1, 2, 3,  4, 5}, * r= a;
    f(r);
    printf("%d\n", * r);
    return 0;
}
void f(int * p)
{    p= p+ 3;
     printf("%d, ",* p);
}
```

A. 1,4　　B. 4,4　　C. 3,1　　D. 4,1

9. 以下代码的输出是(　　)。

```
# include< stdio.h>
void fun(int* a, int n)
{      int i, j, k, t;
       for(i= 0; i< n- 1; i+ = 2)
       {    k= i;
                for(j= i; j< n; j+ = 2)
                if(* (a+ j)> * (a+ k))
                k= j;
                t= * (a+ i);
                * (a+ i)= * (a+ k);
                * (a+ k)= t;
       }
}
int main( )
{    int aa[10]= {1, 2, 3, 4, 5, 6, 7}, i;
     fun(aa,7);
     for(i= 0; i< 7; i+ + )
        printf("% d,", * (aa+ i));
        printf("\n");
        return 0;
}
```

A. 7,2,5,4,3,6,1　　B. 1,6,3,4,5,2,7

C. 7,6,5,4,3,2,1　　D. 1,7,3,5,6,2,1

10. 以下代码的输出是(　　)。

```
# include< stdio.h>
int main( )
{    char p[ ][4]= {"abc","def","ghi"};
     int i;
     for(i= 0;i< 3;i+ + )
```

```
        puts(p[i]);
    return 0;
}
```

A. a'b'c'　　B. adg　　C. abc'def'ghi'　　D. abc

三、填空题

1. 已知下列函数的定义，则调用此函数的正确写法是________(假设变量 a 的说明为 int a[40]。

```
void fun(int * b,int c,int n,int data)
{    int k;
     for(k= 0;k< m* n;k+ + )
     {    * b= data;
          b+ + ;
     }
}
```

2. 以下程序的输出结果是________。

```
# include < stdio.h>
void point(char * pt);
int main( )
{    char b[4]= {'n','j','f','u'}, * pt= b;
     point(pt);
     printf("% c\n",* pt);
     return 0;
}
void point(char * p)
{   p+ = 3;   }
```

3. 下面函数的功能是________。

```
int sss(char * s, char * t)
{
    while((* s)&&(* t)&&(* t+ + = = * s+ + ));
    return (* s- * t);
}
```

4. 有如下代码，则 strlen(p)的结果是________。

```
char str[ ][20]= {"One* World", "One* Dream!"}, * p;
p= str[1];
```

5. 下面程序段中，for 循环的执行次数是________次。

```
char * s= "\ta\018bc";
for ( ; * s! = '\0'; s+ + )  printf("* ") ;
```

四、编程题

1. 编写一个程序,使用指针作为函数参数,交换两个整型变量的值。

2. 编写函数 void fun(int *p,int n,int upORdown),其功能是:找出 p 所指数组中的最小或最大值,并与其第 1 个元素交换。形参 n 为元素的个数,形参 upORdown 为查找标志(值为 0 时找最小值,值为 1 时找最大值)。

3. 编写一个程序,使用指针遍历一维数组,找到数组中的最大值并输出其下标和值。

4. 编写一个程序,使用指针统计字符串中大写字母的数量。

5. 编写一个函数,使用指针将两个字符串拼接为一个新字符串。

第十二章　结构体与共用体

12.1　结构体类型及其变量

数组是一种构造数据类型，它是用一个变量定义逻辑上相关的一批数据，使每个分量具有相同的名字、不同的下标，从而组织有效的循环来访问数组元素，但是数组有一个重要的特性，即一个数组变量包含的所有元素都必须为同一类型。比如，一个整型数组 int a[80]所包含的 80 个元素均为 int 型。而实际生活中处理的数据往往是由多个不同类型的数据组成的。例如，有一份员工情况登记表，其中记录了 1 000 个员工的基本信息，每个员工的信息都用一行记录来表示，每行记录都包含以下五项数据：工号、姓名、性别、出生年月、籍贯，如表 12.1 所示，这份表格的结构正好对应于 C 语言中的二维数组，但是我们却无法用数组来描述它。这是因为描述员工基本信息的五项数据类型各不相同，定义数组时，数组的基本类型无法确定。

表 12.1　员工情况登记表

工号	姓名	性别	出生年月	籍贯
0581401	陈　敏	男	2001 年 02 月	徐州
0581402	朱学清	男	2000 年 12 月	南京
0581503	张捷磊	男	2000 年 10 月	杭州
0581504	姜　旭	男	2001 年 09 月	西安
0581605	李　蕾	女	2001 年 07 月	上海
0581607	李敏强	女	2001 年 08 月	扬州
		……		
0582208	刘　秀	女	2002 年 02 月	南京

为此，C 语言提供了另一种构造类型，即"结构体"，与数组相比，使用结构体能够有效地表示类型不同而又逻辑相关的数据实体。表 12.1 中的数据，如果用结构体数组来表示，就会非常简单。

12.1.1 结构体类型的定义

由于结构体类型不是C语言提供的标准类型，为了能够使用结构体，必须先定义结构体类型，描述构成结构体类型的数据项(也称成员)，以及各成员的类型。

其定义的一般形式为：

```
struct  结构体类型名
{     数据类型    成员名 1;
      数据类型    成员名 2;
              ⋮
      数据类型    成员名 n;
};
```

例如：

```
struct person
{
    char name[50];                    //姓名
    char gender;                      //性别
    int age;                          //年龄
};
```

以上定义了一个结构体类型 person，该类型由 3 个成员构成。

说明：

1. struct 是 C 语言的关键字，不能省略。

2. 结构体类型名为用户自定义标识，struct 和结构体类型名一起构成了结构体类型标识，例如 struct person。

3. 结构体类型的成员除了可以使用基本数据类型之外，还可以是其他类型，如数组作为成员，例如 char name[50]。

4. 结构体可以嵌套定义，即结构体的成员可以是另外一个结构体类型。上面的 strcut person 结构体成员中，有一项成员为年龄 int age。年龄是每年都会增加 1 的，直接用年龄作为结构体成员并不合适，而是应该使用出生日期。因此将 struct person 修改如下：

```
struct birth
{
    int year;
    int month;
    int day;
};
struct person
{
    char name[50];                    //姓名
    char gender;                      //性别
    struct birth birthday;            //出生日期
};
```

结构体类型 struct person 的成员 birthday 就是另外一个结构体类型 struct birth。

12.1.2　结构体变量的定义

结构体变量的定义有以下三种方法：

方法一：先定义结构体类型，再定义结构体变量

```
struct birth
{
    int year;
    int month;
    int day;
};
struct birth myBirthday;
```

方法二：在定义结构体类型的同时定义结构体变量

```
struct birth
{
    int year;
    int month;
    int day;
} myBirthday;
```

方法三：直接定义结构体变量

```
struct
{
    int year;
    int month;
    int day;
} myBirthday;
```

建议在编程时使用方法一定义结构体，最为灵活便捷。

【例 12.1】　求结构体变量在内存中所占的字节数。

```
/* * * * * * * * * * * * * * * * * * * * * * * * * * * * * * * * * * * * * * *
 * 程序名:sizeof_var.c                     *
 * 计算结构体变量在内存中所占的字节数      *
* * * * * * * * * * * * * * * * * * * * * * * * * * * * * * * * * * * * * * * /
# include < stdio.h>
# include < stdlib.h>
struct birth
{
    int year;
    int month;
    int day;
};
struct info
```

```
    {
        char name[13];
        float height;
        float weight;
    };
    int main(void)
    {
        struct birth myBirth;        /* 定义了 struct birth 类型的变量 myBirth * /
        struct info myInfo;          /* 定义了 struct info 类型的变量 myInfo * /
        printf("sizeof(int):% ld\n", sizeof(int));
        printf("sizeof(float):% ld\n", sizeof(float));
        printf("sizeof(char):% ld\n", sizeof(char));
        printf("sizeof(struct birth):% ld\n", sizeof(myBirth));
        printf("sizeof(struct info):% ld\n", sizeof(myInfo));
        return 0;
    }
```

程序的运行结果为:

```
sizeof(int):4
sizeof(float):4
sizeof(char):1
sizeof(struct birth):12
sizeof(struct info):24
```

在定义了结构体变量之后,系统就会为之分配内存单元。结构体变量在内存中所占的字节数等于其各个成员所占的字节数的和。利用关键字 sizeof,即 sizeof(结构体类型名或结构体变量名)可以求得结构体长度。因此结构体 struct birth 类型,结构体 struct birth 类型的变量 myBirth 在内存中占 12 个字节(4+4+4)。同理,结构体 struct info 类型变量在内存中应占 21 个字节(13+4+4),可为何编译器会给出 24 呢?

这里要给出一个"偏移量"的概念。偏移量指的是结构体变量中成员的地址和结构体变量地址的差。结构体大小等于最后一个成员的偏移量加上最后一个成员的大小。实际中,存储变量时地址要求对齐,编译器在编译程序时会遵循两条原则:(1) 结构体变量中成员的偏移量必须是成员大小的整数倍(0 被认为是任何数的整数倍);(2) 结构体大小必须是所有成员大小的整数倍,也即所有成员大小的公倍数。

char 型数组 name 虽然占用 13 个字节,但是由于 float 型变量需要占用 4 个字节,13 不是 4 的整数倍,因此数组 name 占用的字节数为 13+3 个偏移量。

对于嵌套的结构体,如上面定义的结构体类型 struct person,计算结构体大小时,上述两条原则调整为:(1) 展开后的结构体的第一个成员的偏移量应当是被展开的结构体中最大的成员的整数倍;(2) 结构体(最终的)大小必须是所有成员(任意成员)大小的整数倍,这里所有成员计算的是展开后的成员,而不是将嵌套的结构体当作一个整体。

12.1.3 结构体变量的引用

结构体变量成员的引用形式为:结构变量名. 成员名,例如 guy. gender。". "称为成员运算符或分量运算符，优先级最高，结合方向自左向右。

若成员本身又是一个结构体类型，则必须逐级找到最低级的成员才可以使用，如 guy. birthday. year。结构体变量的成员和普通变量一样也可以进行各种运算，具体由成员的数据类型决定。

12.1.4　结构体变量的赋值和初始化

结构体变量的赋值是给各个成员赋值，可用输入函数来实现，也可以通过赋值语句实现。如：

```
scanf("% c", &guy.gender);
person.birthday.month= 12;
```

注意，不能企图对结构体变量进行整体赋值，以下两种赋值方法是错误的：

```
guy= { "马冬梅", 'F', {2011, 12, 13} };
scanf("% s,% c,% d,% d,% d", &guy);
```

如果结构体成员也是结构体类型，输入或输出时需找到最低级的成员。例如结构体变量 guy 中有成员 birthday，而 birthday 又包含成员 year、month 和 day，那么可通过以下代码实现成员 birthday 的输入和输出：

```
scanf("% d% * c% d% * c% d", &guy.birthday.year, &guy.birthday.month, &guy.birh-
day.day);
printf("% d- % d- % d\n", guy.birthday.year, guy.birthday.month, guy.birhtday.
day);
```

对结构体变量成员的使用方法与同类型的变量完全相同，如语句“guy. birthday. year＝2013;”“guy. birthday. year ＝ guy. birthday. year ＋1;”。如果两个结构体变量类型相同，则可将一个变量的值直接赋给另一个变量。例如，语句“staff2＝staff1;”实现了将结构体变量 staff1 的值赋给同类型的结构体变量 staff2。

结构体变量的初始化是指在定义结构体变量的同时，给它的各个成员赋初值，初始化的格式为：

```
struct 结构体类型名 结构体变量名= {初始数据表};
```

如：

```
struct birth
{
    int year;
    int month;
    int day;
};
struct person
{
```

```
    char name[50];           //姓名
    char gender;             //性别
    struct birth birthday;   //出生日期
};
struct person guy= { "马冬梅", 'F', {2011, 12, 13} };
```

12.2 结构体数组

一个结构体变量只可以存放一组数据，如上述一个 struct person 类型的变量只能存放一个员工的数据。如果要存放多个员工的数据，则必须定义一个结构体数组，其中每个数组元素用于存放一个员工的数据。结构体数组与普通数组的不同在于，其每个元素都为同一结构体类型的数据。结构体数组与一般数组的定义相似，其格式为：

```
struct 结构体类型名 数组名[元素个数];
```

例如：

```
struct student stu[3];
```

定义了一个 struct student 类型的数组 stu，数组中有 3 个元素。

与一般数组一样，结构体数组可以在定义的同时对每个元素进行初始化，其方法与结构体变量初始化方法相同。例如：

```
struct student stu[3]= {
    {"1101", "LiQi", 'M', 90}, {"1202", "ZhangMing", 'M', 82}, {"1123", "HeFang",
'F', 52}
};
```

对于结构体数组中各元素的引用与普通数组相同，通过下标的方式来引用每个元素，而每个元素的成员通过分量运算符“.”实现，如：stu[1].age 、stu[2].num 等。

【例 12.2】 计算学生的平均成绩和不及格的人数。

```
/* * * * * * * * * * * * * * * * * * * * * * * * * * * * * * * * * * * * * * *
 * 程序名:ave_score.c                       *
 * 计算学生的平均成绩和不及格的人数         *
* * * * * * * * * * * * * * * * * * * * * * * * * * * * * * * * * * * * * * * /
# include < stdio.h>
# include < stdlib.h>
struct student
{
    char ID[5];
    char name[15];
    char gender;
    int score;
}stu[3]= { {"1101", "LiQi", 'M', 90}, {"1202", "ZhangMing", 'M', 82}, {"1123", "He-
Fang", 'F', 52} };
```

```
int main(void)
{
    int i, count= 0;              //变量 count 用于统计不及格人数
    float ave, sum= 0;
    for(i= 0; i< 3; i+ + )
    {
        sum+ = stu[i].score;
        if(stu[i].score< 60)
            count+ + ;
    }
    ave= sum/3;
    printf("average= % .1f\ncount= % d\n", ave, count);
    return 0;
}
```

程序的运行结果为：

```
average= 74.7
count= 1
```

本例程序在 main 函数之外定义了一个全局的结构体数组 stu，共 3 个元素，并作了初始化。在 main 函数中通过 for 语句逐个累加各元素中成员 score 的值，并存于 sum 中，如果 score 的值小于 60(即不及格)，则计数器 count 加 1，循环完毕后计算平均成绩，最后输出平均分以及不及格的人数。

【例 12.3】 建立通讯录。

```
/* * * * * * * * * * * * * * * * * * * * * * * * * * * * * * * * * * * * * *
 * 程序名:friends_info.c                   *
 * 建立通讯录                              *
* * * * * * * * * * * * * * * * * * * * * * * * * * * * * * * * * * * * * * /
# include < stdio.h>
# include < stdlib.h>
# define NameLen 50
# define PhoLen 12
struct friend
{
    char name[NameLen];              //姓名
    char phone[PhoLen];              //手机号码
};
int main(void)
{
    struct friend guy[30];
    int i;
    for(i= 0; i< 3; i+ + )
    {
        printf("input name:\n");
        fgets(guy[i].name, NameLen, stdin);
        printf("input phone:\n");
        fgets(guy[i].phone, PhoLen, stdin);
```

```
    }
    printf("name\t\t\tphone\n");
    for(i= 0; i< 3; i+ + )
        printf("% s\t\t% s\n",guy[i].name, guy[i].phone);
    return 0;
}
```

本程序定义了一个结构体类型 friend,其中有两个成员 name 和 phone,分别用来表示朋友的姓名和手机号码。在主函数中定义了一个结构体数组 guy,其每个数组元素都是 friend 类型。通过循环语句对前 3 个结构体数组元素中的成员进行赋值,最后再通过循环语句将每个数组元素的成员值输出。

【例 12.4】 计算个人所得税。输入若干职工的工号、姓名、月基本工资、奖金,计算每位职工的应发工资、个人所得税和实发工资,输出每位职工的姓名,应发工资和实发工资。假设应发工资＝基本工资＋奖金。假设个人所得税的起征点为 3 500 元,具体税率如表 12.2 所示,表中的应纳税所得额＝应发工资－起征点。假设实发工资＝应发工资－个人所得税。

表 12.2　应纳税所得额及税率表

应纳税所得额	税率
不超过 1 500 元	3%
超过 1 500 元至 4 500 元	10%
超过 4 500 元至 9 000 元	20%
超过 9 000 元至 35 000 元	25%
超过 35 000 元至 55 000 元	30%
超过 55 000 元至 80 000 元	35%
超过 80 000 元	45%

(1) 数据的表示:因为每一位职工都有工号、姓名、基本工资、奖金,再加上要计算的应发工资、实发工资、个人所得税共 7 项信息,所以可以构造一个结构体类型来表示这一类的数据,1 位职工信息的表示可使用 1 个结构体变量,若干位职工信息的表示可使用 1 个结构体数组。

(2) 数据的运算:要计算应发工资、个人所得税和实发工资。应发工资＝基本工资＋奖金,实发工资＝应发工资－个人所得税,都是简单的算术运算。比较复杂的运算是求每位职工的个人所得税。假设某位职工的基本工资为 3 800 元,奖金为 2 100 元。根据所给的计算规则和税率表可以得出,应发工资为 5 900 元。个人所得税起征点为 3 500 元,应纳税所得额即为 2 400(5 900－3 500)元。个人所得税为 1 500 * 3%＋(2 400－1 500) * 10%＝135(元)。所以实发工资为 5 765(5 900－135)元。

但是上述计算所得税的方法在应纳税所得额比较大时就太繁琐了,假设月收入总额为 40 500 元,则应纳税额为 37 000 元,个人所得税要分为 5 段不同的税率计算后再累加,计算公式为 1 500 * 3%+3 000 * 10%+4 500 * 20%+26 000 * 25%+(37 000−35 000) * 30% =45+300+900+ 6 500+600= 8 345(元)。为了简化计算,在实际工资管理过程中,会引入速算扣除数(速扣数)。计算公式为:月收入应纳税额×对应税率−速扣数。具体的计算过程如下:

第一步:先按应缴纳的最高级别税率统一计算,月收入应纳税所得额 * 最高级别税率。假设应纳税所得额仍为 37 000 元,则有 37 000 * 30%=11 100(元)。

但是这样前 4 段税率部分就多扣除了 1 500 * (30−3)%+3 000 * (30−10)% +4 500 * (30−20)% +26 000 * (30−25)%=405+600+450+1 300=2 755(元),仔细分析一下,这个 2 755 其实是个固定的数值,是应纳税所得额对应的最高税率为 30%时在简化计算的第一步多算的个人所得税,也就是税率 30%对应的速算扣除数。不同税率级别的速算扣除数如表 12.3 所示。大家可以尝试自己计算每个税率级别的速扣数。

表 12.3　应纳税额、税率及速扣数表

应纳税所得额	税率	速算扣除数(元)
不超过 1 500 元	3%	0
超过 1 500 元至 4 500 元	10%	105
超过 4 500 元至 9 000 元	20%	555
超过 9 000 元至 35 000 元	25%	1 005
超过 35 000 元至 55 000 元	30%	2 755
超过 55 000 元至 80 000 元	35%	5 505
超过 80 000 元	45%	13 505

第二步:第一步的运算结果减去速算扣除数。同样假设应纳税所得额仍为 37 000 元,则计算 11 100−2 755=8 345(元)。即月收入总额为 40 500 元,需要缴纳 8 345 元的个人所得税。

```
/****************************************
 * 程序名:income_tax.c                *
 * 计算员工的个税和实发工资            *
****************************************/
# include < stdio.h>
# include < stdlib.h>
# define N 10
# define Threshold 3500                 // 个税起征点
struct wage
{
    char ID[20];                        //工号
    char name[20];                      //姓名
    float basWage;                      //基本工资
    float bonus;                        //奖金
    float shouldWage;                   //应发工资
```

```
    float incomeTax;                        //个人所得税
    float realWage;                         //实发工资
};
int main(void)
{
    struct wage staff[N];
    int n, i;
    float taxable;                          //应纳税所得额
    printf("请输入员工人数(< = 10):");
    scanf("% d", &n);
    printf("\n 请输入员工工资信息:        \n 工号\t 姓名\t 基本工资\t 奖金\n");
    for(i= 0; i< n; i+ + )
    {
        scanf("% s % s % f % f", staff[i].ID, staff[i].name, &staff[i].basWage,
&staff[i].bonus);
staff[i].shouldWage= staff[i].basWage+ staff[i].bonus;
        taxable= staff[i].shouldWage- Threshold;
        if(taxable< 0)
            taxable= 0;
        if(taxable> 80000)
            staff[i].incomeTax= taxable* 0.45- 13505;
        else if(taxable> 55000)
            staff[i].incomeTax= taxable* 0.35- 5505;
        else if(taxable> 35000)
            staff[i].incomeTax= taxable* 0.3- 2755;
        else if(taxable> 9000)
            staff[i].incomeTax= taxable* 0.25- 1005;
        else if(taxable> 4500)
            staff[i].incomeTax= taxable* 0.2- 555;
        else if(taxable> 1500)
            staff[i].incomeTax= taxable* 0.1- 105;
        else
            staff[i].incomeTax=  taxable* 0.03;
        staff[i].realWage= staff[i].shouldWage- staff[i].incomeTax;
    }
    printf("\n 经计算个人所得税后:");
    printf("\n 姓名\t 应发工资\t 个税\t 实发工资\n");
    for(i= 0; i< n; i+ + )
    {
        printf("% s\t% .2f\t\t",staff[i].name, staff[i].shouldWage);
        printf("% .2f\t% .2f\n",staff[i].incomeTax, staff[i].realWage);
    }
    printf("\n");
    return 0;
}
```

程序的运行结果为:

请输入员工人数(< = 10):3 ↙

请输入员工工资信息:

```
工号    姓名      基本工资    奖金
001     张东      3800       2100 ↙
002     李莉      2345       445 ↙
003     陈国栋    3650       2450 ↙

经计算个人所得税后：
姓名    应发工资    个税      实发工资
张东    5 900.00   135.00    5 765.00
李莉    2 790.00   0.00      2 790.00
陈国栋  6 100.00   155.00    5 945.00
```

12.3　指向结构体的指针

一个结构体变量通常由多个成员构成，系统需要分配相应的一段连续空间来存放所有成员，这段内存空间的起始地址就是该结构体变量的首地址。因此可以定义与之相对应的结构体类型的指针变量，用来指向一个结构体变量或结构体数组。

12.3.1　指向结构体的指针变量定义

指向结构体的指针变量的定义的一般形式为：

```
struct 结构体类型名 * 指针变量名;
```

如：

```
struct student
{
    char ID[5];
    char name[50];
    char gender;
};
struct student stu, * ptStu;
```

ptStu 为指向结构体类型 struct student 的指针变量，可以用结构体变量地址为其赋值，如 ptStu=&stu。这样 ptStu 就指向结构体变量 stu 了。结构体变量 stu 在内存中占用 56 个字节(5+50+1)，而结构体指针变量 ptStu 在内存中占用 8 个字节，即不论指针指向何种结构体变量或数组，都只占用 8 个字节，与用户如何定义结构体类型无关。

【例 12.5】 验证结构体类型指针占用字节数。

```
/* * * * * * * * * * * * * * * * * * * * * * * * * * * * * * * * * * * * * * *
 * 程序名:sizeof_pointer.c                *
 * 结构体类型指针占用字节数               *
* * * * * * * * * * * * * * * * * * * * * * * * * * * * * * * * * * * * * * * /
# include < stdio.h>
# include < stdlib.h>
struct student
```

```
{
    char ID[5];
    char name[50];
    char gender;
};
struct friend
{
    char name[50];
    char phone[50];
};
int main(void)
{
    struct student stu, * ptStu;
    struct friend fri, * ptFri;
    printf("sizeof(stu)= % ld sizeof(ptStu)= % ld\n", sizeof(stu), sizeof(ptS-
tu));
    printf("sizeof(fri)= % ld sizeof(ptFri)= % ld\n", sizeof(fri), sizeof(pt-
Fri));
    return 0;
}
```

程序的运行结果为：

```
sizeof(stu)= 56 sizeof(ptStu)= 8
sizeof(fri)= 100 sizeof(ptFri)= 8
```

指向结构体的指针变量也可以用来指向结构体数组。例如：

```
struct student stu[4], * p;
p= stu;
```

这样，p 就指向结构体数组元素 stu[0]。

指向结构体的指针变量还可以作为结构体成员。例如：

```
struct student
{
    char ID[5];
    char name[50];
    char gender;
    struct student * next;
};
```

next 为指向结构体类型 struct student 的指针变量。利用结构体指针变量作成员指向与其相同结构体类型的形式一般用于构造链表。

12.3.2 利用结构体指针变量引用成员

引入指针后，利用结构体指针变量引用结构体成员自然有（＊结构体指针变量名）.成员名这种方式。这里还要介绍一个运算符“－＞”，它称为指向运算符，优先级最高，结合方向自左向右,也可以引用结构体变量成员。因此引用结构体变量成员有以下三种方法:结构体变量名.成员名,(结构体指针变量名).成员名,结构体指针变量名－＞成员名。有:

```
struct student
{
    char ID[5];
    char name[50];
    char gender;
};
struct student stu, * pt;
pt= &stu;
```

则以下方式都可以引用变量 stu 的成员:stu.ID,stu.name,stu.gender,(* pt).ID,(* pt).name,(* pt).gender,pt－＞ID,pt－＞name,pt－＞gender。

【例 12.6】 用指针变量输出结构体数组。

```
/* * * * * * * * * * * * * * * * * * * * * * * * * * * * * * * * * * * * * * *
 * 程序名:stu_pointer.c                    *
 * 用指针变量输出结构体数组                  *
* * * * * * * * * * * * * * * * * * * * * * * * * * * * * * * * * * * * * * * /
# include < stdio.h>
# include < stdlib.h>
struct student
{
    char ID[5];
    char name[50];
    char gender;
    int score;
};
int main(void)
{
    struct student * p;
    struct student stu[3]= { {"1101", "LiQi", 'M', 90}, {"1202", "ZhangMing", 'M',
82}, {"1123", "HeFang", 'F', 52}};
    printf("ID\tName\t\tScore\n");
    for(p= stu; p< stu+ 3; p+ + )
        printf("% - 8s% - 16s% d\n", p- > ID, p- > name, p- > score);
    return 0;
}
```

程序的运行结果为:

```
ID        Name         Score
1101      LiQi         90
1202      ZhangMing    82
1123      HeFang       52
```

在本程序中定义了一个结构体数组 stu,其每个数组元素都是结构体类型 struct student。在 main 函数中定义了一个指向结构体类型 struct student 的指针变量 p。在 for

循环语句的表达式1中,令p的初值为结构体数组stu的首地址,然后通过循环输出stu数组中成员的部分值。

12.3.3 用结构体类型作函数参数

使用结构体变量作函数实参有三种形式:一是将结构体变量的成员作函数实参;二是用结构体变量作函数实参;三是用指向结构体变量的指针作实参。

使用结构体变量作函数参数传递数据时需要将全部成员逐个传送,当成员为数组时,数据传送的时间和空间开销将变得非常大。因此当要传送整个结构体变量时,最好的办法就是使用指针变量作函数参数,这样由实参向形参传递的只是结构体变量的地址,从而可以大大减少运行时间,提高程序运行效率。

【例12.7】 统计候选人得票。假设有m位候选人,有n位选民,输入n位选民的选票,有效选票输入候选人的姓名,无效选票输入“无效”,弃权选票输入“弃权”。统计每位候选人的得票数,统计无效票和弃权票的票数。输出无效票和弃权票的票数,按照得票数从大到小的顺序输出每位候选人的姓名和得票数。

根据题意做如下分析:

(1) 数据的表示:每一位候选人需要确定候选人的姓名和得票数,可以构造一个结构体类型来表示,m个候选人可使用一个结构体数组表示。

(2) 数据的运算有统计和排序两种:统计每位候选人的得票数,统计无效票和弃权票的票数,这种分类统计利用算术加运算和比较运算就可以实现。

排序一般需要移动数组元素,移动元素本质上是通过赋值运算来完成,但是结构体数组的每个元素由若干成员构成,所以重排结构体数组元素位置的效率比较低。

能不能不改变结构体数组元素的位置来实现排序呢?我们可以使用一个辅助数组,在这个数组里记录需要排序的结构体数组元素的逻辑次序。表12.4中表示一个结构体数组guy,数组中存储了5位候选人的姓名及其得票数。表12.5为一辅助数组index,数组中的第一个元素的值表示的是结构体数组guy中得票数最多的人在数组guy中的下标,依此类推,辅助数组index中的最后一个元素的值表示的是结构体数组guy中得票数最少的人在数组guy中的下标。要按照得票数从大到小的顺序输出每位候选人的姓名和得票数,就可以按照数组index各元素指示的位置来依次输出数组guy中各元素的值。

我们可以设计两个函数分别实现统计和排序运算,再设计一个函数实现输出。

```
void count(struct candidate * p, int n, int * invalid, int * abstain);
void sort(struct candidate *  p, int *  index);
void print(struct candidate *  p, int *  index);
```

因为这3个函数都要处理结构体数组,所以都使用结构体指针作为函数的参数。count函数除了要实现统计每位候选人的得票数,还要统计无效票和弃权票的票数,所以又有两个int型指针变量作为参数,调用count函数之后,这两个指针所指向的变量存储统计的无效票和弃权票的票数。sort 函数实现排序，print 函数实现输出，因为排序和输出都要用到 int 型的辅助数组，所以使用了参数 int * index。

表 12.4　结构体数组 guy

杜　浩	7
高　山	8
沈春华	9
张大伟	7
赵宇轩	6

表 12.5　辅助数组 index

2
1
0
3
4

```
/* * * * * * * * * * * * * * * * * * * * * * * * * * * * * * * * * * * * * * *
 * 程序名:candidate.c                    *
 * 统计候选人得票                        *
* * * * * * * * * * * * * * * * * * * * * * * * * * * * * * * * * * * * * * * /
# include < stdio.h>
# include < stdlib.h>
# include < string.h>
# define M 5                                            /* 候选人人数 * /
# define N 10                                           /* 选民人数 * /
struct candidate
{
    char name[20];                                      /* 候选人姓名 * /
    int count;                                          /* 候选人得票数 * /
};
void count(struct candidate * p, int n, int * invalid, int * abstain, FILE * fp);
void sort(struct candidate * p, int * index);
void print(struct candidate * p, int * index);

void count(struct candidate * p, int n, int * invalid, int * abstain, FILE * fp)
                                                        /* 统计候选人票数 * /
{
    int i, j;
    char temp[20];
    for(i= 0; i< n; i+ + )
    {
        fscanf(fp, "% s", temp);
        if(! strcmp(temp, "无效"))
            (* invalid)+ + ;
        else if(! strcmp(temp, "弃权"))
            (* abstain)+ + ;
        else
            for(j= 0; j< N; j+ + )
                if(! strcmp(p[j].name, temp))
                    (p[j].count)+ + ;
    }
}
void sort(struct candidate * p, int * index)            /* 冒泡排序函数 * /
```

```
{
    int i, j, temp;
    for(i= 0; i< M; i+ + )
        index[i]= i;
    for(i= 1; i< M; i+ + )
        for(j= 0; j< M- i; j+ + )
            if(p[index[j]].count< p[index[j+ 1]].count)
            {
                temp= index[j];
                index[j]= index[j+ 1];
                index[j+ 1]= temp;
            }
}
void print(struct candidate * p, int * index)          /* 输出函数 * /
{
    int i, j;
    for(i= 0; i< M; i+ + )
    {
        j= index[i];
        printf("% - 8s: % - 3d\n", p[j].name, p[j].count);
    }
    printf("\n");
}
int main(void)
{
    struct candidate guy[M]= { {"杜浩",0}, {"高山",0}, {"沈春华",0}, {"张大伟",0},
{"赵宇轩",0} };
    int invalid= 0;                                    /* 无效票数 * /
    int abstain= 0;                                    /* 弃权票数 * /
    int index[M];                                      /* 排序时的辅助数组 * /
    FILE * fp;
                                                       /* 打开文件 * /
    if ((fp =  fopen("tickets.txt", "r")) = =  NULL)
    {
        printf("% s can't be opened\n", "tickets.txt");
        exit(1);
    }

    count(guy, N, &invalid, &abstain, fp);
    printf("经统计选票结果如下:\n");
    printf("无效票有% d票,弃权票有% d票\n", invalid, abstain);
    sort(guy, index);
    printf("\n各位候选人得票数如下:\n");
    print(guy, index);
                                                       /* 关闭文件 * /
    if( fclose(fp) ! =  0 )
        printf("Error in closing the file % s.\n", "tickets.txt");

    return 0;
}
```

候选人投票文件 tickets. txt 如图 12. 1 所示，程序的运行结果为：

```
经统计选票结果如下：
无效票有 1 票，弃权票有 1 票

各位候选人得票数如下：
沈春华：4
高山  ：2
杜浩  ：1
张大伟：1
赵宇轩：0
```

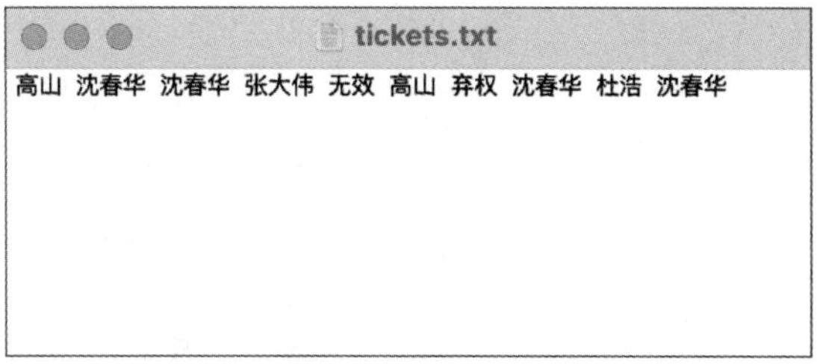
tickets.txt
高山 沈春华 沈春华 张大伟 无效 高山 弃权 沈春华 杜浩 沈春华

图 12. 1　tickets. txt

12.4　共用体类型及其变量

共用体也是一种能够将不同类型的数据组合在一起的构造类型，但它与结构体不同，它使几种不同类型的变量存放到同一段内存中，即使用覆盖技术。几个变量相互覆盖，且共占同一段内存的结构。在某一时刻，只能有一个成员起作用。

12.4.1　共用体类型及变量的定义

共用体类型的定义方法与结构体相似，只需将关键字改为 union 即可。其一般格式为：

```
union 共用体类型名
{    数据类型 成员名 1;
     数据类型 成员名 2;
          ⋮
     数据类型 成员名 n;
};
```

例如：

```
union data
{    int i;
     char c;
     float f;
};
```

共用体变量的定义方式与结构体变量的定义方式相似，也分为三种方式：

(1) 将共用体类型定义与共用体变量定义分开,例如:

```
union data
{    int i;
     char c[2];
     double d;
};
union data x, y;
```

(2) 在定义共用体类型的同时定义共用体变量,例如:

```
union data
{    int i;
     char c[2];
     double d;
}x, y;
```

(3) 直接定义共用体类型的变量,不给出共用体类型名,例如:

```
union
{    int i;
     char c[2];
     double d;
}x, y;
```

共用体变量在内存中所占的字节数等于长度最长的成员所占的字节数。如上述共用体变量 x 中三个成员 i、c、d 在内存中占用的字节数分别为 4、2、8。成员 d 占用字节最多,因此共用体变量 x 在内存中占用 8 个字节的存储空间。

12.4.2 共用体变量的使用

和结构体变量相似,共用体变量中的成员也是通过“.”和“－>”两种运算符来引用,具体引用方式有以下三种:共用体变量名.成员名,(＊共用体指针变量名).成员名,共用体指针变量名－>成员名。例如:

```
union data
{    int i;
     char c[2];
     double d;
};
union data x, *p;
p= &x;
```

对 x 中 i 成员的引用可以是:x.i,(＊p).i,或 p－>i。

注意:在输入和输出函数中不能直接对共用体变量进行输入或输出,只能对其成员进行输入和输出操作。例如 scanf("%d%s%lf", &x),程序在编译时不会报错,但运行结果会出错。改为对成员输入,scanf("%d", &x.i)就对了。

【例 12.8】 分析下面程序运行结果。

```
/* * * * * * * * * * * * * * * * * * * * * * * * * * * * * * * * * * * * * * *
 * 程序名:union.c                          *
 * 查看 union 类型变量占用字节数           *
* * * * * * * * * * * * * * * * * * * * * * * * * * * * * * * * * * * * * * * /
# include < stdio.h>
# include < stdlib.h>
union u
{
    int  a;
    char  b;
};
struct s
{
    int   a;
    char  b;
};
int main( )
{
    union u u1;
    struct s s1;
    u1.a= 10;
    u1.b= 'A';
    s1.a= 10;
    s1.b= 'A';
    printf("size of u1:% ld, size of s1:% ld\n", sizeof(u1), sizeof(s1));
    printf("u1.a:% d, u1.b:% c\n",u1.a, u1.b);
    printf("s1.a:% d, s1.b:% c\n",s1.a, s1.b);
    return 0;
}
```

程序的运行结果为:

```
size of u1:4, size of s1:8
u1.a:65, u1.b:A
s1.a:10, s1.b:A
```

从上面的运行结果可看出,对共用体变量成员的赋值,保存的是最后的赋值,前面对其他成员的赋值均被覆盖;由于结构体变量的每个成员拥有不同的存储单元,因而不会出现这种情况。

12.5 枚举类型

有时我们会遇到这种情况,即一个变量其取值的个数是有限的,如人的性别只有男和女两种,一个星期只有 7 天,一年只有 12 个月等。对于这些类型的数据,C 语言可以把其每一个可能的取值依次列举出来,这种方法称为枚举。用这种方法定义的数据类型被称为枚举类型。

枚举类型的定义形式：

```
enum 枚举类型名{枚举元素取值表};
```

如：

```
enum weekdays { sun, mon, tue, wed, thu, fri, sat };
```

定义好的枚举类型可以用来定义枚举变量，例如：

```
enum weekdays workday;
```

则 workday 的取值范围只能是 sun 到 sat，如 workday＝wed。也可以在定义枚举类型的同时直接定义枚举变量，如：

```
enum weekdays { sun, mon, tue, wed, thu, fri, sat } week_end;
```

在 C 语言编译系统中，枚举元素在定义时就根据其在列表中的序号被赋予固定的值，这个值是一个常量，在程序执行过程中是不可以动态改变的，因此对枚举元素是不能作赋值运算的。

如果在枚举元素列表中没有特别给出某个元素的序号，则默认从 0 开始编号。如有 enum weekdays { sun，mon，tue，wed，thu，fri，sat }，在该枚举元素列表中，sun 的值为 0，mon 的值为 1，以此类推。枚举元素的值也可以人为指定，如 enum weekdays { sun＝7，mon＝1，tue，wed，thu，fri，sat }，则 sun 的值为 7，mon 的值为 1，tue 的值为 2，wed 的值为 3，以此类推。

枚举类型数据可以参加如下运算：

(1) 关系运算：枚举常量也可以进行比较，如 tue＜＝wed。

(2) 赋值运算：尽管枚举元素具有整型的序号，但是要明确枚举类型和整型不是同一个类型。所以不能把一个整型的序号直接赋值给枚举变量，需要进行强制类型转换处理，如 workday＝(enum weekdays)2，即把序号为 2 的枚举常量赋值给变量 workday，相当于 workday＝tue。

(3) 算术运算：在 C 语言中可以直接对枚举类型变量进行算术运算。如果枚举类型变量 workday 要依次取值为所有的枚举元素，可以使用循环结构 for(workday＝sun；workday＜＝sat；workday＋＋)。

【例 12.9】 取球游戏。袋子中有红、黄、蓝、白四种颜色的球若干。每次从袋子中取出 3 个球，得到 3 个不同颜色球的可能取法有多少种？请编程输出每种排列的情况。

根据题意做如下分析：

(1) 数据的表示。袋子中的球的颜色只能是红、黄、蓝、白其中一种。我们可以构造一个枚举类型来表示球的颜色。这个枚举类型中列举出颜色的 4 种取值。

(2) 数据的运算，即排列组合。每次从袋子中取出 3 个球，可以引入 3 个变量 ballOne，

ballTwo、ballThree 分别表示所取球的颜色。变量 ballOne、ballTwo、ballThree 的取值均可以是红、黄、蓝、白中任意的一种，所以可用循环的嵌套来表示所取 3 个球的颜色的所有可能，假设球的颜色用 1、2、3、4 四个整数来表示，那么循环的嵌套可以如下表示：

```
for(ballOne= 1; ballOne< = 4; ballOne+ + )
    for(ballTwo= 1; ballTwo< = 4; ballTwo+ + )
        for(ballThree= 1; ballThree< = 4; ballThree+ + )
```

要得到 3 个不同颜色的球，我们可以在循环中通过比较来实现，变量 ballOne、ballTwo、ballThree 要满足 ballOne! =ballTwo && ballThree! =ballOne && ballThree! =ballTwo，伪代码如下：

```
三重循环
if(ballOne! = ballTwo && ballThree! = ballOne && ballThree! = ballTwo)
{     输出 ballOne,ballTwo,ballThree 颜色组合;
      累加;
}
```

为了减少循环的次数，我们可以对上述过程进行如下优化：

```
for(ballOne= 1; ballOne< = 4; ballOne+ + )
    for(ballTwo= 1; ballTwo< = 4; ballTwo+ + )
        if(ballOne! = ballTwo)
            for(ballThree= 1; ballThree< = 4; ballThree+ + )
                if(ballThree! = ballOne && ballThree! = ballTwo)
          {     输出 ballOne,ballTwo,ballThree 颜色组合;
                累加;
          }
```

(3) 结果的输出。最终输出 3 个球的颜色，以字符串的形式输出，所以我们可以用一个二维字符数组来存储这些字符串，这些颜色字符串在数组中的下标和枚举元素的序号对应起来，char str[4][8]={"red", "yellow", "blue", "white"}。这样，当我们要输出枚举变量 ballOne 所对应的颜色字符串时就很方便了，即 printf("%s ", str[(int)ballOne])。

```
/* * * * * * * * * * * * * * * * * * * * * * * * * * * * * * * * * * * * * * *
 *  程序名:ball_game.c                         *
 *  取球游戏                                   *
 * * * * * * * * * * * * * * * * * * * * * * * * * * * * * * * * * * * * * * /
# include < stdio.h>
# include < stdlib.h>
enum color { red, yellow, blue, white };
int main( )
{
    enum color ballOne, ballTwo, ballThree;
    char str[4][8]= {"red", "yellow", "blue", "white"};
    int count= 0;
    printf("The results are as follows.\n");
    for(ballOne= red; ballOne< = white; ballOne+ + )
```

```
        for(ballTwo= red; ballTwo< = white; ballTwo+ + )
            if(ballOne! = ballTwo)
            {
                for(ballThree= red; ballThree< = white; ballThree+ + )
                    if(ballThree! = ballOne && ballThree! = ballTwo)
                    {
                        count+ + ;
                        printf("% 4d  ",count);
                         printf("% - 7s % - 7s % - 7s\n", str[(int)ballOne], str
[(int)ballTwo], str[(int)ballThree]);
                    }
            }
    printf("\n");
    return 0;
}
```

程序的运行结果为：

```
The results are as follows.
                    1      red       yellow      blue
                    2      red       yellow      white
                    3      red       blue        yellow
                    4      red       blue        white
                    5      red       white       yellow
                    6      red       white       blue
                    7     yellow     red         blue
                    8     yellow     red         white
                    9     yellow     blue        red
                   10     yellow     blue        white
                   11     yellow     white       red
                   12     yellow     white       blue
                   13      blue      red         yellow
                   14      blue      red         white
                   15      blue      yellow      red
                   16      blue      yellow      white
                   17      blue      white       red
                   18      blue      white       yellow
                   19     white      red         yellow
                   20     white      red         blue
                   21     white      yellow      red
```

```
22       white      yellow       blue
23       white      blue         red
24       white      blue         yellow
```

习题

一、判断题

1. 结构体变量可以直接用“= =”操作符进行比较操作。（　　）

2. 共用体的所有成员占用同一段内存空间，因此所有成员的值同时有效。（　　）

3. 指针变量既可以直接指向结构体，也可以直接指向结构体中的某个成员，而不会出现编译或运行错误。（　　）

4. 结构体成员可以是另一个结构体变量。（　　）

5. 共用体的成员修改后，其他成员的值会保持不变。（　　）

二、选择题

1. 访问结构体成员的操作符是（　　）。

A. . 和－>　　B. * 和 &　　C. [ ]和( )　　D. =和==

2. 以下代码的错误是（　　）。

```
struct Book {
    char title[20];
    int pages =  100;
};
```

A. 结构体不能包含数组　　B. 成员不能直接初始化

C. 缺少分号　　D. 语法正确

3. 共用体最后一次赋值的成员的（　　）。

A. 值会被其他成员覆盖　　B. 值是唯一有效的

C. 值会被自动清除　　D. 值无法读取

4. 设有以下说明，则不正确的叙述是（　　）。

```
union un
{    int a;
     char b;
     float c;
}arr;
```

A. arr 所占的内存长度等于成员 c 的长度

B. arr 的地址和它的各成员的地址都是同一地址

C. arr 可以作为函数参数

D. 不能在定义 arr 时对它初始化

5. 若有如下说明，且 int 类型占 4 个字节，则正确的叙述为(　　)。

```
struct st
{    int a;
     int b[2];
}a;
```

A. 结构体变量 a 与结构体成员 a 同名，定义是合法的

B. 程序只在执行到该结构体时才为结构体 st 分配存储单元

C. 程序运行时为结构体 st 分配 16 个字节存储单元

D. 类型名 struct st 可以通过 extern 关键字提前引用

6. 结构体指针 struct Student *p 访问成员的代码是(　　)。

A. p->name　　B. p.name　　C. *p.name　　D. p(*name)

7. 设有一联合体变量定义如下，则执行下列语句后，正确的联合体变量 x 的值是(　　)。

```
union data
{    long a;
     float b;
     int c;
     char d;
};
union data x;
x.a= 111111;
x.b= 2222;
x.c= 2.1546;
x.d= 'R';
```

A. 111111　　B. 2222　　C. 2.1546　　D. R

8. 若有以下程序段，则以下表达式中值为 5 的是(　　)。

```
struct st
{    int n;
     int * m;
};
int a= 2,b= 3,c= 5;
struct st s[3]= { {101,&a}, {102,&c}, {103,&b} };
int main( )
{    struct st * p;
     p= s;
     …
}
```

A. (p++)->m　　B. *(p++)->m

C. (*p).m　　D. *(++p)->m

9. 设有定义："struct {char m1[10]; char m2; int n1; float n2;} t1,t2;"，若变量均已赋初值，则如下语句中错误的是(　　)。

A. t1.m1=t2.m1;　　B. t2.n1=t1.n1;

C. t2.m2=t1.m2　　D. t2.n2=t1.n2;

10. 结构体数组 struct Student stu[5]的第三个元素的访问方式是(　　)。

A. stu[2]　　B. stu[3]　　C. stu(2)　　D. stu—>2

三、填空题

1. 有如下定义 enum Color {RED, GREEN, BLUE}，则 GREEN 的值为________。

2. 若枚举定义 enum Color { RED, GREEN=5, BLUE }，则 BLUE 的值为________。

3. 枚举类型占用的内存大小通常是________。

4. 以下代码的输出是________。

```
# include< stdio.h>
struct S
{
    int x, y;
} data[2]= {10,100,20,200};
int main( )
{
    struct S p= data[1];
    printf("% d\n", + + (p.x));
    return 0;
}
```

5. 以下程序运行的结果是________。

```
# include < stdio.h>
typedef enum color{red, yellow, blue, white}color;
intmain( ){
    color a, * p;
    printf("% d, % d \n", sizeof(red), sizeof(color));
    printf("% d, % d \n", sizeof(a), sizeof(p));
    return 0;
}
```

四、编程题

1. 编写函数 int fun(STU * s,int n)，其功能是在数组中找出两科成绩之和最高的学生并返回其在数组中的下标。结构体 STU 包含学生学号 ID、学生姓名 name、学生成绩 score。

2. 构造声明一个表示日期的结构体类型，输入一个日期，计算并输出该日期是所在年份中的第几天。

3. 建立一个通讯录，存储姓名、电话号码、生日和住址。定义一个函数实现按生日从大到小依次输出通讯录信息。

4. 定义结构体 CAR，包含车辆品牌 brand(字符串)、生产年份 year、排放等级 level(A/

B/C)。编写函数 int count_clean_cars(CAR * cars, int n),统计排放等级为 A 且生产年份在 2015 年后的车辆数量。

5. 定义结构体 BOOK,包含书名 title、作者 author、价格 price。编写函数 void sort_books(BOOK * books, int n),按价格从高到低对书籍排序。

第十三章　链表简介

我们在第十二章学习了结构体变量和结构体数组，使用结构体数组能很好地存储员工的基本信息（包含工号、姓名、性别、出生日期、籍贯等），但是数组的大小是固定的（这里暂不讨论变长数组），考虑日后有新员工的加入，只能在初始时将数组定义得足够大；当有员工离职时，必须删除该员工的信息并将排列在后面的员工信息往前移动，这些操作使用数组都是比较麻烦的。有没有什么方法，方便我们存放员工信息，又不浪费内存空间，还便于插入、删除员工信息呢？这就需要使用“链表”来帮忙了。在此之前，先学习一些准备知识。

13.1　用 typedef 定义类型

C 语言除了提供基本类型和构造类型外，还允许用户通过 typedef 这个关键字定义新的类型名来代替已有的类型名。这个新的类型名和 C 语言提供的类型名一样也可以定义相应的变量。定义别名的方法如下：

```
typedef 基本类型或构造类型 别名;
```

使用良好定义的别名可以让变量含义更加清晰明了。例如：

```
typedef float MONEY;
MONEY bankSaving, stockSaving;
```

其中的变量 bankSaving 和 stockSaving 虽然是浮点数，但是一看到是 MONEY 类型即知它们是描述金钱的，一般保留 2 位小数即可。又如给一个结构体类型 student 起一个别名 STUD，也可以按以下步骤进行：

```
typedef struct student
{     int num;
      char name[10];
      char sex;
      int age;
} STUD;
STUD s1, s2;
```

上述方法还可以进一步推广到为数组、指针起别名。例如：

```
typedef int NUMBER[20];
typedef int * POINTER;
```

以上 NUMBER、POINTER 都是类型别名，可以直接用来定义新的数组或指针变量。如：

```
NUMBER a;
POINTER p1;
```

它们分别等价于：

```
int a[10];
int * p1;
```

13.2 用结构体处理链表

13.2.1 链表概述

链表是一种能够动态地进行存储单元分配的数据结构。它与数组的区别主要体现在以下两点：

(1) 数组的长度是预先定义好的，并且在整个程序运行过程中固定不变，当一个数组中的元素个数全满时就不能再增加新的元素；反之，如果数组中的元素个数远没有达到全满，则会造成存储空间的极大浪费。链表的长度可以在程序运行过程中根据需要动态增减，有多少个结点，链表就有多长，不会造成存储空间的浪费。

(2) 数组中的元素在内存中是连续存储的，因此，在一个有序的数组中插入或删除一个元素时，为了保持数组的顺序存储结构，需要对数组中的元素进行移动操作，效率很低。链表中的结点是可以不连续存储的，在链表中插入新的结点或删除结点时只需要改变结点之间的链接关系，而不需要移动数据，大大提高程序的执行效率。

根据数据之间的相互关系的不同，链表可以分为单向链表(简称单链表)、双向链表和循环链表。本章仅介绍单链表，其他两种链表在《数据结构》一书中有详细介绍，有兴趣的读者可以自行参阅。

单链表中的每个结点都包含两部分内容：一是用户需要使用的数据，称为数据域；二是下一个结点的地址，称为地址域或指针域。每个单链表都有一个头指针变量，用来存放第一个结点的地址，这个头指针变量通常用 head 表示。每个链表的最后一个结点的地址部分必须指向空地址，用 NULL 表示。单链表如图 13.1 所示。

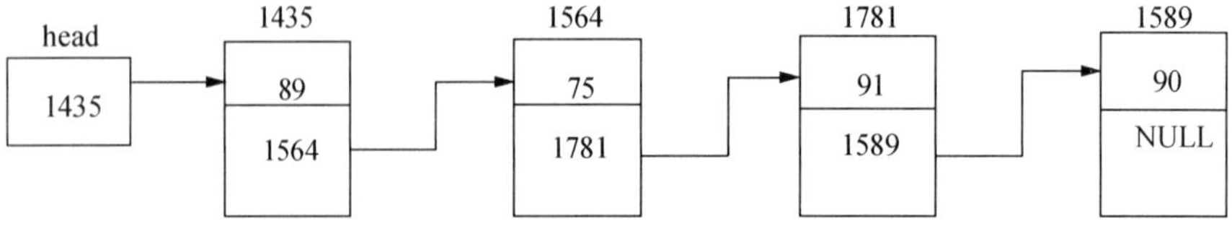

图 13.1 单链表举例

从图中可以看出，链表中各个结点是通过指针相互连接起来，就像一根铁链一样，一环扣一环，只要知道链表的起始地址，就可以顺次访问链表中的每一个结点。而链表的起始地址，即第一个结点的地址正是存放在头指针变量中，可见，头指针变量是不可缺少的，如果没有头指针变量，就无法访问整个链表。

链表中结点的数据类型通常是结构体类型，其定义方法如下：

```
struct 结构体类型名
{     成员列表;
      struct 结构体类型名 * 指针变量名;
};
```

如：

```
struct student
{ int num;
char name[10];
int score;
struct student * next;
};
```

其中，整型变量 num、score 以及字符数组 name 用于存放有用的数据，而 next 则用于存储下一个结点的地址。

13.2.2 链表的建立与输出

1）静态链表的建立与输出

静态链表是一种比较简单的链表，其所有结点都是在程序中事先定义好的，不是临时创建的。下面举一个例子说明静态链表的创建和输出过程。

【例 13.1】 利用已知的三个结点建立一个静态链表。

```
/* * * * * * * * * * * * * * * * * * * * * * * * * * * * * * * * * * * * * * *
 * 程序名:static_list.c                    *
 * 静态链表                                *
* * * * * * * * * * * * * * * * * * * * * * * * * * * * * * * * * * * * * * * /
# include < stdio.h>
# include < stdlib.h>
typedef struct number
{
    int num;
    struct number * next;
} NUM;
int main( )
{
    NUM a, b, c, * head, * p;
    a.num= 15;
    b.num= 25;
    c.num= 50;
    head= &a;
```

```
    a.next= &b;
    b.next= &c;
    c.next= NULL;
    p= head;
    while(p! = NULL)
    {
        printf("% 5d",p- > num);
        p= p- > next;
    }
    printf("\n");
    return 0;
}
```

程序的运行结果为：

```
15    25    50
```

2）动态链表的建立与输出

建立动态链表是指从无到有地建立起一个链表，其结点不是在程序中定义的，而是在程序执行过程中临时开辟的，并且要插入链表中，以保持结点之间的相互链接关系。

【例 13.2】 编写 create 函数用以创建存储学生信息（学号、姓名）的单链表，以输入学号“#”作为结束链表建立的标志，再编写 print 函数用以输出学生信息，最后在 main 函数中调用这两个函数，以实现动态链表的建立与输出。

```
/* * * * * * * * * * * * * * * * * * * * * * * * * * * * * * * * * * * * * * *
 * 程序名:dsynamic_list.c                *
 * 动态链表                              *
* * * * * * * * * * * * * * * * * * * * * * * * * * * * * * * * * * * * * * * /
# include < stdio.h>
# include < stdlib.h>
# include < string.h>
# define LEN sizeof(struct student)
typedef struct student                        //定义结构体类型
{
    char ID[4];
    char name[10];
    struct student * next;
} STU;
STU * create(void)                            //创建链表函数
{
    STU * head, * new, * tail;
    new= (STU * )malloc(LEN);                 //开辟一个新的结点空间
    tail= new;                                //将尾结点指针指向新结点
    head= new;                                //将 head 指针指向新创建的结点
    printf("Create a new list\n");
    printf("input ID and Name\n");
    scanf("% s% s", new- > ID, new- > name);
    if( ! strcmp(new- > ID, "# "))             //若输入学号为"# "
    {
```

```
        head= NULL;                         //链表为空
    }
    while(strcmp(new- > ID, "# "))          //若输入学号不为"# "
    {
        tail- > next= new;
                        //将新结点连接到尾结点,即尾结点 next 指针指向新结点
    tail= new;
                              //将新结点作为尾结点,即尾结点指针指向新结点
        new= (STU * ) malloc(LEN);
        printf("input ID and Name\n");
        scanf("% s% s", new- > ID, new- > name);
    }
    tail- > next= NULL;                     //尾结点的 next 指针设置为 NULL
    free(new);                              //释放掉新开辟的空间
    return head;                            //返回结点首地址
}
void print(STU * head)                      //输出结点函数
{    STU * p;
     p= head;
     if(head= = NULL)                       //若链表为空
        printf("list is empty\n");
    else
    {
        printf("output ID and Name\n");
    while(p! = NULL)                        //指针 p 不为 NULL
    {
            printf("% s  % s\n", p- > ID, p- > name);          //输出信息
            p= p- > next;                   //指针 p 指向下一个结点
        }
    }
}
int main(void)
{
    STU * head;
    head= create();
    print(head);
    return 0;
}
```

程序的运行结果为:

```
Create a new list
input ID and Name
001 张东↙
input ID and Name
002 李莉↙
input ID and Name
003 陈国栋↙
input ID and Name
# # ↙
output ID and Name
```

```
001   张东
002   李莉
003   陈国栋
```

说明：malloc 函数用于分配内存，调用格式为 malloc(size)，表示分配 size 个字节的空间，返回值为这段内存的起始地址。程序中“(STU ＊) malloc(LEN)”表示分配 LEN 个字节空间，并且这段空间用于存储 STU 类型的数据，“(STU ＊)”为数据类型强制转换。还有一个分配内存空间的函数为 calloc，调用格式为 calloc(n, size)，表示分配 n 段长度为 size 的空间。free 函数为释放函数，调用格式为 free(ptr)，释放由 ptr 指向的内存区，使这部分内存区能被其他变量使用；ptr 是最近一次调用 malloc 或 calloc 函数时返回的值。创建链表示意图如图 13.2 所示。

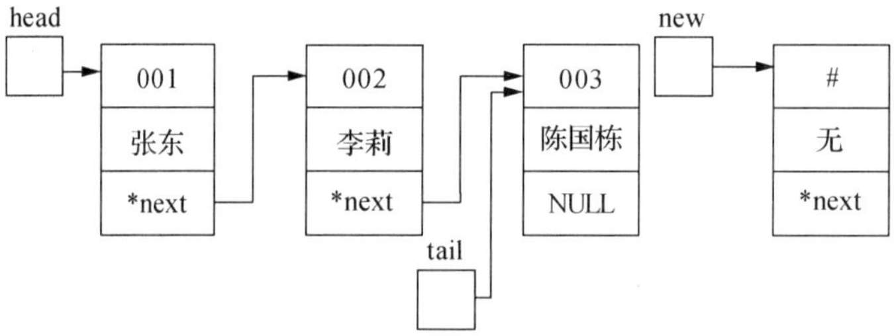

图 13.2 创建链表

13.2.3 链表的插入

链表的插入是指在链表的某一个位置上插入一个新的结点。根据新结点的位置不同，其插入操作也有所不同，主要分以下四种情况（假设指针变量 new 指向新结点，head 指向头结点，tail 指向尾结点，p0 和 p1 分别为链表中间的某两个相邻的结点，其中 p0 为前结点，p1 为后结点）：

(1) 在空表中插入新结点，只需令“head=new; new->next=NULL;”即可。

(2) 在第一个结点前面插入新结点，此时需要将新结点的指针域改为原来的第一个结点的地址，并使头指针变量指向新结点，即“new->next=head; head=new;”。

(3) 在尾结点后面插入新结点，此时需要将原尾结点的指针域指向新结点，并将新结点的指针域的值置为 NULL，即“tail->next=new; new->next=NULL;”，也可以写成“new->next = tail->next; tail->next=new;”。

(4) 将新结点插在链表中某两个相邻的结点 p0 和 p1 中，此时需要将 p0 结点的指针域改为新结点的地址，而将新结点的指针域改为 p1，即“new->next=p1; p0->next=new;”，也可以写成“new->next=p0->next; p0->next=new;”。

由上可见，第三种和第四种情况实际上处理方法是相同的，因此在编程时其实只需分三种情况考虑，一是在空表中插入新结点；二是在第一个结点之前插入新结点；三是在链表中间某个结点（包括最后一个结点）之后插入新结点。下面通过举例说明如何在链表中插入新结点。

【例 13.3】　在按学号从小到大排序的学生信息链表中，插入一个新结点，要求学号排序方式不变。

```
/* * * * * * * * * * * * * * * * * * * * * * * * * * * * * * * * * * * * * * * *
 * 程序名:insert_node.c              *
 * 插入链表结点                       *
* * * * * * * * * * * * * * * * * * * * * * * * * * * * * * * * * * * * * * * * /
# include < stdio.h>
# include < stdlib.h>
# include < string.h>
# define LEN sizeof(struct student)
typedef struct student                            //定义结构体类型
{
    char ID[4];
    char name[10];
    struct student * next;
} STU;
STU * create(void)                                //创建链表函数
{
    STU * head, * new, * tail;
    new= (STU * )malloc(LEN);                     //开辟一个新的结点空间
    tail= new;                                    //将尾结点指针指向新结点
    head= new;                                    //将 head 指针指向新创建的结点
    printf("Create a new list\n");
    printf("input ID and Name\n");
    scanf("% s% s", new- > ID, new- > name);
    if( ! strcmp(new- > ID, "# "))                //若输入学号为"# "
    {
        head= NULL;                               //链表为空
    }
    while(strcmp(new- > ID, "# "))                //若输入学号不为"# "
    {
        tail- > next= new;
                            //将新结点连接到尾结点,即尾结点 next 指针指向新结点
        tail= new;
                                   //将新结点作为尾结点,即尾结点指针指向新结点
            new= (STU * ) malloc(LEN);
        printf("input ID and Name\n");
        scanf("% s% s", new- > ID, new- > name);
    }
    tail- > next= NULL;                           //尾结点的 next 指针设置为 NULL
    free(new);                                    //释放掉新开辟的空间
    return head;                                  //返回结点首地址
}
void print(STU * head)                            //打印结点函数
{    STU * p;
     p= head;
     if(head= = NULL)                             //若链表为空
         printf("list is empty\n");
```

```
        else
        {
        printf("output ID and Name\n");
        while(p! = NULL)                         //指针 p 不为 NULL
        {
                printf("% s  % s\n", p- > ID, p- > name);    //打印信息
                p= p- > next;                    //指针 p 指向下一个结点
            }
        }
}
STU * insert(STU *  head, STU * new)             //插入结点函数
{
    STU * p0, * p1;
    p1= head;
    if(head= = NULL)                             //空表插入
    {
        head= new;
        new- > next= NULL;
    }
    else if(strcmp(new- > ID, p1- > ID)< 0)    //在第一结点之前插入
    {
        new- > next= head;
        head= new;
    }
    else                                         //在其他位置插入
    {
        while(strcmp(new- > ID, p1- > ID)> 0)
        {
            p0= p1;
            p1= p1- > next;
        }
        new- > next= p0- > next;
        p0- > next= new;
    }
    return head;
}
int main(void)
{
    STU * head, * pNew;
    head= create();
    print(head);
    pNew= (STU * )malloc(LEN);
    printf("input a new node:\n");D    printf("input ID and Name\n");
    scanf("% s% s", pNew- > ID, pNew- > name);
    head= insert(head, pNew);
    print(head);
    return 0;
}
```

程序的运行结果为：

```
Create a new list
input ID and Name
001 张东↙
input ID and Name
002 李莉↙
input ID and Name
004 朱学清↙
input ID and Name
# # ↙
output ID and Name
001   张东
002   李莉
004   朱学清
input a new node:
input ID and Name
003 陈国栋↙
output ID and Name
001   张东
002   李莉
003   陈国栋
004   朱学清
```

本程序中，insert 函数的两个形参均为指针变量，head 指向链表头，new 指向待插入的新结点。函数中首先判断链表是否为空，若为空则使 head 指向被插入结点。否则，判断是否在第一个结点之前插入，若是，则使新结点的指针域指向原来的第一个结点，再使 head 指向新结点。若不是在第一个结点之前插入，则用 while 语句循环查找插入位置，找到之后则在该结点之后插入新结点。本函数执行完后返回链表的头指针。插入结点示意图如图 13.3 所示。

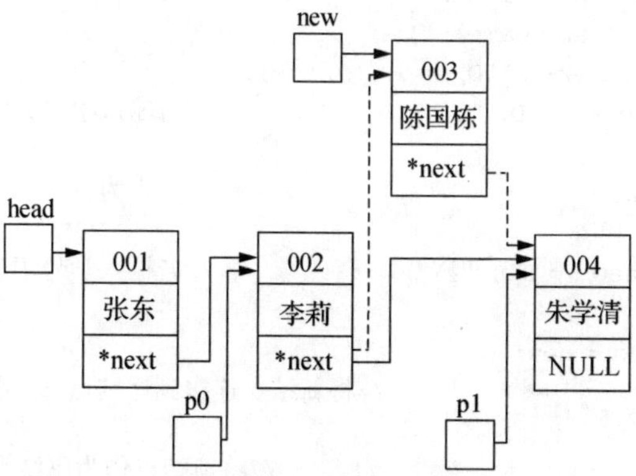

图 13.3　插入结点

13.2.4　链表的删除

链表的删除操作是指在链表中根据要求删除其中的某个结点。与插入操作类似，链表的删除操作也分为四种情况考虑：

(1) 如果待删除的链表是一张空表，则直接返回；

(2) 如果是非空表，但找不到要删除的结点，则输出未找到信息并返回；

(3) 如果待删除的结点是第一个结点，则将头指针的值改为 head=head－>next；

(4) 如果待删除的结点是链表中间或最后一个结点，假设待删除的结点为 p1，其前一个结点为 p0，则使 p0 的指针域指向 p1 的下一个结点的地址，即 p0－>next=p1－>next；

下面通过一个例子说明如何在链表中完成删除操作。

【例 13.4】 编写一个 delete 函数，完成在学生链表中将指定学号的结点删除。

```
/* * * * * * * * * * * * * * * * * * * * * * * * * * * * * * * * * * * * * * *
 *  程序名:delete_node.c                *
 *  删除链表结点                        *
* * * * * * * * * * * * * * * * * * * * * * * * * * * * * * * * * * * * * * * /
# include < stdio.h>
# include < stdlib.h>
# include < string.h>
# define LEN sizeof(struct student)
typedef struct student                       //定义结构体类型
{
    char ID[4];
    char name[10];
    struct student * next;
} STU;
STU * create(void)                           //创建链表函数
{
    STU * head, * new, * tail;
    new= (STU * )malloc(LEN);                //开辟一个新的结点空间
    tail= new;                               //将尾结点指针指向新结点
    head= new;                               //将 head 指针指向新创建的结点
    printf("Create a new list\n");
    printf("input ID and Name\n");
    scanf("% s% s", new- > ID, new- > name);
    if( ! strcmp(new- > ID, "# "))           //若输入学号为"# "
    {
        head= NULL;                          //链表为空
    }
    while(strcmp(new- > ID, "# "))           //若输入学号不为"# "
    {
        tail- > next= new;
                          //将新结点连接到尾结点,即尾结点 next 指针指向新结点
    tail= new;
                              //将新结点作为尾结点,即尾结点指针指向新结点
        new= (STU * ) malloc(LEN);
        printf("input ID and Name\n");
        scanf("% s% s", new- > ID, new- > name);
    }
    tail- > next= NULL;                      //尾结点的 next 指针设置为 NULL
    free(new);                               //释放掉新开辟的空间
    return head;                             //返回结点首地址
```

```
}
void print(STU * head)                          //输出结点函数
{    STU * p;
     p= head;
     if(head= = NULL)                           //若链表为空
        printf("list is empty\n");
    else
    {
        printf("output ID and Name\n");
    while(p! = NULL)                            //指针 p 不为 NULL
    {
            printf("% s  % s\n", p- > ID, p- > name);            //输出信息
            p= p- > next;                       //指针 p 指向下一个结点
        }
    }
}
STU  *delete(STU  *head, char  *ID)             //删除结点函数
{
    STU  *p0, *p1;
    p1= head;
    if(head= = NULL)                            //如为空表,则输出提示信息
        printf("Empty list! \n");
    else if(! strcmp(p1- > ID, ID))             //删除头结点
    {    head= p1- > next;
         free(p1);
    }
    else                                        //删除中间结点或尾结点
    {
        while (strcmp(p1- > ID, ID) && p1- > next! = NULL)
        //当 p1 所指向的结点不是要删除的结点,也不是最后一个结点时,继续循环
        {
            p0= p1;                             //p0 指向当前结点
            p1= p1- > next;                     //p1 指向下一结点
        }
        if(! strcmp(p1- > ID, ID))              //p1 所指向的结点是要删除的结点
        {
            p0- > next= p1- > next;             //p0 所指结点的指针域指向 p1 的下一结点
            free(p1);
            printf("The node is deleted\n");
        }
        else
            printf("The node has not been found! \n");
    }
    return head;
}
int main(void)
{
    STU  *head, *pNew;
    head= create();
    print(head);
    pNew= (STU * )malloc(LEN);
```

```
    printf("input a deleted node's ID:");
    scanf("% s", pNew- > ID);
    head= delete(head, pNew- > ID);
    print(head);
    return 0;
}
```

程序的运行结果为：

```
Create a new list
input ID and Name
001 张东↙
input ID and Name
002 李莉↙
input ID and Name
003 陈国栋↙
input ID and Name
004 朱学清↙
input ID and Name
# # ↙
output ID and Name
001   张东
002   李莉
003   陈国栋
004   朱学清
input a deleted node's ID:003 ↙
The node is deleted
output ID and Name
001   张东
002   李莉
004   朱学清
```

delete 函数有两个形参，head 为指向链表第一个结点的指针变量，ID 为待删除结点的学号。首先判断链表是否为空，为空则不可能有被删结点。若不为空，则使 p1 指针指向链表的第一个结点。进入 while 语句后逐个查找被删结点。找到被删结点之后再看是否为第一结点，若是则使 head 指向第二结点，否则使被删结点的前一结点指向被删结点的后一结点。如果循环结束后未找到要删的结点，则输出未找到的提示信息，最后返回 head 值。删除结点示意图如图 13.4 所示。

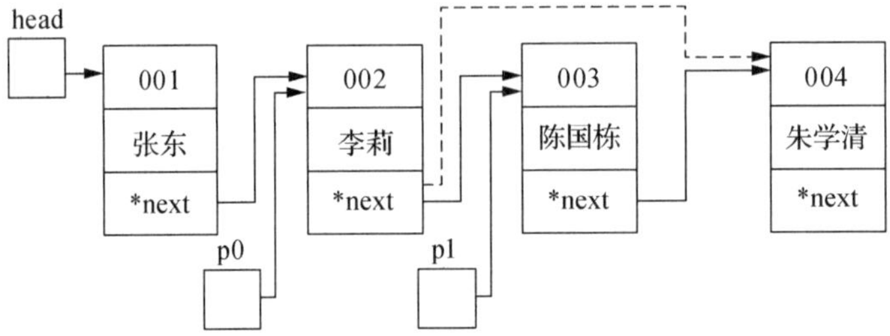

图 13.4　删除结点

习题

一、判断题

1. 链表结点必须包含数据域和指向下一个结点的指针。（　）
2. 链表的物理存储结构是连续的内存空间。（　）
3. free(node) 会自动释放链表中所有结点的内存。（　）
4. 遍历链表时必须从头结点开始逐个访问。（　）
5. 链表删除结点后，必须手动释放被删除结点的内存。（　）

二、选择题

1. 单向链表中的每个结点包含（　）指针。

A. 0　B. 1　C. 2　D. 3

2. 若有以下语句，则叙述正确的是（　）。

```
typedef struct S
{int g; char h;} T;
```

A. 可用 S 定义结构体变量　B. 可用 T 定义结构体变量

C. S 是 struct 类型的变量　D. T 是 struct S 类型的变量

3. 单向链表的头指针用于指向（　）。

A. 链表的最后一个结点　B. 链表的第一个结点

C. 链表的中间结点　D. 任意结点

4. 动态分配链表结点的代码是（　）。

A. struct Node * p = malloc(sizeof(Node));

B. struct Node * p = (struct Node *)malloc(sizeof(struct Node));

C. struct Node * p = malloc(struct Node);

D. struct Node * p = (Node *)malloc(sizeof(Node));

5. 判断链表是否为空的正确条件是（　）。

A. if (head−>next == head)

B. * * if (head == NULL) * *

C. if (head−>data == 0)

D. if (sizeof(head) == 0)

6. 合并两个有序链表的关键操作是（　）。

A. 比较结点值并调整指针　B. 直接拼接两个链表的头结点

C. 复制所有结点到新链表　D. 随机插入结点

7. 以下代码的功能是（　）。

```
struct Node * p = head;
while (p- > next ! = NULL) {
```

```
    p = p- > next;
}
```

A. 计算链表长度　　B. 找到尾结点

C. 删除尾结点　　D. 反转链表

8. 以下代码的作用是(　　)。

```
struct Node * current = head;
while (current ! = NULL) {
    printf("% d ", current- > data);
    current = current- > next;
}
```

A. 删除所有结点　　B. 遍历并打印链表

C. 反转链表　　D. 查找最大值

9. 删除头结点的代码片段是(　　)。

A. head = head－>next;　free(head);

B. struct Node *temp = head;　head = head－>next;　free(temp);

C. free(head);　head = head－>next;

D. head－>next = NULL;　free(head);

10. 若未释放已删除结点的内存,会导致(　　)。

A. 程序崩溃　　B. 内存泄漏　　C. 数据丢失　　D. 编译错误

三、填空题

1. 单向链表的遍历通常使用________循环。

2. 单向链表中的每个结点包含一个数据部分和一个________。

3. 单向链表的尾结点的指针域指向________。

4. 单向链表的主要缺点是不能________访问结点。

5. 释放整个链表内存的代码片段为

```
while (head ! = NULL) {
    struct Node * temp = _______;
    head = _______;
    free( _______ );
}
```

四、编程题

1. 实现函数 int length(Node *head),返回链表的结点数量。如有链表 5 －> 8 －> 9 ,则返回 3。

2. 实现函数 void insert_at(Node **head, int pos, int value),在链表的第 pos 个位置插入新结点(位置从 0 开始计数)。

3. 对单链表进行升序排序,如原链表为 3 → 1 → 4 → 2,排序后为 1 → 2 → 3 → 4。

4. 编写函数 Node * merge_sorted_lists(Node * list1, Node * list2),合并两个升序链表为一个新的升序链表。如有 list1 为 1 → 3 → 5,list2 为 2 → 4 → 6,合并后的结果为 1 → 2 → 3 → 4 → 5 → 6。

5. 编写函数 void list(struct data * h),其功能是:列出带头结点单链表中所有没有删除标记的数据,其中各个数据所对应的删除标记是由随机数产生的。调用这个函数时,传给形参 h 的是指向单链表头结点的指针。编写程序,调用 list 函数。例如,当 10 个结点的数据为 1,2,3,4,5,6,7,8,9,10 时,输出将是:3 4 6 7 8 9 10。data 的声明如下:

```
struct data
{
    char deleted;  //是否删除:0- 未删除,1- 删除
    int data;
    struct data *  next;
}
```

第十四章　再识指针

14.1　函数与指针

第十一章介绍了各种指针的使用方法，如指向变量的指针、指向一维数组的指针、指向二维数组的指针、指向字符串的指针等。其实，函数与指针之间还有很多的联系，如：指向函数的指针和返回值为指针类型的函数。

14.1.1　指向函数的指针

程序在编译时会给变量、数组等分配内存空间，其实函数在编译时也被分配给一个入口地址，该函数就占用从这个入口地址开始的一段连续的内存区，这个入口地址就称为函数的指针。和数组名代表数组的起始地址一样，函数名代表该函数的入口地址。存放函数入口地址的变量称为指向函数的指针变量，其定义的一般形式为：

```
数据类型  (* 指针变量名)(参数类型说明);
```

说明：

(1) 这里的"数据类型"是指函数返回值的类型。

(2) "＊指针变量名"两边的括号不能丢掉。

(3) 指针变量所指向的函数的参数个数与类型需要明确指定。

例如：

```
float  (* pf)(int, int);
```

用指向函数的指针变量调用函数时，只需将(＊指针变量名)代替函数名即可。

【例 14.1】 求整型变量 a 和 b 中的大者，要求使用指向函数的指针。

对于比较大小的问题，学习第四章后就可以编程实现，只是这里要求使用指向函数的指针来实现。这里首先定义一个指向函数的指针变量 pf，然后将函数指针 max 赋给它，这样指向函数的指针变量就指向了 max 函数，最后用(＊pf)来调用 max 函数。

```
/* * * * * * * * * * * * * * * * * * * * * * * * * * * * * * * * * * * * * * *
 * 程序名:max.c                          *
 * 指向函数的指针变量                    *
* * * * * * * * * * * * * * * * * * * * * * * * * * * * * * * * * * * * * * * */
```

```
# include < stdio.h>
# include < stdlib.h>
int max(intx,int y)
{
    int z;
    if(x> y)
        z= x;
    else
        z= y;
    return z;
}
int main( )
{
    int a,b,c;
    int  (* pf)(int, int);
    pf= max;
    printf("input two numbers:\n");
    scanf("% d % d",&a,&b);
    c= max(a,b);              /* 用函数名调用函数 * /
    printf("a= % d, b= % d, max= % d\n", a, b, c);
    c= (* pf)(a,b);           /* 用指向函数的指针变量调用函数 * /
    printf("a= % d, b= % d, max= % d\n", a, b, c);
    return 0;
}
```

程序的运行结果为：

```
input two numbers:
34 21 ↙
a= 34,b= 21,max= 34
a= 34,b= 21,max= 34
```

函数指针的调用与直接使用函数名调用在返回值处理上是完全一致的。程序中函数指针变量 pf 存储了 max 函数的地址，通过(* pf)(a, b)的调用等价于直接调用 max(a, b)。那么为何不直接调用函数，而要使用函数指针呢？主要有 3 个原因：一是可以在运行时动态决定调用哪个函数(直接调用函数在编译时就已经固定)；二是可以将函数作为参数传递给其他函数，增强代码的通用性和可复用性；三是可以实现多态、插件化架构等高级功能。函数指针就是让函数像变量一样被传递和切换。

【例 14.2】 使用冒泡法排序，实现升序或降序排序。

使用函数指针将比较规则传递给排序函数，进而实现通用排序。

```
/* * * * * * * * * * * * * * * * * * * * * * * * * * * * * * * * * * * * * * * *
 * 程序名:bubble_sort.c                    *
 * 使用函数指针传递规则                    *
* * * * * * * * * * * * * * * * * * * * * * * * * * * * * * * * * * * * * * * * /
# include < stdio.h>
# include < stdlib.h>
```

```
//比较函数:升序(从小到大)
int ascending(int a, int b)
{    return a - b;
}

//比较函数:降序(从大到小)
int descending(int a, int b)
{    return b - a;
}

//通用冒泡排序函数,支持传入比较规则
void bubble_sort(int arr[], int n, int (* compare)(int, int)) {
    int i, j, temp;
        for (i= 0; i< = n- 2; i+ + ) {
            for (j= 0; j< = n- i- 2; j+ + ) {
                if (compare(arr[j], arr[j+ 1]) > 0) {
                //用函数指针决定比较规则
                    temp= arr[j];
                    arr[j]= arr[j+ 1];
                    arr[j+ 1]= temp;
                }
            }
        }
    }

    int main() {
        intarr[ ]= {5, 1, 4, 2, 8};
        int n= 5,i;

        //用户选择排序方式
        int choice;
        printf("input 0 (ascending) or 1 (descending):");
        scanf("% d", &choice);

        //根据选择传递不同的比较函数
        if (choice = = 0)
        {
            bubble_sort(arr, n, ascending);
        }
        else
        {
            bubble_sort(arr, n, descending);
        }

        //打印结果
        printf("After sort:\n");
        for (i= 0; i< = n- 1; i+ + ) {
            printf("% d ", arr[i]);
        }
        printf("\n");
```

```
        return 0;
    }
```

程序的运行结果为：

```
input 0 (ascending) or 1 (descending):1 ↙
After sort:
8 5 4 2 1
```

在程序的 bubble_sort 函数中，if(compare(arr[j], arr[j+1])>0)表达式根据用户输入的是升序(0)还是降序(1)来决定，compare 函数指针是指向 ascending 或 descending 函数，不论是指向哪个函数，都会将 arr[j]传递给形参 a，arr[j+1]传递给形参 b，从而实现升序或降序排序。

【例 14.3】 设计一个简易计算器，根据用户输入选择四则运算操作。

因为需要进行四则运算，即需要书写 4 个函数实现，因此考虑使用函数指针数组保存 4 个操作，从而代替 if-else 语句，代码将更简洁。

```
/* * * * * * * * * * * * * * * * * * * * * * * * * * * * * * * * * * * * * * *
 * 程序名:calculator.c                    *
 * 使用函数指针数组代替 if-else            *
* * * * * * * * * * * * * * * * * * * * * * * * * * * * * * * * * * * * * * * /
# include < stdio.h>
# include < stdlib.h>
//定义加减乘除 4 个函数
int add(int a, int b)
{   return a+ b;
}
int sub(int a, int b)
{   return a- b;
}
int mul(int a, int b)
{   return a* b;
}
int divi(int a, int b)
{   if(b! = 0)
        return a/b;
    else {
        printf("分母为 0! \n");
        exit(1);
    }

}

int main()
{
    int a, b, choice, result;

    //函数指针数组:像菜单一样保存所有操作
```

```
    int (* operations[4])(int, int) = {add, sub,mul, divi};
    printf("input a,b:\n");
    scanf("% d,% d", &a, &b);
    printf("input your choice:\n");
    printf("0.addition\n1.subtract\n2.multiply\n3.division\n");
    scanf("% d", &choice);

    if (choice > = 0 && choice < = 3) {
        int result = operations[choice](a, b); //根据选择调用函数
        printf("result= % d\n", result);
    } else {
        printf("Input Error\n");
    }

    return 0;
}
```

程序的运行结果为：

```
input a,b;
3,- 4
input your choice:
0.addition
1.subtract
2.multiply
3.division
1 ↙
result= - 1
```

14.1.2 返回指针的函数

定义函数时，函数可以通过 return 带回返回值。一个函数可以返回一个整型值、字符型值、实型值等，当然也可以返回指针型的数据。若函数的返回值为指针，那么函数首部的定义形式为：

```
类型名  *  函数名(参数列表)
```

例如：

```
int  * fun(int a, int b)
     {
         …… /* 函数体 * /
     }
```

其中，fun 是函数名，函数名前面的 * 表示函数的返回值是指针，* 前面的 int 表示返回的指针指向整型变量。

【例 14.4】 程序功能同例 11.10，定义函数 findMax，函数功能为求二维数组的最大值。要求：(1) findMax 函数的返回值类型为指针；(2) 程序的输入和输出部分在主函数

中完成。

根据题意，题目要求 findMax 函数的返回值为指针类型，那么需要将例 11.10 中的整型变量 max 定义为指针变量，然后将 max 指针作为函数的返回值。

```
/* * * * * * * * * * * * * * * * * * * * * * * * * * * * * * * * * * * * * *
 * 程序名:find_max.c                    *
 * 使用指针作为函数 findMax 的返回值     *
* * * * * * * * * * * * * * * * * * * * * * * * * * * * * * * * * * * * * * */
# include < stdio.h>
# include < stdlib.h>
# define N 4
int  * findMax(int (* pa)[N])
{
    int * max, j, * p, * pEnd;
    max= * pa;                          /* 将数组第 0 行第 0 列的元素地址赋给 max * /
    pEnd= * pa+ N* N- 1;
        for(p= * pa; p< = pEnd; p+ + )  /* 使指针 max 指向数组中的最大值 * /
            if(* p> * max)
            max= p;
    return max;
}
int main()
{
    int a[N][N], * p, * max;
    printf("please input the data of array:\n");
    for(p= a[0]; p< a[0]+ N* N; p+ + )  /* 实现二维数组元素的输入 * /
        scanf("% d",p);
    max= findMax(a);                    /* 将函数的返回值赋给 max 变量 * /
    printf("MAX= % d\n", * max);
    return 0;
}
```

(1) 本例的 findMax 函数中，max 为指向整型变量的指针，若指针变量 p 指向的二维数组元素大于 max 指向的元素，则修改 max 的值。

(2) 例 11.10 中调用 findMax 函数时，返回的 max 变量表示二维数组的最大元素值，而本例中调用 findMax 函数，返回的 max 变量表示二维数组最大元素的地址。因此主函数中 printf 函数输出的数据为 * max。

程序的运行结果为：

```
please input the data of array:
66 87 29 67 ↙
91 57 28 77 ↙
35 64 68 76 ↙
84 54 90 86 ↙
MAX= 91 ↙
```

【例 14.5】 有 3 个学生，各学 4 门课，求第 n 个学生的成绩(0⩽n⩽2)。要求自定义函数的返回值类型为指针。

存储3个学生4门课的成绩可以使用二维数组。由于二维数组有行指针和列指针之分,因此这里需要谨慎。题目要求输出第n个学生的成绩,因此用户自定义函数可以将第n行第0列的元素的地址作为函数的返回值。

```
/* * * * * * * * * * * * * * * * * * * * * * * * * * * * * * * * * * * * * * *
 * 程序名:score.c                         *
 * 求第n个学生的成绩                      *
* * * * * * * * * * * * * * * * * * * * * * * * * * * * * * * * * * * * * * * /
# include < stdio.h>
# include < stdlib.h>
# define M 3
# define N 4
int  * search(int (* arr)[4],int n)
{
    int  * pt;
    pt= * (arr+ n);                /*  要把行指针转换为第n行第0列的指针 * /
    return pt;
}
int main()
{
    int score[M][N], * p,i, j, n;
    FILE  * fp;
                                   /* 打开文件 * /
    if ((fp =  fopen("score.txt", "r")) = =  NULL)
    {
        printf("% s can't be opened\n", "score.txt");
        exit(1);
    }

    printf("read the scores of students from text file.\n");
    for(i= 0; i< M; i+ + )         /*  学生成绩的输入 * /
        for(j= 0; j< N;j+ + )
            fscanf(fp, "% d", &score[i][j]);
    printf("Please input n:");
    scanf("% d", &n);
    p= search(score, n);           /* 将函数的返回值赋给p变量 * /
    printf("the scores of No.% d are:",n);
    for(i= 0;i< 4;i+ + )
        printf("% d ",* (p+ i));   /*  输出n行的各列元素 * /
    printf("\n");

                                   /* 关闭文件 * /
    if(fclose(fp) ! =  0 )
        printf("Error in closing the file % s.\n", "score.txt");
    return 0;
}
```

(1) 主函数中首先利用fscanf函数从文件中读出数据,并存放到二维数组中,然后输入 n。调用 search 函数时，函数的第一个实参为二维数组名，也就是将二维数组的第 0 行的地址传递给形参，因此 search 函数的第一个形参可以定义为指向一维数组的指针或二维数组。

(2) search 函数的返回值类型为指针，因此函数首部中，函数名前面的 * 不能省略。由于形参 arr 接收的是第 0 行的地址，因此 arr+n 表示第 n 行的地址，而 pt= *(arr+n)表示的是第 n 行第 0 列的地址。

原始数据 score. txt 如图 14.1 所示，程序的运行结果为：

图 14.1　原始数据 score. txt

```
read the scores of students from text file.
Please input n:1 ↙
the scores of No.1 are:91 74 82 77
```

14.2　指针数组和多级指针

14.2.1　指针数组

一个数组中的元素均为指针类型，则称这个数组为指针数组。一维指针数组的定义形式为：

```
数据类型 * 数组名[数组长度];
```

例如：

```
int * p[4];
```

这个语句定义了一个长度为 4 的指针数组，数组中的每个元素都是指针变量，都可以指向一个整型变量。注意与定义指向 4 个元素组成的一维数组指针变量的区别。例如：

```
int (* p)[4];
```

这个语句定义了一个指针变量 p，这个指针变量可以指向一个长度为 4 的一维整型数组。

指针数组通常用于处理多个字符串，而二维数组也可以存储多个字符串。下面讨论用二维字符数组和一维字符指针数组处理多个字符串的问题。

例如：

```
char str[3][10] = {"Japan", "China", "Russian"};
char  * pStr[3] = {"Japan", "China", "Russian"};
```

第一行定义了一个二维数组来存放 3 个字符串，程序编译时系统给数组 str 分配了 3×10 个字节的存储空间。第二行定义了一个指针数组用来存放字符串的指针，数组 pStr 中每个元素都是一个指向字符串的指针,如图 14.2 所示。

与二维字符数组相比,指针数组处理多个字符串的优点是指针数组中每个元素存放的是字符串首地址,并不存储字符本身,因此各个字符串的长度可以不受限制。

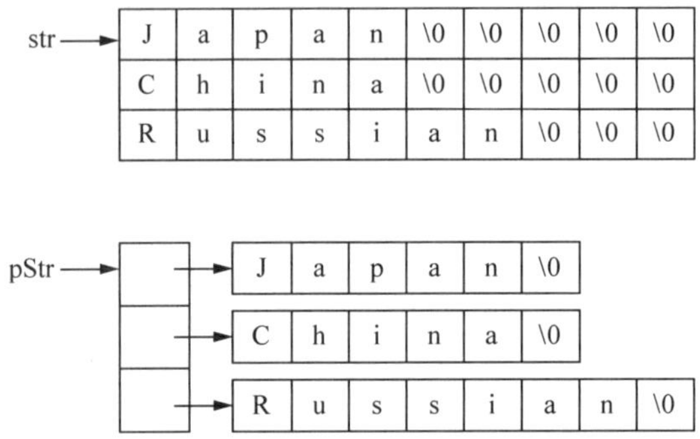

图 14.2　二维数组和指针数组的存储示意图

【例 14.6】 根据数字 n 输出星期几,要求使用指针数组。例如 n=5,则输出"星期五"对应的英文"Friday"。

本题可以定义一个指针数组,数组中的元素分别存储 7 个字符串的起始地址,然后通过指针数组元素来输出相应的字符串。

```
/* * * * * * * * * * * * * * * * * * * * * * * * * * * * * * * * * * * * * * * *
 * 程序名:weekday.c                        *
 *  输出英文的周几                          *
* * * * * * * * * * * * * * * * * * * * * * * * * * * * * * * * * * * * * * * * /
# include < stdio.h>
# include < stdlib.h>
int main()
{
    char  * weekday[7]= {"Monday", "Tuesday", "Wednesday", "Thursday", "Friday",
"Saturday", "Sunday"};                /* 定义并初始化指针数组* /
    int n;
    printf("n is:");
    scanf("% d", &n);
    if(n> = 1 && n< = 7)
        printf("It is % s\n", weekday[n- 1]);
    else
        printf("Error\n");
    return 0;
}
```

程序的运行结果为:

```
n is:6 ↙
It is Saturday

n is:9 ↙
Error
```

14.2.2　多级指针

前面介绍的指针都是一级指针，一级指针是直接指向数据对象的指针，一级指针变量中存放的是数据对象的地址，如图 14.3 中的变量 p。二级指针是指向指针的指针，它并不直接指向数据对象，而是指向一级指针变量。二级指针变量中存放的是一级指针变量的地址，如图 14.3 中的变量 pp。三级指针是指向指针的指针的指针，它指向的是二级指针变量，三级指针变量中存放的是二级指针变量的地址，如图 14.3 中的变量 ppp。其他多级指针以此类推。

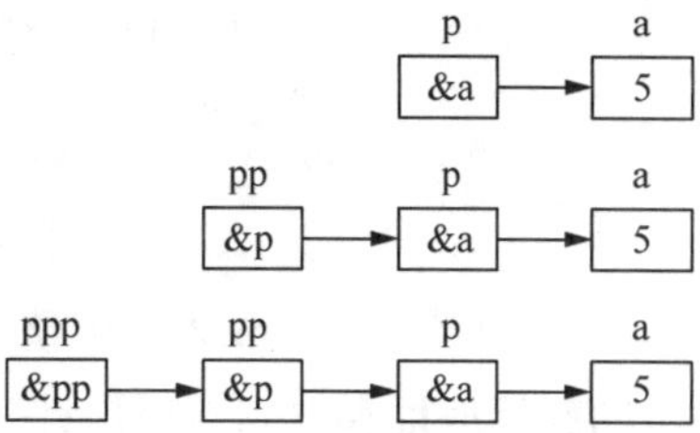

图 14.3　多级指针指向示意图

二级指针的定义格式：

```
基类型  * * 指针变量名;
```

其中指针变量名前有两个 *，表示其是一个二级指针。

例如，有以下定义：

```
int a= 5, * p, * * pp;
p= &a;
pp= &p;
```

一级指针变量 p 存放的是变量 a 的地址，即它指向变量 a；二级指针变量 pp 存放一级指针变量 p 的地址，即它指向一级指针变量 p，如图 14.3 所示。所以对变量 a 的访问有三种形式：a、* p 和 * * pp，三者是等价的。

这里很容易犯的错误是：

```
pp= &&a;
```

认为对变量 a 用两次取地址的运算，就得到了指向这个变量的二级指针。实际上，&a 是变量 a 的地址，所以是一个常量。常量不能作取地址的运算。一般情况下，二级指针变量必须与一级指针变量配合使用才有意义，因为二级指针变量存放的是一级指针变量的地址，不能将二级指针变量指向数据对象。

【例 14.7】　用二级指针变量访问一维数组，分析程序的运行结果。

```
/* * * * * * * * * * * * * * * * * * * * * * * * * * * * * * * * * * * * * * *
 * 程序名:num.c                        *
 * 二级指针变量访问一维数组                *
* * * * * * * * * * * * * * * * * * * * * * * * * * * * * * * * * * * * * * * /
# include < stdio.h>
# include < stdlib.h>
int main()
{
    int num[5]= {10, 20, 30, 40, 50};
```

```
    int * a[5], * * p,i;
    p= a;
    for(i= 0; i< 5; i+ + )
        a[i]= num+ i;
    for(i= 0; i< 5; i+ + )
        printf("% d ",* * p+ + );
    printf("\n");
    return 0;
}
```

(1) 程序中 num 为一维整型数组,a 为指针数组,p 为二级指针变量。p=a 表示将 a 数组的起始地址存放到二级指针变量 p 中,那么指针变量 p 指向 a 数组。

(2) 程序中的第 1 个 for 循环将一维数组第 i 个元素的地址存放到指针数组元素 a[i] 中,这样指针数组元素与 num 数组元素建立了指向关系。程序的初始化情况如图 14.4 所示。然后通过二级指针变量的移动来访问数组 num 中的元素。

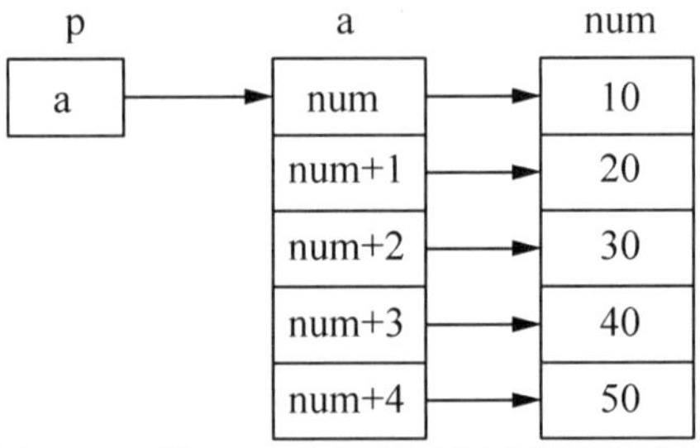

图 14.4 例 14.7 中各变量之间的指向关系

(3) 第 2 个 for 循环体的输出项 * *p++可以理解为 * *(p++),先做 * *p 运算,然后指针变量 p 做++运算。第 1 次循环时,p 的值为 a,*p 的值 a[0],而 a[0]的值为 &num[0],因此 * *p 的值为 num[0],即 10,这样就输出 num[0]的值。接着 p 指向下一个数组元素 a[1],以此类推,就可以输出 num 数组中的所有元素。

程序的运行结果为:

```
10 20 30 40 50
```

14.2.3 main 函数的形参

前面用到的 main 函数一般写成 int main( )或 int main(void)是一个无参函数。但是,main 函数也可以有形参,其函数原型为

```
int main(int argc, char * argv[ ]);
```

其中,整型变量 argc 用来记录命令行参数的个数,字符型指针数组 argv 用来接收命令行的各个参数的起始地址。

一般情况下,把操作系统状态下为执行某个程序或命令而键入的一行字符称为命令行。通常命令行含有可执行文件名和若干参数。命令行的一般形式为:

命令名　参数 1　参数 2　…… 参数 n

命令名和各参数之间用空格分隔。命令名是 main 函数所在的文件名。

【例 14.8】 有一个带参数的 main 函数 c 文件，文件名为 echo_str. c，程序为：

```
/* * * * * * * * * * * * * * * * * * * * * * * * * * * * * * * * * * * * * * *
 * 程序名:echo_str.c                 *
 * 带参数的 main 函数                 *
* * * * * * * * * * * * * * * * * * * * * * * * * * * * * * * * * * * * * * * /
# include < stdio.h>
# include < stdlib.h>
int main(int argc, char  * argv[ ])
{
    while(argc> 0)
    {
        printf("% s\n", * argv+ + );
        argc- - ;
    }
    return 0;
}
```

经过编译链接后，生成一个可执行文件 echo_str. exe，若该文件保存在 D 盘 C_Programs 文件夹下，运行命令提示符，将当前路径切换到 d:\C_Programs 文件夹下，在命令行输入命令行参数：echo_str I love NJFU 或 echo_str. exe I love NJFU，回车运行该命令，程序输出情况如图 14.5 所示。

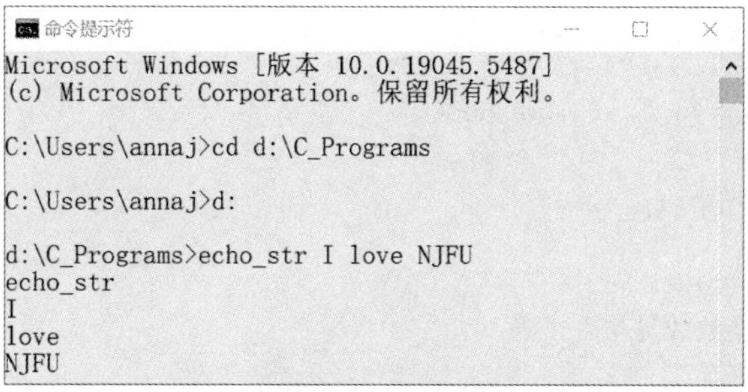

图 14.5　命令行参数程序的运行结果

操作系统首先自动计算出命令行参数的个数（包括命令本身，此例中为 echo_str. exe）为 4，并保存在第一个形参 argc 中。同时，把第一个字符串“echo_str”的指针存放在 argv[0] 中，把第二个字符串“I”指针存放在 argv[1]中，把第三个字符串“love”指针存放在 argv[2] 中，把第四个字符串“NJFU”指针存放在 argv[3]中，如图 14.6 所示。

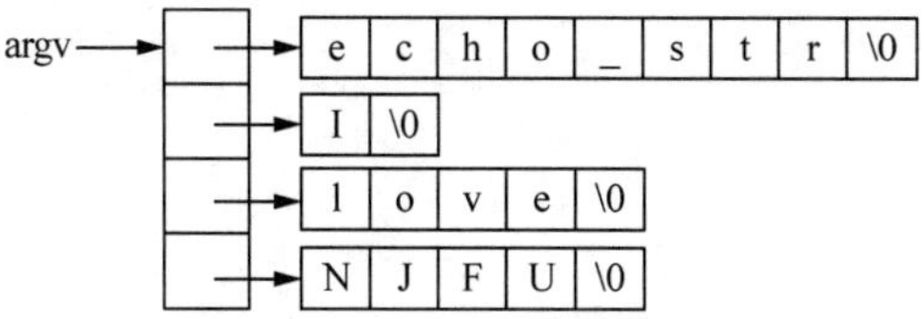

图 14.6　指针数组 argv 指向的命令行参数

也可以在 Dev C++编译器中选择“运行”->“参数”，在弹出的“参数”对话框中，在“传递给主程序的参数:”文本框中输入“I love NJFU”并点击“确定”按钮(如图 14.7 所示)，编译、链接、运行代码。

图 14.7 “参数”对话框

【例 14.9】 使用命令行参数从文件中读取内容并写入到另一个文件中。

```
/* * * * * * * * * * * * * * * * * * * * * * * * * * * * * * * * * * * * * * * *
 * 程序名:file_copy.c                    *
 * 使用命令行参数复制文件                  *
* * * * * * * * * * * * * * * * * * * * * * * * * * * * * * * * * * * * * * * * /
# include < stdio.h>
# include < stdlib.h>

int main(int argc, char * argv[])
{
    FILE  * fp_in, * fp_out;
    char ch;

    //检查命令行参数数量是否正确
    if (argc ! =  3) {
        printf("Usage: % s < input file>  < output file> \n", argv[0]);
        return 1;
    }

    //打开输入文件进行读取
    if ((fp_in= fopen(argv[1], "r")) = =  NULL)
    {
        fprintf(stderr, "% s can't be opened\n", argv[1]);
        exit(1);
    }
    //打开输出文件进行写入
    if ((fp_out= fopen(argv[2], "w+ ")) = =  NULL)
    {
        fprintf(stderr, "% s can't be opened\n", argv[2]);
```

```
        exit(1);
    }

    //从输入文件读取字符并写入到输出文件
    while ((ch = fgetc(fp_in)) ! = EOF) {
        fputc(ch, fp_out);
    }

    //关闭文件
    if(fclose(fp_in) ! = 0 || fclose(fp_out) ! = 0 )
        fprintf(stderr, "Error in closing the file.\n");

    printf("File has been copied successfully.\n");

    return 0;
}
```

经过编译、链接后，生成一个可执行文件 file_copy. exe，若该文件保存在 D 盘 C_Programs 文件夹下，且被拷贝的 NJFU. txt 也位于同一文件夹中，运行命令提示符，将当前路径切换到 d:\C_Programs 文件夹下，在命令行输入命令行参数：

```
file_copy NJFU.txt d:\myNJFU.txt
```

回车运行该程序，程序输出情况如图 14. 8 所示。

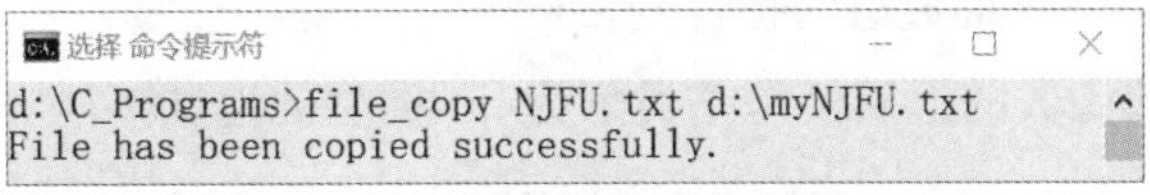

图 14. 8　命令行参数程序的运行结果

生成的新文件 myNJFU. txt 存放到了 D 盘根目录下。NJFU. txt 或 myNJFU. txt 文件可以存放到任何文件夹中，只需要在命令行中在文件名前指定路径即可。读者可以自行尝试。被拷贝的 NJFU. txt 文件如图 14. 9 所示。

图 14. 9　NJFU. txt 文件

习题

一、判断题

1. int (* p)(int) 定义了一个返回指针的函数。 ( )
2. int * * p 是一个指向整型的二级指针。 ( )
3. 函数指针可以直接进行算术运算(如 funp++)。 ( )
4. main 函数的参数必须命名为 argc 和 argv。 ( )
5. main 函数的参数 argv 是一个指向字符串数组的指针。

二、选择题

1. 以下叙述中正确的是( )。

A. 函数的形参类型不能是指针类型

B. 函数的类型不能是指针类型

C. 设有指针变量为 double * p,则 p+1 将指针 p 移动 8 个字节

D. 基类型不同的指针变量可以相互混用

2. 设有定义语句“int(* f)(int);”,则以下叙述中正确的是( )。

A. f 是指向函数的指针变量,该函数具有一个 int 类型的形参

B. f 是基类型为 int 的指针变量

C. f 是指向 int 类型一维数组的指针变量

D. f 是函数名,该函数的返回值是基类型为 int 类型的地址

3. 设有函数 void fun(int n, char * s){……},则下面对函数指针的定义和赋值均正确的是( )。

A. void (* pf)( ); pf=fun;　　B. void * pf( ); pf=fun;

C. void * pf( ); * pf=fun;　　D. void (* pf)(int, char); pf=&fun;

4. 有以下程序,则以下函数调用语句错误的是( )。

```
# include < stdio.h>
int add(int a,int b)
{
    return (a+ b);
}
int main( )
{
    int k, (* f) ( ), a= 5, b= 10;
    f= add;
    …
}
```

A. k= * f(a, b);　　B. k=add(a, b);

C. k=(* f)(a, b);　　D. k=f(a, b);

5. 若有说明语句“int *ptr[5];”,以下叙述正确的是(   )。

A. ptr 是一个具有 5 个指针元素的一维数组,每个元素都只能指向整型变量

B. ptr 是指向整型变量的指针

C. ptr 是一个指向具有 5 个整型元素的一维指针数组

D. ptr 是一个指向 5 个整型变量的函数指针

6. 若有定义语句“char s[3][10],(*k)[3],*p;”,则以下赋值语句正确的是(   )。

A. p=s;　　B. p=k;　　C. p=s[0];　　D. k=s;

7. 有定义语句“int *p[5];”,以下选项中与此语句等价的是(   )。

A. int p[5];　　B. int **p;　　C. int *(p[5]);　　D. int (*p)[5];

8. 若有定义“int (*pt)[3];”,则下列说法中正确的是(   )。

A. 定义了基类型为 int 的三个指针变量

B. 定义了基类型为 int 的具有三个元素的指针数组 pt

C. 定义了一个名为*pt,具有三个元素的整型数组

D. 定义了一个名为 pt 的指针变量,它可以指向每行有三个整型元素的二维数组

9. 若有定义语句“int a[4][10], *p, *q[4];”,且 0≤i<4,则错误的赋值是(   )。

A. p=a;　　B. q[i]=a[i];　　C. p=a[i];　　D. p=&a[2][1];

10. 以下关于 main 函数参数的描述,正确的是(   )。

A. int main( )不能接收命令行参数

B. int main(int argc, char *argv[ ])中,argc 表示程序名

C. argv[0]存储第一个命令行参数

D. argc 的值总是大于等于 1

三、填空题

1. 用于动态分配内存的函数是________ 或________。

2. 指针数组 char *words[] = {"Apple", "Banana"} 中 words[1][2] 的值是________。

3. 指针数组 int *arr[5] 的元素类型是________。

4. 函数 void (*fun( )) ( )的返回值类型是________。

5. int *a[5] 是________,而 int (*b)[5] 是________。

四、编程题

1. 定义一个函数 int add(int a, int b),声明一个指向该函数的指针 p_add,并通过指针调用函数。

2. 编写程序,定义两个函数 add(a, b)和 sub(a, b),分别计算两数的和与差。使用函数指针根据用户输入(输入 1 或 2)选择执行加法或减法,并输出结果。

3. 编写函数 char * get_weekday(int day),根据输入的数字(1—7)返回对应的星期名称字符串指针(如输入 1 返回 Monday)。

4. 编写主函数带参数的程序,根据命令行输入的参数－a 或－b,分别调用函数 func_a( )或 func_b( )。

5. 编写通用排序函数 sort(int ＊arr, int n, int (＊compare)(int, int)),通过函数指针 compare 指定升序或降序规则。主函数根据命令行参数－asc 或－desc 选择排序方式。

第十五章　再谈文件

在第三章的 3.3 小节，为大家介绍了文件的打开函数 fopen、关闭函数 fclose，文件的输入函数 fscanf、输出函数 fprintf。事实上，C 语言的输入/输出函数库中提供了大量的函数，用于完成数据文件的建立、数据的读写以及数据的追加等处理任务。本章将详细介绍如何使用这些函数完成文件的建立、读/写等基本操作。

15.1　文件和文件指针

15.1.1　文件的概念和分类

文件是程序设计中的一个重要概念。所谓文件，一般是指存储在外部介质上数据的集合。一批文件是以数据的形式存放在外部存储设备的，这就要用到磁盘文件。文件是存放在计算机内的一组相关数据。C 语言将文件看作是一个字符（字节）的序列，即一个一个字符（字节）的数据顺序组成。

在 C 语言中，对文件有多种分类方法：

（1）按其存放的内容可分为程序文件和数据文件。

（2）根据数据的组成可分为 ASCII 文件和二进制文件（如图 15.1 所示）。例如有整型常量 21435，在内存中按 int 型以 4 个字节存放，二进制文件把内存中的数据按其在内存中的存储形式输出到磁盘上存放；ASCII 文件则是将每一个字节存为一个 ASCII 字符，将 21435 以'2'、'1'、'4'、'3'、'5'共计 5 个字符存放，占 5 个字节。ASCII 文件占用空间多，需要转换；二进制文件节省空间和转换时间，但一个字节不对应一个字符，不能直接输出字符形式。

0000,0000	0000,0000	0101,0011	1011,1011

二进制文件存储 21435

0011,0010	0011,0001	0011,0100	0011,0011	0011,0101
'2'的 ASCII 码	'4'的 ASCII 码	'1'的 ASCII 码	'3'的 ASCII 码	'5'的 ASCII 码

ASCII 文件存储 21435

图 15.1　二进制文件和 ASCII 文件

（3）按文件的逻辑结构分为记录文件和流式文件。前者由具有一定结构的记录组成（定长和不定长），后者由一个个字符（字节）数据顺序组成。

(4) 按存储介质分为普通文件和设备文件。普通文件为存储介质(包括磁盘、磁带等)中的文件,设备文件为非存储介质(键盘、显示器、打印机等)文件。

(5) 按照对文件的不同处理方式,在 C 语言中文件可分为缓冲文件和非缓冲文件。

15.1.2 文件指针

C 语言规定文件是一种特殊的结构体类型,该结构体中的成员记录了处理文件时所需的信息。该结构体已在头文件“stdio.h”中进行了定义,在学习过程不用了解文件的具体定义,只要会用就可以了。用户可以直接使用“FILE”类型名来定义这个结构体的指针变量,并通过它来处理文件。用“FILE”定义的指针变量通常称为“文件类型指针”。

文件类型指针定义的一般形式为:

```
FILE * 文件指针名;
```

其中,文件指针名是用户自定义的标识符。

注意:使用“FILE” 定义文件指针,必须在程序的开头增加编译预处理命令:#include <stdio.h>,因为文件结构体类型是在“stdio.h”中定义的。

在缓冲文件系统中进行文件的操作一般分为三个步骤:打开文件,数据块操作,关闭文件。

(1) 打开文件:建立用户程序与文件的联系。

(2) 操作文件:指对文件的读、写、追加和定位操作。

(3) 关闭文件:切断文件与程序的联系,将文件缓冲区的内容写入磁盘,并释放文件缓冲区。

C 语言中有 3 个标准流文件指针,分别是 stdin、stdout 和 stderr,编写程序时可以直接使用这 3 个文件指针。在 9.2 节介绍字符串的输入和输出时,我们向读者介绍了 fgets 函数的使用方法,其中提到了 stdin。stdin 默认关联到键盘,通俗地说是从键盘输入内容;stdout 和 stderr 默认关联到屏幕,stdout 是标准输出流,stderr 是标准错误流,会将内容输出到屏幕上。

15.2 文件的读写

15.2.1 文件的读写

在 3.3.3 节中,我们给大家介绍了使用 fscanf 函数和 fprintf 函数进行文件的读写,例 3.2 介绍了从文件中读取一个整型值,与从键盘输入的整型值相加,并输出到屏幕和文件中。但是这道例题有个前提条件,那就是用户想要使用这个程序,必须预先在源程序所在的文件夹中建立一个名为 source.txt 的文件,用户如果使用其他文件名,或将文件更换存储位置,都会导致程序运行失败。不想受限地使用程序,可以借助主函数的参数来传递文件位置和文件名。

【例 15.1】 修改例 3.2,实现输入一个整型变量的值,从文件中读取一个整型值并求和,输出到屏幕和文件中。

```
/* * * * * * * * * * * * * * * * * * * * * * * * * * * * * * * * * * * * * * *
 * 程序名:add.c                              *
 * 使用文件执行加法                           *
* * * * * * * * * * * * * * * * * * * * * * * * * * * * * * * * * * * * * * * /
# include < stdio.h>
# include < stdlib.h>
int main(int argc, char * argv[ ])          //主函数参数接收文件名参数
{
    FILE  * fp_in, * fp_out;                //定义 2 个文件指针,注意 FILE 必须全部大写
    int num_stdin, num_file, sum;
    if (argc! = 3)                          //如果参数个数不对,退出程序
    {
        fprintf(stderr, "Too many arguments.\n");
        exit(1);
    }
    if ((fp_in = fopen(argv[1], "r")) = = NULL)
                                            //打开源文件
    {
        fprintf(stderr, "% s can't be opened\n", argv[1]);
                                            //若打开失败,给出提示
        exit(1);                            //退出程序
    }
    if ((fp_out = fopen(argv[2], "w")) = = NULL)
                                            //打开目标文件
    {
        fprintf(stderr, "% s can't be opened\n", argv[1]);
                                            //若打开失败,给出提示
        exit(1);                            //退出程序
    }

    printf("input num:");
    fscanf (stdin, "% d", &num_stdin );     //从键盘获取 num 的值
    fscanf(fp_in, "% d", &num_file );       //从源文件中获取 num 的值
    sum = num_stdin + num_file;             //实现加法
    fprintf(fp_out, "sum= % d\n", sum);     //将结果写入到目标文件中
    fprintf (stdout, "sum= % d\n", sum);    //将结果输出到屏幕上

    if( fclose(fp_in) ! = 0 )               //关闭源文件
    {
        fprintf(stderr, "Error in closing the file % s.\n", argv[1]);
                                            //关闭失败,给出提示
        exit(1);                            //退出程序
    }
    if( fclose(fp_out) ! = 0 )              //关闭目标文件
    {
        printf(stderr, "Error in closing the file % s.\n", argv[2]);
```

```
                                        //关闭失败,给出提示
        exit(1);                        //退出程序
    }
    return 0;
}
```

若存放数字的 num. txt 位于 D 盘的 C_data 文件夹中,将生成的 out. txt 存放在 D 盘根目录下,则命令行中的指令和结果如图 15. 2 所示。num. txt 文件内容如图 15. 3 所示,out. txt 文件内容如图 15. 4 所示。

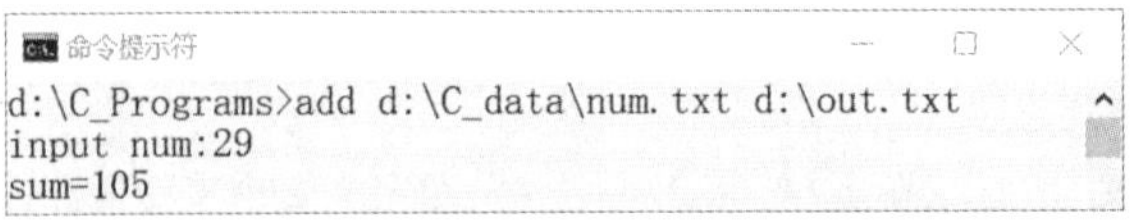

图 15. 2　命令行中的运行结果

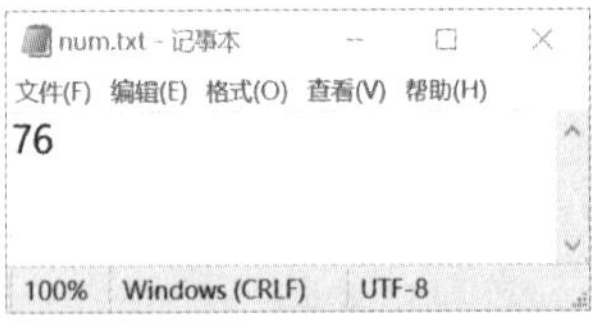

图 15. 3　num. txt

图 15. 4　out. txt

程序中 fscanf(stdin, "%d", &num_stdin)等价于 scanf("%d", &num_stdin),而 fprintf(stdout, "sum=%d\n", sum)等价于 printf("sum=%d\n", sum)。使用标准流的文件指针的优点是能明确区分程序的正常输入输出和错误信息:stdin 用于从键盘或文件读取数据,stdout 用于输出正常结果(比如计算结果),而 stderr 专门处理错误提示(比如文件打不开)。这样,当程序运行时,用户可以通过重定向将正常结果保存到文件(如 > output. txt),同时错误信息仍然直接显示在屏幕上,方便快速发现问题,避免重要错误被正常输出淹没,也使得程序更易调试和维护。

15.2.2　字符的读写

对文件的读写操作,都是通过系统函数完成的。

(1) 写字符函数(fputc 函数)

fputc 函数中的一般调用形式为:

```
fputc(ch,fp);
```

其中,fp 为待写入文件的文件指针;ch 是要输出的字符,它可以是一个字符常量,也可以是一个字符变量。fputc(ch,fp)函数的作用是将字符(ch 的值)输出到 fp 所指向的文件中去。

fputc 函数会带回一个值:如果输出成功,则返回值就是输出的字符;如果输出失败,则返回一个文件结束标志 EOF(End Of File),EOF 在 stdio. h 中定义为−1。

(2) 读字符函数(fgetc 函数)

fgetc 函数从指定文件读入一个字符。该文件必须是以读或读写方式打开的，其调用的一般形式为：

```
ch= fgetc(fp);
```

其中，fp 为文件型指针变量，ch 为字符变量。fgetc 函数带回一个字符并赋值给 ch。如果执行 fgetc 读字符时遇到文件结束符，函数返回一个文件结束标志 EOF。如果想从一个磁盘文件顺序读入字符并在屏幕上显示出来，可以使用如下代码：

```
ch= fgetc(fp);
while (ch! = EOF)
{    putchar(ch);
     ch= fgetc(fp);
}
```

【例 15.2】 编写程序，将字符'Z'写入文件，然后读出文件内容并显示在屏幕上。

```
/* * * * * * * * * * * * * * * * * * * * * * * * * * * * * * * * * * * * * * *
 * 程序名:print_file.c                      *
 * 读出文件内容                             *
* * * * * * * * * * * * * * * * * * * * * * * * * * * * * * * * * * * * * * * /
# include < stdio.h>
# include < stdlib.h>
int main(int argc, char  * argv[ ])
{
    FILE  * fp;
    if (argc! = 2)                                  //检查参数
    {
        printf("Too many arguments.\n");
        exit(1);
    }
    if ((fp =  fopen(argv[1], "w+ ")) = =  NULL)    //打开文件
    {
        printf("% s can't be opened\n", argv[1]);
        exit(1);
    }
    fputc('Z', fp);                                 //将字符'Z'写入文件中
        if( fclose(fp) ! =  0 )                     //关闭文件
    {
        printf("Error in closing the file % s.\n", argv[1]);
        exit(1);
    }
    if ((fp =  fopen(argv[1], "r")) = =  NULL)      //打开文件
    {
        printf("% s can't be opened\n", argv[1]);
        exit(1);
    }
    putchar(fgetc(fp));                             //读取文件中的字符并输出到屏幕上
```

```
    if( fclose(fp) ! = 0 )                     //关闭文件
    {
        printf("Error in closing the file % s.\n", argv[1]);
        exit(1);
    }
    return 0;
}
```

若将生成的 char_out. txt 存放在 D 盘根目录下，则命令行中的指令和结果如图 15.5 所示。char_out. txt 文件内容如图 15.6 所示。

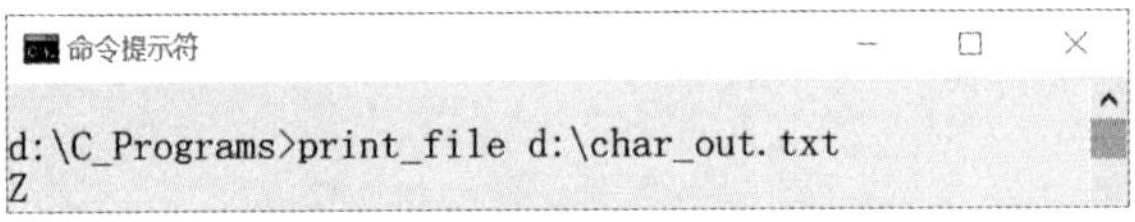

图 15.5　命令行中的运行结果

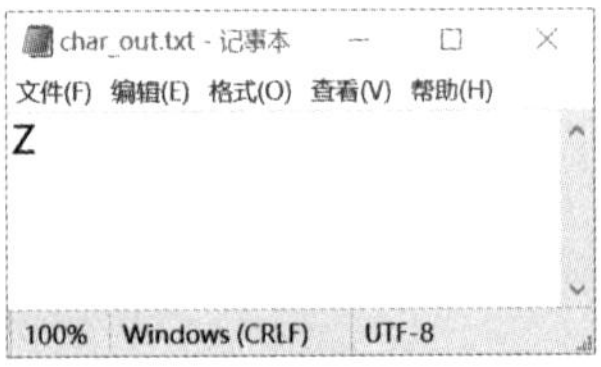

图 15.6　char_out. txt

15.2.3　字符串的读写

1）写字符串函数(fputs)

fputs 函数的一般调用形式为：

```
fputs(字符串, fp);
```

其中，fp 为待写入文件的文件指针，“字符串”可以是字符串常量，也可以是指向字符串的指针或字符数组名。

fputs 函数的功能是向指定的文件写入一串字符。该函数对应于标准 I/O 函数 puts，但二者有区别。fputs 在写入文件时将写入字符串后的 NULL 字符丢掉，即 NULL 字符不写到文件中去，而 puts 会把 NULL 字符换成换行字符输出。该函数的返回值是一个 int 类型的数据，当写入成功时返值为 0，不成功时返回非 0 值。例如：

```
fputs("NJFU", fp);
```

2）读字符串函数(fgets)

fgets 函数的调用的一般形式为：

```
fgets(字符串,n,fp);
```

例如：

```
fgets(str, n, fp);
```

从 fp 指向的文件输入 n－1 个字符，并把它们存放到字符数组 str 中。如果在读入 n－1 个字符结束之前遇到换行符或 EOF，读入即结束。字符串读入结束后在最后加一个'\0'字符。fgets 函数返回值为字符串的首地址。

该函数类似于标准 I/O 函数 gets，二者之间的区别在于 gets 遇到一个换行符时将其转换成 NULL 字符，而 fgets 不进行这种转换，它把遇到的换行符作为普通字符来处理。输入时，若遇到 EOF、指定的字符个数已读完或换行符，总是在读入的字符串后自动加上一个 NULL 字符。

【例 15.3】 已知某文本文件中包含字符串"Nanjing Forestry University"，利用 fgets 函数，读取该文本文件。

```
# include < stdio.h>
# include < stdlib.h>
int main(int argc, char * argv[ ])
{    FILE * fp;
     char str[50];
     if (argc! = 2)                                //检查参数
    {
         printf("Too many arguments.\n");
         exit(1);
     }
     if ((fp = fopen(argv[1], "r")) = = NULL)      //打开文件
     {
         printf("% s can't be opened\n", argv[1]);
         exit(1);
     }
     fgets(str,41,fp);                             //从文件中读取字符
     printf("% s\n",str);                          //输出到屏幕上
     if( fclose(fp) ! = 0 )                        //关闭文件
     {    printf("Error in closing the file % s.\n", argv[1]);
          exit(1);
     }
     return 0;
}
```

此程序的功能是从文件读取 40 个字符的字符串，输出到屏幕上。

3）文件结束的判定

在 C 语言文件系统中，系统自动设置文件指针，因此可以利用文件指针函数判断文件是否结束。文件指针函数是 feof 函数。

在文本文件中，数据都是以 ACSII 代码存放，由于 ACSII 的取值范围为 0～255，不会出现－1，因此在文件尾加"－1"作为文件结束标志，用函数 feof 可以测试到文件结束标志－1。

feof 函数的一般调用格式为：

```
feof(文件指针)
```

feof 函数测试文件指针所指向的文件的内部读写位置指针是否到达文件尾。如果文件结束，则返回值为 1，否则为 0。

例如：

```
// 逐字符读取文件内容
while (1)
{
    ch =  fgetc(fp);
    if (feof(fp))            // 检查是否到达文件末尾
    {
        break;
    }
    putchar(ch);             // 输出字符
}
```

当未遇到文件的结束标志－1 时，feof(fp)的返回值为 0。此程序段的含义是，逐字符读取文件内容，并在每次读取后检查是否到达文件末尾。如果到达文件末尾，则跳出循环；否则，输出读取到的字符。

4) 格式化读/写文件函数(fscanf 函数和 fprintf 函数)

fscanf 函数和 fprintf 函数的调用格式为：

```
fprintf(文件指针,"格式控制",输出列表);
fscanf(文件指针,"格式控制", 地址列表);
```

使用 fprintf 函数总是将输出项在内存中的表示形式按指定的格式转换成字符串形式，再写入到指定的文件中去；使用 fscanf 函数从文件中读出的数据一定是按字符串形式(文本形式)存在的。读出后的数据总按相应的输入项对应的格式说明转换成内存中的存储形式，再赋给对应的输入项。关于 fscanf 函数和 fprintf 函数，在 3.3.3 节进行了详细介绍，读者可以通过例 3.2 来了解这两个函数的使用。

用 fprintf 和 fscanf 这两个函数对磁盘文件读写时，使用方便，容易理解，但由于在输入时要将 ASCII 码转换为二进制形式，在输出时又要将二进制形式转换成字符，花费的时间较多。因此，在内存与磁盘频繁交换数据的情况下，最好不用这两个函数，而用 fread 函数和 fwrite 函数。

5) 数据块的读写(fwrite 函数和 fread 函数)

(1) 数据块的写文件函数 fwrite

fwrite 函数的一般调用形式：

```
fwrite(buffer, size, count, fp);
```

其中：

① buffer 是一个指针，在 fwrite 函数中，它用来指出数据的输出地址；

② size 是指每次要写的字节数；

③ count 是指要读写多少个 size 大小的数据项；

④ fp 是文件型指针。

注意：每次完成写操作(fwrite)后必须关闭文件流(fclose)。

【例 15.4】 编写程序，将数组中的数写进二进制文件中。

```
/* * * * * * * * * * * * * * * * * * * * * * * * * * * * * * * * * * * * * * *
 * 程序名:arr_file.c                          *
 * 将数组中的数写进文件中                      *
* * * * * * * * * * * * * * * * * * * * * * * * * * * * * * * * * * * * * * * */
# include < stdio.h>
# include < stdlib.h>
int main(int argc, char  * argv[ ])
{
    int x[5]= {1, 2, 3, 4, 5}, i;
    FILE  * fp;
    if (argc! = 2)                                   //检查参数
    {
        printf("Too many arguments.\n");
        exit(1);
    }
    if ((fp =  fopen(argv[1], "wb")) = =  NULL)      //打开文件
    {
        printf("% s can't be opened\n", argv[1]);
        exit(1);
    }

    for(i= 0;i< 5;i+ + )                             //将数组中的元素写进文件中
        fwrite(&x[i],sizeof(int),1,fp);
    if( fclose(fp) ! =  0 )                          //关闭文件
    {   printf("Error in closing the file % s.\n", argv[1]);
        exit(1);
    }
    return 0;
}
```

若将生成的 binary. txt 存放在 D 盘根目录下，则命令行中的指令如图 15.7 所示。binary. txt 文件中存放的是二进制值，直接打开呈现出乱码。

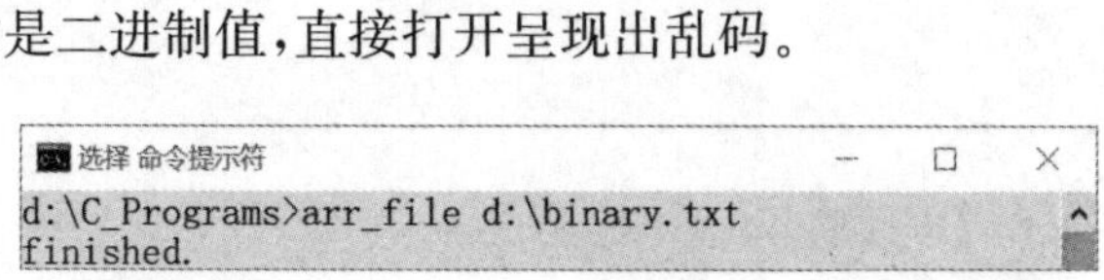

图 15.7　命令行中的运行结果

(2) 数据块的读文件函数 fread

fread 函数的一般调用形式：

```
fread(buffer, size, count, fp);
```

其中：

① buffer 是一个指针，在 fread 函数中，它用来指出待读入数据的存放地址；

② size 是每次要读的字节数；

③ count 是指要读多少个 size 大小的数据项；

④ fp 是文件型指针。

注意：完成一次读操作(fread)后，如果关闭文件流(fclose)，则文件指针 fp 将自动向后移动前一次读写的长度，否则下一次读操作将接着上次的输出继续输出。

【例 15.5】 从例 15.4 建立的二进制文件中读出数据，并输出到屏幕上。

```
/* * * * * * * * * * * * * * * * * * * * * * * * * * * * * * * * * * * * * * *
 * 程序名:file_arr.c                    *
 * 从文件中读出数据并输出到屏幕上          *
* * * * * * * * * * * * * * * * * * * * * * * * * * * * * * * * * * * * * * * /
# include < stdio.h>
# include < stdlib.h>
int main(int argc, char * argv[ ])
{
    int y[5], i;
    FILE  * fp;
    if (argc! = 2)                                  //检查参数
    {
        printf("Too many arguments.\n");
        exit(1);
    }
    if ((fp = fopen(argv[1], "rb")) = = NULL)       //打开文件
    {
        printf("% s can't be opened\n", argv[1]);
        exit(1);
    }
    fread(y, sizeof(int), 5, fp);                   //将文件中的数据读出存放于数组中
    for(i= 0; i< 5; i+ + )                          //在屏幕上输出数组中的元素
        printf("% d\n", y[i]);
    if( fclose(fp) ! =  0 )                         //关闭文件
    {
        printf("Error in closing the file % s.\n", argv[1]);
        exit(1);
    }
    return 0;
}
```

将之前生成的 binary.txt 读出，则命令行中的指令和结果如图 15.8 所示。

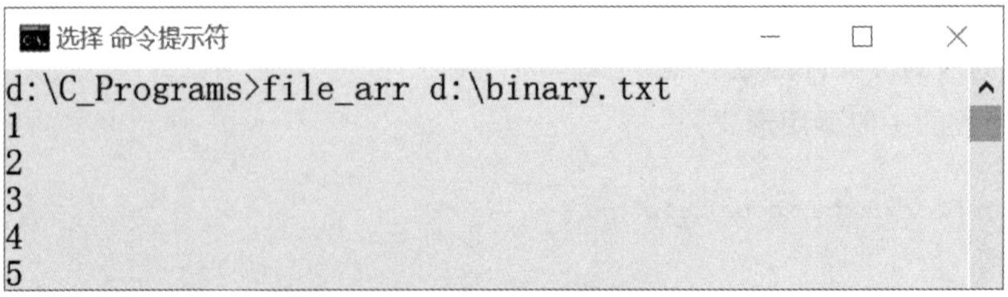

图 15.8　命令行中的运行结果

15.3 文件的定位

1）rewind 函数

rewind 函数语句的功能是使位置指针重新返回文件的开头。一般调用形式：

```
rewind(文件指针);
```

【例 15.6】 利用 rewind 函数，将文本文件中的内容输出两次。

```
/* * * * * * * * * * * * * * * * * * * * * * * * * * * * * * * * * * * * * * *
 * 程序名:rewind_file.c                    *
 * 从文件中读出数据并输出两次到屏幕         *
 * * * * * * * * * * * * * * * * * * * * * * * * * * * * * * * * * * * * * * * /
# include < stdio.h>
# include < stdlib.h>
int main(int argc, char * argv[ ])
{
    FILE  * fp;
    char ch;
    if (argc! = 2)                              //检查参数
    {
        printf("Too many arguments.\n");
        exit(1);
    }
    if ((fp =  fopen(argv[1], "r")) = =  NULL)//打开文件
    {
        printf("% s can't be opened\n", argv[1]);
        exit(1);
    }
    // 第一次读取文件并输出
    while ((ch =  fgetc(fp)) ! =  EOF)
    {
        putchar(ch);
    }
    printf("\n");
    // 重置文件指针到文件开头
rewind(fp);
    // 第二次读取文件并输出
    while ((ch =  fgetc(fp)) ! =  EOF)
    {
        putchar(ch);
    }
    printf("\n");
    if( fclose(fp) ! =  0 )                     //关闭文件
    {
        printf("Error in closing the file % s.\n", argv[1]);
        exit(1);
    }
    return 0;
```

```
}
```

若文本文件 love. txt 位于 D 盘的 C_data 文件夹中，则命令行中的指令和结果如图 15.9 所示。love. txt 文件内容如图 15.10 所示。

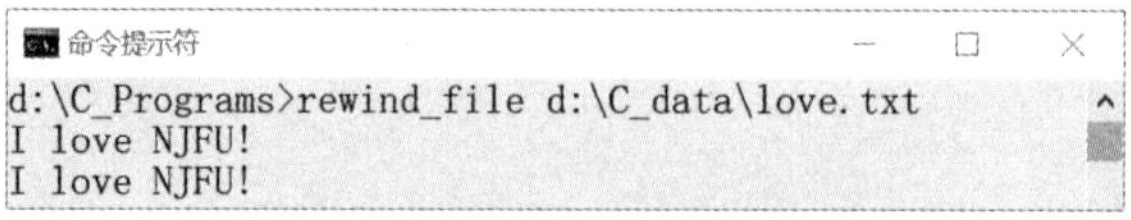

图 15.9　命令行中的运行结果

图 15.10　love. txt

2）fseek 函数

fseek 函数的功能是设置文件指针的位置，可以将文件指针快速定位到文件中的任意位置。其中：位移量 w 为长整型整数，w 为负数表示向文件头方向移动，w 为正数表示向文件尾方向移动，w 为 0 表示不移动。起始点 s 可以取值 SEEK_SET(0，文件开头)、SEEK_CUR(1，当前位置)和 SEEK_END(2，文件结尾)。

函数格式为：

```
fseek(文件指针,位移量 w,起始点 s);
```

【例 15.7】　从例 15.4 生成的二进制文件中读出部分数据并输出到屏幕上。

```
/*************************************************
 * 程序名:fseek_file.c                          *
 * 从文件中读出部分数据并输出到屏幕              *
*************************************************/
# include < stdio.h>
# include < stdlib.h>
int main(int argc, char * argv[ ])
{
    int i;
    FILE  * fp;
    int  y[5];
    if (argc! = 2)                                  //检查参数
    {
        printf("Too many arguments.\n");
        exit(1);
    }
    if ((fp =  fopen(argv[1], "rb")) = =  NULL)      //打开文件
    {
        printf("% s can't be opened\n", argv[1]);
```

```
        exit(1);
    }
    //跳过前 2 个整数
    fseek(fp, 2* sizeof(int), SEEK_SET);
    // 从第三个整数开始读取并输出
    for(i= 2;i< 5; i+ + )
    {
        fread(&y[i], sizeof(int), 1, fp);
        printf("% d ", y[i]);
    }
    printf("\n");
    if( fclose(fp) ! =  0 )                           //关闭文件
    {
        printf("Error in closing the file % s.\n", argv[1]);
        exit(1);
    }
    return 0;
}
```

再次读取二进制文件 binary. txt,则命令行中的指令和结果如图 15.11 所示。

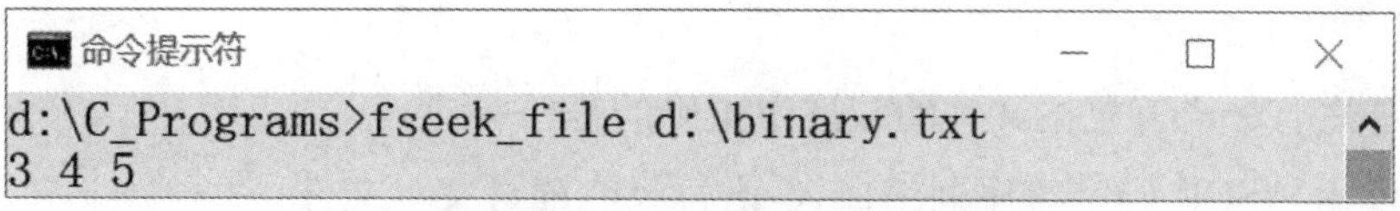

图 15.11　命令行中的运行结果

3）ftell 函数

ftell 函数的功能是得到流式文件中的当前位置,用相对于文件开头的位移量来表示。如果 ftell 函数的返回值为－1L,则表示出错。一般调用形式：

```
ftell(文件指针);
```

例如：

```
i= ftell(fp);
if(i= = - 1L) printf("error\n");
```

变量 i 存放当前位置,若调用函数出错(如不存在此文件),则输出“error”。

15.4　文件检测

为了发现文件读写时出现的错误,C 语言提供了一些检测函数。C 语言中常用的文件检测函数有以下几个：

1）出错检测函数 ferror

读写文件出错检测函数 ferror 的调用格式：

```
ferror(文件指针)
```

如 ferror 返回值为 0 表示未出错，否则表示有错。

2）清除错误标志函数 clearerr

清除错误标志函数 clearerr 的调用格式：

```
clearerr(文件指针);
```

其作用是使文件错误标志和文件结束标志置为 0。

习题

一、判断题

1. 使用 fopen("data.txt", "r")时，若文件不存在，会自动创建新文件。 (　　)
2. fputs 函数会自动在写入的字符串末尾添加换行符。 (　　)
3. fseek(fp, 0L, SEEK_END) 可以将文件指针移动到文件末尾。 (　　)
4. fclose 函数关闭文件失败时会自动重试。 (　　)
5. ferror(fp)用于检测文件是否已到达末尾。 (　　)

二、选择题

1. 下列关于 C 语言数据文件的叙述中正确的是(　　)。

A. 文件由 ASCII 码字符序列组成，C 语言只能读写文本文件

B. 文件由二进制数据序列组成，C 语言只能读写二进制文件

C. 文件由记录序列组成，可按数据的存放形式分为二进制文件和文本文件

D. 文件由数据流形式组成，可按数据的存放形式分为二进制文件和文本文件

2. 以下叙述中正确的是(　　)。

A. 打开一个已存在的文件并进行写操作后，原有文件中的全部数据必定被覆盖

B. 在一个程序中当对文件进行了写操作后，必须先关闭该文件然后再打开，才能读到第 1 个数据

C. C 语言中的文件是流式文件时，只能顺序存取数据

D. 当对文件的读操作完成之后，必须将它关闭，否则可能导致数据丢失

3. 函数 rewind(fp)的作用是(　　)。

A. 使 fp 指定的文件的位置指针重新定位到文件的开始位置

B. 使 fp 指定的文件的位置指针指向文件中所要求的特定位置

C. 使 fp 指定的文件的位置指针指向文件的末尾

D. 使 fp 指定的文件的位置指针自动移至下一个字符位置

4. 若执行 fopen 函数时发生错误，则函数的返回值是(　　)。

A. 地址值　　B. 0　　C. 1　　D. EOF

5. fputc 函数的第一个参数是(　　)。

A. 文件指针　　B. 要写入的字符　　C. 缓冲区　　D. 写入模式

6. 若要 fopen 函数打开一个新的二进制文件，该文件要既能读也能写，则文件方式字符串应是(　　)。

A. "ab+"　　B. "wb+"　　C. "rb+"　　D. "ab"

7. fgetc 函数的作用是从指定文件读入一个字符，该文件的打开方式必须是(　　)。

A. 只写　　B. 追加　　C. 读或读写　　D. 都不正确

8. 以下代码的输出是(　　)。

```
FILE * fp = fopen("test.txt", "w");
fputc('A', fp);
fclose(fp);
fp = fopen("test.txt", "r");
printf("% ld", ftell(fp));
```

A. 0　　B. 1　　C. 0　　D. EOF

9. 将文件指针从当前位置向后移动 5 字节的代码是(　　)。

A. fseek(fp, 5L, SEEK_SET)　　B. fseek(fp, 5L, SEEK_CUR)

C. fseek(fp, −5L, SEEK_CUR)　　D. fseek(fp, 5L, SEEK_END)

10. 以下代码的功能是(　　)。

```
while ((ch = fgetc(fp)) ! = EOF) {
    putchar(ch);
}
```

A. 逐字符读取并打印文件内容　　B. 读取整个文件到内存

C. 统计文件字符数　　D. 查找特定字符

三、填空题

1. 使用 fopen 以二进制写入模式打开文件的模式字符串是________。

2. 语句“rewind(fp);”的作用是________。

3. 以下程序打开文件 f. txt，并调用字符输出函数将 a 数组中的字符写入其中，横线处填写________。

```
# include< stdio.h>
int main()
{   _______ * fp;
        char a[5]= {'1', '2',, '3', '4', '5'}, i;
    fp= fopen("f.txt", "w");
    for(i= 0; i< 5; i+ + )     fputc(a[i], fp);
    fclose(fp);
    return 0;
}
```

4. 有文件指针 fp 且文件已正确打开，则读取文件直到末尾的循环条件是 while(____________){...}。

5. 检测文件操作是否出错的函数是________。

四、编程题

1. 编写一个程序，把从键盘输入的字符依次存放到文件中，用“#”作为结束输入的标志。

2. 将文件中的整数按从小到大的顺序进行排序，将结果追加到原文件后。

3. 定义一个结构体 Student(包含学号、姓名、成绩)，将用户输入的 3 名学生信息保存到二进制文件 students. dat 中。

4. 编写程序，将 data. txt 文件中的所有小写字母转换为大写字母，生成新文件 uppercase. txt。

5. 将一个大文件 large. dat 分割为多个小文件(如每份 1 MB)，并实现合并功能恢复原文件。

第十六章　综合案例

随着对C语言理解的深入，我们开始探索其在实际应用中的广阔天地。本章将通过多个综合案例，全面展示C语言在不同林业场景下的应用。从模拟森林生态系统的动态变化，到管理森林资源的详细信息，再到分析气象数据以预测森林火险，这些案例将帮助读者将理论知识转化为实际的编程能力。通过这些案例，读者不仅能够巩固之前学习到的语法和技巧，还能深入了解如何在真实世界的问题中运用C语言，为未来的职业发展或个人项目打下坚实的基础。

16.1　单文件案例

【例 16.1】　病虫害传播模拟器。

```
/* * * * * * * * * * * * * * * * * * * * * * * * * * * * * * * * * * * * * * *
 * 程序名:infection.c                     *
 * 模拟病虫害在森林网格中的传播过程        *
* * * * * * * * * * * * * * * * * * * * * * * * * * * * * * * * * * * * * * * /
# include < stdio.h>
# include < stdlib.h>
# include < time.h>

# define SIZE 5
# define INFECTION_RATE 0.3

void print_forest(char grid[SIZE][SIZE])
{
    int i, j;
    for(i= 0; i< SIZE; i+ + ) {
        for(j= 0; j< SIZE; j+ + ) {
            printf("% c ", grid[i][j]);
        }
        printf("\n");
    }
}

int main()
{
    char forest[SIZE][SIZE];
    int i, j, day;
    srand(time(NULL));
```

```
    // 初始化森林(H 健康,I 感染)
    for(i= 0; i< = SIZE- 1; i+ + )
        for(j= 0; j< = SIZE- 1; j+ + )
            forest[i][j] =  (rand()% 10 = =  0) ? 'I' : 'H';

    printf("初始状态:\n");
    print_forest(forest);

    // 模拟传播过程
    for(day= 1; day< = 3; day+ + ) {
        for(i= 0; i< = SIZE- 1; i+ + ) {
            for(j= 0; j< = SIZE- 1; j+ + ) {
                if(forest[i][j] = =  'I') {
                    // 感染相邻树木
                    if(j> 0 && (float)rand()/RAND_MAX <  INFECTION_RATE)
                        forest[i][j- 1] =  'I';
                    if(j< SIZE- 1 && (float)rand()/RAND_MAX <  INFECTION_RATE)
                        forest[i][j+ 1] =  'I';
                }
            }
        }
        printf("\n 第% d 天状态:\n", day);
        print_forest(forest);
    }
    return 0;
}
```

这段代码模拟了一个森林中树木感染传播的过程。它首先初始化一个 5×5 的森林网格,其中大部分树木是健康的(用“H”表示),有少量树木初始时就被感染(用“I”表示)。接着,代码模拟了三天的感染传播过程:每一天,感染的树木以一定概率(30%)将病菌传播给左右相邻的健康树木。每一天结束后,程序会输出当前森林的状态,展示哪些树木已经被感染。

在初始化森林的循环中,forest[i][j] = (rand()%10 == 0) ? 'I' : 'H'这行代码使用了随机数生成器。rand()%10 生成一个 0 到 9 的随机整数,如果这个数等于 0,则将该位置标记为感染('I'),否则标记为健康('H')。这使得初始森林中大约有 10% 的树木被随机感染。

在感染传播的循环中,(float)rand()/RAND_MAX < INFECTION_RATE 这行代码使用了随机数生成器。rand() 生成一个随机整数,RAND_MAX 是随机数生成器能产生的最大值,(float)rand()/RAND_MAX 将随机数归一化到 0 到 1 的范围。如果这个值小于感染率(INFECTION_RATE,即 0.3),则认为感染成功传播给相邻的树木。这模拟了病菌传播的随机性和概率性。

在代码中使用随机数用于引入不确定性和概率性,使得森林的初始感染状态和感染传播过程更加符合现实中的随机情况。程序的运行结果可能如下:

```
初始状态:
H H H H H
H H I H H
```

```
H H H H H
H H H H H
H H H H H
```

第 1 天状态：

```
H H H H H
H H I H H
H H H H H
H H H H H
H H H H H
```

第 2 天状态：

```
H H H H H
H I I H H
H H H H H
H H H H H
H H H H H
```

第 3 天状态：

```
H H H H H
H I I H H
H H H H H
H H H H H
H H H H H
```

【例 16.2】 山火蔓延模拟。

```
/****************************************
 * 程序名:fire.c                    *
 * 简单模拟山火在森林中的扩散过程   *
****************************************/
#include <stdio.h>
#include <unistd.h>                  // 用于 sleep 函数

#define SIZE 6

void print_map(char map[SIZE][SIZE])
{
    int i, j;
    for(i=0; i<=SIZE-1; i++) {
        for(j=0; j<=SIZE-1; j++) {
            printf("%c ", map[i][j]);
        }
        printf("\n");
    }
    printf("----------------------\n");
}

int main() {
    char forest[SIZE][SIZE] = {
        {'T','T','.','T','T','T'},
```

```
        {'T','T','T','.','T','T'},
        {'.','T','T','T','.','T'},
        {'T','T','.','T','T','T'},
        {'T','.','T','T','T','.'},
        {'T','T','T','.','T','T'}
    };
    int i, j, step;

    // 设置起火点
    forest[2][2] =  'F';

    for(step= 0; step< = 4; step+ + ) {
        printf("Step % d:\n", step+ 1);
        print_map(forest);

        // 火势蔓延逻辑
        for(i= 0; i< = SIZE- 1; i+ + ) {
            for(int j= 0; j< = SIZE- 1; j+ + ) {
                if(forest[i][j]= = 'F') {
                    // 向四个方向蔓延
                    if(i> 0 && forest[i- 1][j]= = 'T')
                        forest[i- 1][j]= 'F';
                    if(i< SIZE- 1 && forest[i+ 1][j]= = 'T')
                        forest[i+ 1][j]= 'F';
                    if(j> 0 && forest[i][j- 1]= = 'T')
                        forest[i][j- 1]= 'F';
                    if(j< SIZE- 1 && forest[i][j+ 1]= = 'T')
                        forest[i][j+ 1]= 'F';
                }
            }
        }
        sleep(1);                           // 每秒更新一次
    }
    return 0;
}
```

代码模拟了一个森林火灾的蔓延过程。它定义了一个 6×6 的森林网格，其中“T”代表树木，“.”代表障碍物，“F”代表火焰。初始时，森林中间的某个位置被设置为起火点。然后，代码通过循环模拟了 5 个时间步(step)的火势蔓延：在每一步中，火焰会向上下左右四个相邻的格子蔓延，如果相邻格子是树木(“T”)，则会被点燃变为火焰(“F”)。在每一步结束后，程序会输出当前森林的状态，展示火焰的蔓延情况。sleep(1)函数使得每一步的更新间隔为 1 s，以便观察火势的逐步蔓延。程序的运行结果如下：

```
Step 1:
T T . T T T
T T T . T T
. T F T . T
T T . T T T
T . T T T .
```

```
T T T . T T
- - - - - - - - - - - - - - - - - - - - - -
Step 2:
T T . T T T
T T F . T T
. F F F . F
T T . F F F
T . F F F .
T T T . F F
- - - - - - - - - - - - - - - - - - - - - -
Step 3:
T T . T T T
T F F . T F
. F F F . F
F F . F F F
T . F F F .
T F F . F F
- - - - - - - - - - - - - - - - - - - - - -
Step 4:
T F . T T F
F F F . F F
. F F F . F
F F . F F F
F . F F F .
F F F . F F
- - - - - - - - - - - - - - - - - - - - - -
Step 5:
F F . T F F
F F F . F F
. F F F . F
F F . F F F
F . F F F .
F F F . F F
- - - - - - - - - - - - - - - - - - - - - -
```

【例 16.3】 森林演替模拟器。

```
/* * * * * * * * * * * * * * * * * * * * * * * * * * * * * * * * * * * * * * *
 * 程序名:species.c                                *
 * 模拟不同树种在生态系统中的自然演替过程          *
* * * * * * * * * * * * * * * * * * * * * * * * * * * * * * * * * * * * * * * * /
# include < stdio.h>
# include < stdlib.h>
# include < time.h>

# define SIZE 10
# define YEARS 5

// 树种类型枚举
typedef enum {GRASS, PINE, OAK, BIRCH, BARE} Species;
```

```
const char* species_names[] = {"草甸", "松树", "橡树", "桦树", "裸地"};

void print_forest(Species forest[SIZE][SIZE]) {
    for(int i= 0; i< SIZE; i+ + ) {
        for(int j= 0; j< SIZE; j+ + ) {
            printf("% - 8s", species_names[forest[i][j]]);
        }
        printf("\n");
    }
}

void simulate_succession(Species forest[SIZE][SIZE]) {
    for(int i= 0; i< SIZE; i+ + ) {
        for(int j= 0; j< SIZE; j+ + ) {
            // 演替规则
            switch(forest[i][j]) {
                case BARE:
                    if(rand()% 100 <  70) forest[i][j] =  GRASS;
                    break;
                case GRASS:
                    if(rand()% 100 <  30) forest[i][j] =  PINE;
                    break;
                case PINE:
                    if(rand()% 100 <  20) forest[i][j] =  OAK;
                    break;
                case OAK:
                    if(rand()% 100 <  10) forest[i][j] =  BIRCH;
                    break;
                case BIRCH:
                    break;          // 最高演替阶段,无需变化
            }
        }
    }
}

int main() {
    srand(time(NULL));
    Species forest[SIZE][SIZE] =  {BARE};

    // 初始化裸地
    for(int i= 0; i< SIZE; i+ + )
        for(int j= 0; j< SIZE; j+ + )
            forest[i][j] =  (rand()% 5 = =  0) ? GRASS : BARE;

    for(int year= 1; year< = YEARS; year+ + ) {
        printf("\n第% d年演替结果:\n", year);
        simulate_succession(forest);
        print_forest(forest);
    }
    return 0;
}
```

代码模拟了一个森林的自然演替过程，使用一个 10×10 的二维数组表示森林的植被分布。程序定义了五种植被类型：草甸、松树、橡树、桦树和裸地，并通过随机概率规则模拟每年的植被演替。初始时，森林大部分为裸地，少量区域为草甸。每年根据当前植被类型和预设的概率更新植被状态，例如裸地有 70%的概率变为草甸，草甸有 30%的概率变为松树，依次类推。程序模拟 5 年演替过程，输出每年的植被分布状态，展示森林从裸地逐步演替到更复杂植被类型。程序的运行结果如下：

```
第 1 年演替结果：
草甸  草甸  草甸  草甸  草甸  草甸  草甸  裸地  草甸  裸地
草甸  草甸  草甸  草甸  裸地  草甸  草甸  裸地  裸地  裸地
裸地  草甸  草甸  裸地  草甸  草甸  草甸  草甸  草甸  草甸
裸地  草甸  草甸  草甸  草甸  草甸  松树  草甸  草甸  裸地
草甸  草甸  草甸  裸地  草甸  松树  裸地  松树  草甸  草甸
裸地  草甸  草甸  草甸  草甸  草甸  松树  松树  草甸  草甸
草甸  裸地  裸地  草甸  草甸  草甸  草甸  草甸  草甸  草甸
草甸  裸地  裸地  裸地  草甸  裸地  裸地  草甸  草甸  裸地
草甸  裸地  草甸  草甸  草甸  草甸  草甸  草甸  草甸  裸地
草甸  草甸  草甸  草甸  裸地  草甸  草甸  草甸  裸地  草甸

第 2 年演替结果：
草甸  草甸  草甸  草甸  草甸  草甸  松树  草甸  草甸  草甸
草甸  松树  草甸  草甸  草甸  草甸  草甸  草甸  草甸  裸地
裸地  松树  松树  草甸  草甸  草甸  松树  草甸  松树  松树
草甸  草甸  草甸  松树  草甸  草甸  松树  松树  松树  草甸
草甸  草甸  松树  草甸  草甸  松树  裸地  松树  草甸  松树
草甸  草甸  草甸  草甸  草甸  草甸  橡树  松树  草甸  松树
松树  草甸  裸地  草甸  草甸  松树  松树  松树  草甸  草甸
松树  裸地  草甸  草甸  草甸  草甸  草甸  松树  草甸  草甸
草甸  草甸  草甸  草甸  松树  草甸  草甸  草甸  草甸  草甸
草甸  草甸  草甸  草甸  草甸  松树  草甸  松树  草甸  松树

第 3 年演替结果：
松树  草甸  草甸  草甸  草甸  松树  松树  草甸  草甸  草甸
草甸  橡树  松树  草甸  草甸  松树  草甸  松树  草甸  裸地
裸地  松树  松树  松树  草甸  松树  松树  草甸  松树  橡树
草甸  草甸  草甸  松树  草甸  草甸  松树  松树  松树  草甸
松树  松树  橡树  草甸  草甸  松树  裸地  松树  草甸  松树
草甸  松树  草甸  草甸  草甸  草甸  橡树  橡树  松树  松树
松树  草甸  草甸  松树  草甸  松树  松树  松树  草甸  草甸
松树  草甸  草甸  草甸  草甸  草甸  草甸  松树  松树  草甸
草甸  草甸  草甸  松树  松树  松树  草甸  松树  草甸  草甸
草甸  草甸  草甸  草甸  松树  松树  草甸  松树  草甸  松树

第 4 年演替结果：
橡树  草甸  草甸  松树  草甸  松树  松树  松树  草甸  草甸
草甸  桦树  松树  松树  草甸  松树  草甸  松树  草甸  草甸
裸地  松树  松树  松树  松树  松树  橡树  松树  松树  橡树
草甸  松树  草甸  松树  松树  草甸  松树  橡树  松树  松树
松树  橡树  橡树  松树  草甸  松树  草甸  松树  草甸  松树
```

```
草甸   松树   草甸   松树   松树   草甸   桦树   橡树   橡树   松树
橡树   草甸   松树   橡树   松树   松树   松树   松树   松树   松树
橡树   草甸   草甸   草甸   草甸   草甸   草甸   橡树   松树   草甸
草甸   草甸   松树   松树   松树   松树   松树   松树   草甸   草甸
草甸   草甸   草甸   松树   松树   松树   草甸   松树   草甸   松树

第5年演替结果:
橡树   草甸   草甸   松树   松树   松树   松树   松树   草甸   草甸
草甸   桦树   松树   松树   松树   松树   草甸   松树   草甸   草甸
裸地   松树   松树   松树   松树   松树   橡树   松树   松树   橡树
草甸   松树   草甸   松树   松树   松树   松树   橡树   橡树   松树
松树   橡树   橡树   松树   草甸   松树   草甸   松树   草甸   橡树
草甸   松树   松树   橡树   橡树   草甸   桦树   橡树   橡树   松树
橡树   草甸   松树   橡树   橡树   橡树   橡树   松树   松树   橡树
橡树   草甸   松树   草甸   草甸   松树   草甸   橡树   橡树   草甸
松树   草甸   松树   松树   松树   松树   松树   松树   草甸   草甸
草甸   草甸   草甸   松树   松树   松树   松树   松树   松树   橡树
```

16.2 多文件项目

我们从最基础的单个".c"文件开始，编写和运行简单的程序来解决各种问题。然而，随着程序规模的扩大和复杂度的增加，单个文件的组织方式显得力不从心，代码的可读性、可维护性和可复用性都面临挑战。因此，接下来我们将进入多文件编程的阶段，学习如何将代码分散到多个".c"文件中，并通过一个".h"头文件来组织和管理这些文件之间的关系。这种模块化的方法不仅有助于更好地组织代码，提高开发效率，还能培养团队协作和大型项目开发所需的能力，为未来更复杂的编程任务打下坚实的基础。

【例 16.4】 森林资源管理系统。建立一个名为 forest_manager 的项目，用于实现森林地块信息的链表管理，包括添加地块、删除地块、统计地块总面积，包含 forest.h、forest.c 和 main.c 三个文件。

```
/*****************************************
 * 程序名:forest.h                       *
 * 用于定义结构体和声明函数              *
*****************************************/
#ifndef FOREST_H
#define FOREST_H

#define MAX_SPECIES_NAME 20

typedef struct ForestPlot {
    int id;
    float area;
    char dominant_species[MAX_SPECIES_NAME];
    int tree_count;
    struct ForestPlot * next;
} Plot;
```

```
// 创建新地块
Plot * create_plot(int id, float area, const char* species, int count);

// 链表操作
void add_plot(Plot * * head, Plot * newPlot);
void remove_plot(Plot * * head, int target_id);
void print_plots(Plot * head);
float calculate_total_area(Plot * head);
void free_list(Plot * head);

# endif

/* * * * * * * * * * * * * * * * * * * * * * * * * * * * * * * * * * * * * * *
 * 程序名:forest.c                    *
 * 用于实现链表操作                    *
* * * * * * * * * * * * * * * * * * * * * * * * * * * * * * * * * * * * * * * /
# include "forest.c"
# include < stdio.h>
# include < stdlib.h>
# include < string.h>

// 创建新地块
Plot * create_plot(int id, float area, const char * species, int count)
{
    Plot * new = (Plot* )malloc(sizeof(Plot));
    if (new = = NULL) {
        fprintf(stderr, "内存分配失败\n");
        exit(EXIT_FAILURE);
    }

    new- > id = id;
    new- > area = area;
    strncpy(new- > dominant_species, species, MAX_SPECIES_NAME- 1);
    new- > dominant_species[MAX_SPECIES_NAME- 1] = '\0';
    new- > tree_count = count;
    new- > next = NULL;
    return new;
}

// 添加地块到链表末尾
void add_plot(Plot * * head, Plot * newPlot) {
    if (* head = = NULL) {
        * head = newPlot;
    } else {
        Plot * current = * head;
        while (current- > next ! = NULL) {
            current = current- > next;
        }
        current- > next = newPlot;
    }
}
```

```
// 删除指定 ID 的地块
void remove_plot(Plot * * head, int target_id) {
    if (* head = = NULL) return;

    Plot  * current = * head, * prev = NULL;
    // 处理头结点
    if (current- > id = = target_id) {
        * head = current- > next;
        free(current);
        return;
    }

    // 遍历查找目标结点
    while (current ! = NULL && current- > id ! = target_id) {
        prev = current;
        current = current- > next;
    }

    if (current = = NULL) {
        printf("未找到 ID 为% d 的地块\n", target_id);
        return;
    }

    prev- > next = current- > next;
    free(current);
}

// 输出所有地块信息
void print_plots(Plot * head) {
    printf("\n% - 5s % - 8s % - 20s % - 10s\n",
           "ID", "面积", "优势树种", "树木数量");
    printf("- - - - - - - - - - - - - - - - - - - - - - - - - - - - - - - - - - - \n");

    Plot * current = head;
    while (current ! = NULL) {
        printf("% - 5d % - 8.2f % - 20s % - 10d\n",
               current- > id,
               current- > area,
               current- > dominant_species,
               current- > tree_count);
        current = current- > next;
    }
}

// 计算总面积
float calculate_total_area(Plot * head) {
    float total = 0.0f;
    Plot * current = head;
    while (current ! = NULL) {
        total + = current- > area;
        current = current- > next;
```

```
    }
    return total;
}

// 释放链表内存
void free_list(Plot * head) {
    Plot * tmp;
    while (head ! = NULL) {
        tmp = head;
        head = head- > next;
        free(tmp);
    }
}

/* * * * * * * * * * * * * * * * * * * * * * * * * * * * * * * * * * * * * * *
 * 程序名:main.c                        *
 * 用于输出用户界面                      *
* * * * * * * * * * * * * * * * * * * * * * * * * * * * * * * * * * * * * * * * /
# include "forest.h"
# include < stdio.h>
# include < stdlib.h>

void clear_input_buffer() {
    while (getchar() ! = '\n');
}

int main() {
    Plot * head = NULL;
    int choice, id, count, target_id;
    float area;
    char species[MAX_SPECIES_NAME];

    // 初始化示例数据
    add_plot(&head, create_plot(101, 12.5, "Pinus tabuliformis", 350));
    add_plot(&head, create_plot(102, 8.2, "Quercus", 200));

    do {
        printf("\n= = = =  森林资源管理系统 = = = = \n");
        printf("1. 显示所有地块\n");
        printf("2. 添加地块\n");
        printf("3. 删除地块\n");
        printf("4. 统计总面积\n");
        printf("0. 退出系统\n");
        printf("请输入选择: ");

        if (scanf("% d", &choice) ! = 1) {
            printf("输入无效,请重新输入\n");
            clear_input_buffer();
            continue;
        }
```

```
        switch (choice) {
            case 1:
                print_plots(head);
                break;

            case 2: {
                printf("输入地块 ID: ");
                scanf("% d", &id);
                printf("输入面积(公顷): ");
                scanf("% f", &area);
                printf("输入优势树种: ");
                clear_input_buffer();         //读取回车符
                gets(species);
                printf("输入树木数量: ");
                scanf("% d", &count);

                Plot* new = create_plot(id, area, species, count);
                add_plot(&head, new);
                printf("地块添加成功! \n");
                break;
            }

            case 3: {
                printf("输入要删除的地块 ID: ");
                scanf("% d", &target_id);
                remove_plot(&head, target_id);
                break;
            }

            case 4:
                printf("\n 总森林面积: % .2f 公顷\n", calculate_total_area(head));
                break;

            case 0:
                printf("系统退出中...\n");
                break;

            default:
                printf("无效选项,请重新输入\n");
        }

        clear_input_buffer();                 // 清除输入缓冲区
    } while (choice ! = 0);

    free_list(head);
    return 0;
}
```

这个项目实现了一个简单的森林资源管理系统,使用结构体和链表来管理森林地块信息。forest. h 头文件定义了 Plot 结构体,表示一个森林地块,包含地块 ID、面积、优势树种、树木数量等信息，以及对链表的操作函数声明。而 forest. c 文件则实现了这些函数，包括创建新地块、将地块添加到链表、从链表中删除地块、输出所有地块信息、计算总面积和释放链表内存。main. c 实现了用户界面，通过一个循环菜单允许用户添加、删除地块，显示所有地块信息以及统计总面积。整个系统使用链表来动态管理地块数据，提供了基本的创建、读取、更新、删除功能，适合用于小型森林资源的管理。

程序的运行结果如下：

```
==== 森林资源管理系统 ====
1. 显示所有地块
2. 添加地块
3. 删除地块
4. 统计总面积
0. 退出系统
请输入选择: 1 ↙

ID    面积     优势树种               树木数量
----------------------------------------------------
101   12.50   Pinus tabuliformis   350
102   8.20    Quercus              200

==== 森林资源管理系统 ====
1. 显示所有地块
2. 添加地块
3. 删除地块
4. 统计总面积
0. 退出系统
请输入选择: 2 ↙
输入地块 ID: 103 ↙
输入面积(公顷): 20.1 ↙
输入优势树种: Fagus sylvatica ↙
输入树木数量: 450 ↙
地块添加成功!

==== 森林资源管理系统 ====
1. 显示所有地块
2. 添加地块
3. 删除地块
4. 统计总面积
0. 退出系统
请输入选择: 1 ↙


ID    面积     优势树种               树木数量
----------------------------------------------------
101   12.50   Pinus tabuliformis   350
102   8.20    Quercus              200
103   20.10   Fagus sylvatica      450
```

```
==== 森林资源管理系统 ====
1. 显示所有地块
2. 添加地块
3. 删除地块
4. 统计总面积
0. 退出系统
请输入选择: 3 ↙
输入要删除的地块 ID: 102 ↙

==== 森林资源管理系统 ====
1. 显示所有地块
2. 添加地块
3. 删除地块
4. 统计总面积
0. 退出系统
请输入选择: 1 ↙

ID    面积    优势树种               树木数量
-----------------------------------------------
101   12.50   Pinus tabuliformis    350
103   20.10   Fagus sylvatica       450

==== 森林资源管理系统 ====
1. 显示所有地块
2. 添加地块
3. 删除地块
4. 统计总面积
0. 退出系统
请输入选择: 4 ↙

总森林面积: 32.60 公顷

==== 森林资源管理系统 ====
1. 显示所有地块
2. 添加地块
3. 删除地块
4. 统计总面积
0. 退出系统
请输入选择: 0 ↙
系统退出中...
```

除了在编译器中创建、编辑、运行项目之外，也可以在命令提示符中编译、运行项目文件。依次建立好 forest.h、forest.c 和 main.c 文件之后，在命令提示符中输入如下命令即可：

```
gcc -Wall -o forest_manager main.c forest.c
forest_manager
```

其中，第一条命令用于编译项目，如果没有错误，将生成一个名为 forest_manager.exe 的可执行文件，第二条命令用于运行该可执行文件。若使用的是类 Unix 操作系统，第二条命令需要修改为“./forest_manager”。

【例 16.5】 森林火险预测系统。建立一个名为 fire_risk 的项目，用于实现根据气象数据（气温、空气湿度、风速、连续干旱天数）预测火险等级，包含 risk_calc.h、risk_calc.c 和 main.c 三个文件。

```
/* * * * * * * * * * * * * * * * * * * * * * * * * * * * * * * * * * * * * * *
 * 程序名:risk_calc.h                    *
 * 用于定义计算公式                       *
* * * * * * * * * * * * * * * * * * * * * * * * * * * * * * * * * * * * * * * */
# ifndef RISK_CALC_H
# define RISK_CALC_H

// 气象数据结构体
typedef struct {
    float temperature;                  // 温度(摄氏度)
    float humidity;                     // 湿度(百分比)
    float wind_speed;                   // 风速(米/秒)
    int dry_days;                       // 连续干旱天数
} WeatherData;

// 火险等级枚举
typedef enum {
    LOW,                                // 低风险
    MODERATE,                           // 中度风险
    HIGH,                               // 高风险
    EXTREME                             // 极端风险
} FireRiskLevel;

// 核心计算函数
FireRiskLevel calculate_risk(const WeatherData * data);

// 获取风险描述
const char * get_risk_description(FireRiskLevel level);

// 获取风险颜色代码(ANSI)
const char * get_risk_color(FireRiskLevel level);

# endif

/* * * * * * * * * * * * * * * * * * * * * * * * * * * * * * * * * * * * * * *
 * 程序名:risk_calc.c                    *
 * 用于实现风险计算                       *
* * * * * * * * * * * * * * * * * * * * * * * * * * * * * * * * * * * * * * * */
# include "risk_calc.h"
# include < math.h>

// 火险计算公式(加权评分法)
FireRiskLevel calculate_risk(const WeatherData * data) {
```

```
    float temp_score, humidity_score, wind_score, dry_score;
    float total_score;

    // 参数校验
    if (data- > humidity <  0 || data- > humidity >  100 ||
        data- > temperature <  - 50 || data- > temperature >  50 ||
        data- > wind_speed <  0 || data- > dry_days <  0) {
        return LOW; // 无效数据返回最低风险
    }

    // 计算各项指标得分(经验公式)
    temp_score =  fmaxf(0, data- > temperature -  20) *  2;
    humidity_score =  (100 -  data- > humidity) *  0.8;
    wind_score = powf(data- > wind_speed, 1.5); ;
    dry_score= data- > dry_days* 1.5;

    // 综合得分计算
    total_score= temp_score* 0.4+ humidity_score* 0.3+ wind_score* 0.2+ dry_
score* 0.1;

    // 风险等级划分
    if (total_score > =  60) return EXTREME;
    if (total_score > =  45) return HIGH;
    if (total_score > =  30) return MODERATE;
    return LOW;
}

// 获取风险等级文字描述
const char * get_risk_description(FireRiskLevel level) {
    static const char * descriptions[ ] =  {
        "低风险:常规监测即可",
        "中度风险:加强巡逻频次",
        "高风险:启动应急准备",
        "极端风险:立即采取紧急措施"
    };
    return descriptions[level];
}

// 获取 ANSI 颜色代码
const char * get_risk_color(FireRiskLevel level) {
    static const char * colors[ ] =  {
        "\033[32m", // 绿色 -  低风险
        "\033[33m", // 黄色 -  中度
        "\033[31m", // 红色 -  高风险
        "\033[41m" // 红紫 -  极端
    };
    return colors[level];
}

    /* * * * * * * * * * * * * * * * * * * * * * * * * * * * * * * * * * * * * *
     *  程序名:main.c                    *
```

```
 * 用于采集数据与展示                    *
*************************************************/
# include "risk_calc.h"
# include < stdio.h>
# include < ctype.h>

// 清除输入缓冲区
void clear_input_buffer() {
    while (getchar() ! = '\n');
}

// 获取有效浮点数输入
float get_float_input(const char * prompt, float min, float max) {
    float value;
    while (1) {
        printf("% s [% .1f- % .1f]: ", prompt, min, max);
        if (scanf("% f", &value) = = 1 && value > = min && value < = max) {
            clear_input_buffer();
            return value;
        }
        printf("输入无效,请重新输入! \n");
        clear_input_buffer();
    }
}

// 获取有效整数输入
int get_int_input(const char * prompt, int min, int max) {
    int value;
    while (1) {
        printf("% s [% d- % d]: ", prompt, min, max);
        if (scanf("% d", &value) = = 1 && value > = min && value < = max) {
            clear_input_buffer();
            return value;
        }
        printf("输入无效,请重新输入! \n");
        clear_input_buffer();
    }
}

int main() {
    WeatherData data;
    FireRiskLevel risk;
    const char * color;

    printf("\n= = = = 森林火险预测系统 = = = = \n");

    data.temperature = get_float_input("请输入气温(℃)", - 40, 50);
    data.humidity = get_float_input("请输入空气湿度(% )", 0, 100);
    data.wind_speed = get_float_input("请输入风速(m/s)", 0, 30);
    data.dry_days = get_int_input("请输入连续干旱天数", 0, 90);
```

```
        risk = calculate_risk(&data);
        color = get_risk_color(risk);

        printf("\n%s风险评估结果:\033[0m\n", color);
        printf("==========================\n");
        printf("%s%s\033[0m\n", color, get_risk_description(risk));
        printf("==========================\n");

        printf("\n详细分析:\n");
        printf("--------------------------------\n");
        printf("气温:%.1f℃\n", data.temperature);
        printf("湿度:%.1f%%\n", data.humidity);
        printf("风速:%.1fm/s\n", data.wind_speed);
        printf("干旱天数:%d天\n", data.dry_days);

        return 0;
    }
```

项目实现了一个森林火险预测系统，通过气象数据计算森林火险等级。它定义了气象数据结构体 WeatherData，包括温度、湿度、风速和连续干旱天数，以及火险等级的枚举类型 FireRiskLevel。核心函数 calculate_risk 使用加权评分法综合各项气象指标计算火险等级，权重分别为温度 40%、湿度 30%、风速 20%、干旱天数 10%。根据综合得分划分为低、中、高、极端四个风险等级。辅助函数 get_risk_description 和 get_risk_color 分别返回对应风险等级的文字描述和 ANSI 颜色代码，用于直观展示风险信息。主程序通过用户输入气象数据，调用计算函数得到火险等级，并以不同颜色和描述输出结果，同时展示详细气象参数，帮助用户直观了解当前森林火险状况。

程序的运行结果如下：

```
==== 森林火险预测系统 ====
请输入气温(℃)[-40.0-50.0]: 32.5↙
请输入空气湿度(%)[0.0-100.0]: 25↙
请输入风速(m/s)[0.0-30.0]: 8.5↙
请输入连续干旱天数[0-90]: 15↙

风险评估结果:
==========================
中度风险:加强巡逻频次
==========================

详细分析:
--------------------------------
气温:32.5℃
湿度:25.0%
风速:8.5m/s
干旱天数:15天
```

附　　录

附录一　运算符及其优先级顺序表

C 运算符的运算优先级共分为 15 级，1 级最高，15 级最低。

优先级别	运算符	含义	操作数个数	结合方向
1	()	圆括号	1(单目运算符)	自左向右
	[]	下标运算符	2(双目运算符)	
	->	箭头运算符		
	.	圆点运算符		
2	!	逻辑非运算符	1(单目运算符)	自右向左
	~	按位取反运算符		
	++	自增运算符		
	--	自减运算符		
	-	负号运算符		
	(类型)	强制类型转换运算符		
	*	指针间接引用运算符		
	&	取地址运算符		
	sizeof	取占内存大小运算符		
3	*	乘法运算符	2(双目运算符)	自左向右
	/	除法运算符		
	%	取余运算符		
4	+	加法运算符	2(双目运算符)	自左向右
	-	减法运算符		
5	<<	左移运算符	2(双目运算符)	自左向右
	>>	右移运算符		

续表

优先级别	运算符	含义	操作数个数	结合方向
6	<	小于运算符	2(双目运算符)	自左向右
	<=	小于等于运算符		
	>	大于运算符		
	>=	大于等于运算符		
7	==	相等运算符	2(双目运算符)	自左向右
	!=	不等运算符		
8	&	按位与运算符	2(双目运算符)	自左向右
9	^	按位异或运算符	2(双目运算符)	自左向右
10			按位或运算符	2(双目运算符)	自左向右
11	&&	逻辑与运算符	2(双目运算符)	自左向右
12	||	逻辑或运算符	2(双目运算符)	自左向右
13	?:	条件运算符	2(三目运算符)	自右向左
14	=	赋值运算符	(双目运算符)	自右向左
	+=、-=、*=、/=、%=、>>=、<<=、&=、^=、|=、	复合赋值运算符		
15	,	逗号运算符(顺序求值运算符)	2(双目运算符)	自左向右

附录二　标准 ASCII 码表

ASCII 值	字符	ASCII 值	字符	ASCII 值	字符	ASCII 值	字符
0	NUL	32	space	64	@	96	`
1	SOH	33	!	65	A	97	a
2	STX	34	"	66	B	98	b
3	ETX	35	#	67	C	99	c
4	EOT	36	$	68	D	100	d
5	ENQ	37	%	69	E	101	e
6	ACK	38	&	70	F	102	f
7	BEL	39	'	71	G	103	g
8	BS	40	(	72	H	104	h
9	HT	41	)	73	I	105	i
10	IF	42	*	74	J	106	j
11	VT	43	+	75	K	107	k
12	FF	44	,	76	L	108	l
13	CR	45	—	77	M	109	m
14	SO	46	.	78	N	110	n
15	SI	47	/	79	O	111	o
16	DLE	48	0	80	P	112	p
17	DCl	49	1	81	Q	113	q
18	DC2	50	2	82	R	114	r
19	DC3	51	3	83	S	115	s
20	DC4	52	4	84	T	116	t
21	NAK	53	5	85	U	117	u
22	SYN	54	6	86	V	118	v
23	ETB	55	7	87	W	119	w
24	CAN	56	8	88	X	120	x
25	EM	57	9	89	Y	121	y

续表

ASCII 值	字符	ASCII 值	字符	ASCII 值	字符	ASCII 值	字符
26	SUB	58	：	90	Z	122	z
27	ESC	59	；	91	[	123	{
28	FS	60	＜	92	\	124	|
29	GS	61	＝	93	]	125	}
30	RS	62	＞	94	^	126	～
31	US	63	？	95	—	127	del

附录三　C 语言常用库函数一览表

1. 输入输出函数

使用输入输出函数时要在源程序文件中加预处理命令：

```
# include < stdio.h> 或# include "stdio.h"
```

函数名称	函数与形参类型	函数功能	返回值
clearerr	void clearerr(fp) file *fp;	清除文件指针错误	无
close	int close(fp) int fp;	关闭文件(非 ANSI 标准)	关闭成功返回 0，不成功返回－1
creat	int creat(filename，mode) char *filename; int mode;	以 mode 所指定的方式建立文件(非 ANSI 标准)	成功则返回正数，否则返回－1
eof	int eof(fd) int fd;	判断文件是否结束(非 ANSI 标准)	遇文件结束返回 1，否则返回 0
fclose	int fclose(fp) FILE *fp;	关闭 fp 所指的文件，释放文件缓冲区	关闭成功返回 0，否则返回非 0
feof	int feof(fp) FILE *fp;	检查文件是否结束	遇文件结束返回非 0，否则返回 0
ferror	int ferror(fp) FILE *fp;	测试 fp 所指的文件是否有错误	无错误返回 0，否则返回非 0
fflush	int fflush(fp) FILE *fp;	将 fp 所指的文件的控制信息和数据存盘	存盘正确返回 0，否则返回非 0
fgetc	int fgetc(fp) FILE *fp;	从 fp 指向的文件中取得下一个字符	返回得到的字符，若出错返回 EOF
fgets	char *fgets(buf，n，fp) char *buf;int n; FILE *fp;	从 fp 指向的文件读取一个长度为(n－1)的字符串，存入起始地址为 buf 空间	返回地址 buf，若遇文件结束或出错，则返回 NULL
fopen	FILE * fopen(filename，mode) char *filename，*mode;	以 mode 指定的方式打开名为 filename 的文件	成功则返回一个文件指针，否则返回 0

续表

函数名称	函数与形参类型	函数功能	返回值
fprintf	int fprintf(fp,format,args,…) FILE *fp; char *format;	把 args 的值以 format 指定的格式输出到 fp 所指定的文件中	实际输出的字符数
fputc	int fputc(ch,fp) char ch; FILE *fp;	将字符 ch 输出到 fp 指向的文件中	成功则返回该字符,否则返回 EOF
fputs	int fputs(str,fp) char *str; FILE *fp;	将 str 所指定的字符串输出到 fp 指定的文件中	成功返回 0,出错返回 EOF
fread	int fread(pt,size,n,fp) char *pt; unsigned size; unsigned n; FILE *fp;	从 fp 所指定的文件中读取长度为 size 的 n 个数据项,存到 pt 所指向的内存区	返回所读的数据项个数,如遇文件结束或出错返回 0
fscanf	int fscanf (fp,format,args,…) FILE *fp; char format;	从 fp 指定的文件中按 format 给定的格式将读入的数据送到 args 所指向的内存单元中(args 是指针)	已输入的数据个数
fseek	int fseek(fp,offset,base) FILE *fp; long offset; int base;	将 fp 所指向的文件的位置指针移到 base 所指出的位置为基准,以 offset 为位移量的位置	返回当前位置,否则返回返回−1
ftell	long ftell(fp) FILE *fp;	返回 fp 所指向的文件中的读写位置	返回文件中的读写位置,否则返回−1
fwrite	int fwrite(ptr,size,n,fp) char *ptr; FILE *fp; unsigned size,n;	把 ptr 所指向的 n *size 个字节输出到 fp 所指向的文件中	写到 fp 文件中的数据项的个数
getc	int getc(fp) FILE *fp	从 fp 指向的文件中读入下一个字符	返回读入的字符,若文件结束或出错则返回 EOF
getchar	int getchar()	从标准输入设备读取下一个字符	返回读入的字符,若文件结束或出错则返回−1
gets	char *gets(str) char *str;	从标准输入设备读取字符串存入 str 指向的数组	成功返回指针 str,否则返回 NULL

续表

函数名称	函数与形参类型	函数功能	返回值
open	int open(filename,mode) char *filename; int mode;	以 mode 指定的方式打开已存在的名为 filename 的文件(非 ANSI 标准)	返回文件号(正数);若文件打开失败,返回－1
printf	int printf(format,args,…) char *format;	在 format 指定的字符串的控制下,将输出列表 args 的值输出到标准输出设备	输出字符的个数,若出错则返回负数
putc	int putc(ch,fp) int ch; FILE *fp;	把一个字符 ch 输出到 fp 所指的文件中	输出字符 ch,若出错则返回 EOF
putchar	int putchar(ch) char ch;	把字符 ch 输出到标准的输出设备	输出字符 ch,若出错则返回 EOF
puts	int puts(str) char *str;	把 str 指向的字符串输出到标准输出设备,将'\0'转换为回车换行	返回换行符,若失败则返回 EOF
putw	int putw(w,fp) int w; FILE *fp;	将一个整数 w(即一个字)写到 fp 所指的文件中(非 ANSI 标准)	返回输出的整数,若出错则返回 EOF
read	int read(fd,buf,count) int fd; char *buf; unsigned int count;	从文件号 fd 所指示的文件中读 count 个字节到 buf 指示的缓冲区中(非 ANSI 标准)	返回真读入的字节个数,如遇文件结束返回 0,出错返回－1
remove	int remove(fname) char *fname;	删除以 fname 为文件名的文件	成功返回 0,出错返回－1
rename	int rename (oname,nname) char *oname, *nname;	把 oname 所指的文件名改为由 nname 所指的文件名	成功返回 0,出错返回－1
rewind	void rewind(fp) FILE *fp;	将 fp 指向文件指针置于文件头,并清除文件结束标志和错误标志	成功返回 0,出错无返回值
scanf	int scanf(format, args, …) char *format;	从标准输入设备按 format 指示的格式字符串规定的格式,输入数据给 args 所指向的单元。args 为指针	读入并赋给 args 的数据个数,遇文件结束返回 EOF,出错返回 0

续表

函数名称	函数与形参类型	函数功能	返回值
write	int write(fd,buf,count) int fd; char *buf; unsigned count;	从 buf 指示的缓冲区输出 count 个字符到 fp 所指的文件中(非 ANSI 标准)	返回实际输出的字节数，如出错返回－1

2. 数学函数

使用数学函数时要在源程序文件中加预处理命令：

```
# include < math.h> 或# include"math.h"
```

函数名称	函数与形参类型	函数功能	返回值
acos	double acos(x) double x;	计算 $\cos^{-1}(x)$的值 －1<=x<=1	计算结果
asin	double asin(x) double x;	计算 $\sin^{-1}(x)$的值 －1<=x<=1	计算结果
atan	double atan(x) double x;	计算 $\tan^{-1}(x)$的值	计算结果
atan2	double atan2(x,y) double x;	计算 $\tan^{-1}(x/y)$的值	计算结果
cos	double cos(x) double x;	计算 cos(x)的值，x 的单位为弧度	计算结果
cosh	double cosh(x) double x;	计算 x 的双曲余弦函数 cosh(x)的值	计算结果
exp	double exp(x) double x;	求 e^x 的值	计算结果
fabs	double fabs(x) double x;	求 x 的绝对值	计算结果
floor	double floor(x) double x;	求不大于 x 的最大整数	该整数的双精度实数
fmod	double fmod(x,y) double x,y;	求整除 x/y 的余数	返回余数的双精度实数
frexp	double frexp(val,eptr) double val; int *eptr	把双精度数 val 分解为数字部分(尾数)和以 2 为底的指数 n，即 $val = x * 2^n$，n 存放在 eptr 指向的变量中	返回数字部分 x 0.5<=x<1

续表

函数名称	函数与形参类型	函数功能	返回值
log	double log(x) double x;	求 $\log_e x$ 即 ln x	计算结果
log10	double log10(x) double x;	求 $\log_{10} x$	计算结果
modf	double modf(val,iptr) double val; double *iptr	把双精度数 val 分解为整数部分和小数部分，把整数部分存到 iptr 指向的单元	val 的小数部分
pow	double pow (x,y) double x,y	计算 x^y 的值	计算结果
sin	double sin(x) double x;	计算 sin(x)的值，x 的单位为弧度	计算结果
sinh	double sinh(x) double x;	计算 x 的双曲正弦函数 sinh(x)的值	计算结果
sqrt	double sqrt(x) double x;	计算$\sqrt{x}$(x>=0)	计算结果
tan	double tan(x) double x;	计算 tan(x)的值，x 的单位为弧度	计算结果
tanh	double tanh(x) double x;	计算 x 的双曲正切函数 tanh(x)的值	计算结果

3. 字符串函数

使用字符串函数时要在源程序文件中加预处理命令：

```
# include < string.h> 或# include "string.h"
```

函数名称	函数与形参类型	函数功能	返回值
memchr	void memchr (buf, ch, count) void *buf;char ch; unsigned int count;	在 buf 的前 count 个字符里搜索字符 ch 首次出现的位置	返回指向 buf 中 ch 第一次出现的位置的指针，若没有找到 ch 则返回 NULL
memcmp	int memcmp (buf1, buf2, count) void *buf1, *buf2; unsigned int count;	按字典顺序比较由 buf1 和 buf2 所指向数组的前 count 个字符	buf1<buf2,返回负数； buf1=buf2,返回 0； buf1>buf2,返回正数

续表

函数名称	函数与形参类型	函数功能	返回值
memcpy	void * memcpy(to, from, count) void *to, *from; unsigned int count;	将 from 所指向数组中的前 count 个字符拷贝到 to 所指向的数组中，from 和 to 所指向的数组不允许重叠	返回指向 to 的指针
memmove	void *memmove(to, from, count) void *to, *from; unsigned int count;	将 from 所指向数组中的前 count 个字符拷贝到 to 所指向的数组中，from 和 to 所指向的数组可以重叠	返回指向 to 的指针
memset	void * memset(buf, ch, count) void *buf;char ch; unsigned int count;	将字符 ch 拷贝到 buf 所指向的数组的前 count 个字符中	返回 buf
strcat	char *strcat(str1,str2) char *str1, *str2;	把字符串 str2 接到 str1 后面，取消原来 str1 最后面的字符串结束标志符'\0'	返回 str1
strchr	char *strchr(str,ch) char *str; int ch;	找出 str 指向的字符串中第一次出现字符 ch 的位置	返回指向该位置的指针，若找不到，则应返回 NULL
strcmp	int strcmp(str1,str2) char *str1, *str2;	比较字符串 str1 和 str2	str1<str2，返回负数； str1=str2，返回 0； str1>str2，返回正数
strcpy	char *strcpy(str1,str2) char *str1, *str2;	把 str2 指向的字符串拷贝到 str1 中去	返回 str1
strlen	unsigned int strlen(str) char *str;	统计字符串 str 中字符的个数(不包括字符串结束标志符'\0')	返回字符个数
strncat	char *strncat(str1,str2,count) char *str1, *str2; unsigned int count;	把字符串 str2 所指向的字符串中最多 count 个字符接到字符串 str1 后面，并以 NULL 结尾	返回 str1
strncmp	int strncmp(str1, str2, count) char *str1, *str2; unsigned int count;	比较字符串 str1 和 str2 中最多前 count 个字符	str1<str2，返回负数； str1=str2，返回 0； str1>str2，返回正数

续表

函数名称	函数与形参类型	函数功能	返回值
strncpy	char *strncpy(str1,str2,count) char *str1, *str2; unsigned int count;	把 str2 所指向的字符串中最多前 count 个字符拷贝到字符串 str1 中去	返回 str1
strnset	char *strnset(buf,ch,count) char *buf;char ch; unsigned int count;	将字符 ch 拷贝到 buf 所指向的数组的前 count 个字符中	返回 buf
strset	char *strset(buf,ch) char *buf;char ch;	将 buf 所指向的字符串中的全部字符都变为 ch	返回 buf
strstr	char *strstr(str1,str2) char *str1, *str2;	寻找 str2 指向的字符串在 str1 指向的字符串中首次出现的位置	返回 str2 指向的字符串首次出现的地址,否则返回 NULL

4. 字符函数

使用字符函数时要在源程序文件中加预处理命令：

```
# include < ctype.h> 或# include "ctype.h"
```

函数名称	函数与形参类型	函数功能	返回值
isalnum	int isalnum(ch) int ch;	检查 ch 是否是字母或数字	是字母或数字返回 1,否则返回 0
isalpha	int isalpha(ch) int ch;	检查 ch 是否是字母	是字母返回 1,否则返回 0
iscntrl	int iscntrl(ch) int ch;	检查 ch 是否是控制字符(其 ASCII 码值在 0x00 和 0xlF 之间或等于 0x7F(DEL)时)	是控制字符返回非零值,否则返回 0
isdigit	int isdigit(ch) int ch;	检查 ch 是否是数字(0～9)	是数字返回 1,否则返回 0
isgraph	int isgraph(ch) int ch;	检查 ch 是否是可打印字符(其 ASII 码在 0x21 到 0x7E 之间),不包括空格	是可打印字符返回 1,否则返回 0
islower	int islower(ch) int ch;	检查 ch 是否是小写字母(a～z)	是小写字母返回 1,否则返回 0
isprint	int isprint(ch) int ch;	检查 ch 是否是可打印字符(包括空格),其 ASCII 码值在 0x21 到 0x7E 之间	是可打印字符返回 1,否则返回 0

续表

函数名称	函数与形参类型	函数功能	返回值
isspace	int isspace(ch) int ch;	检查 ch 是否是空格、跳格符(制表符)或换行符	是则返回 1,否则返回 0
isupper	int isupper(ch) int ch;	检查 ch 是否是大写字母(A～Z)	是大写字母返回 1,否则返回 0
isxdigit	int isxdigit(ch) int ch;	检查 ch 是否是一个十六进制数字(即 0～9,或 A～F,a～f)	是则返回 1,否则返回 0
tolower	int tolower(ch) int ch;	将 ch 字符转换为小写字母	返回 ch 对应的小写字母
toupper	int toupper(ch) int ch;	将 ch 字符转换为大写字母	返回 ch 对应的大写字母

5. 动态存储分配函数

函数名称	函数与形参类型	函数功能	返回值
calloc	void *calloc(n,size) unsigned n; unsigned size;	分配 n 个数据项的内存连续空间,每个数据项的大小为 size	分配内存单元的起始地址,若不成功则返回 0
free	void free(p) void *p;	释放 p 所指的内存区	无
malloc	void *malloc(size) unsigned size;	分配 size 字节的内存区	所分配的内存区地址,如内存不够则返回 0
realloc	void *realloc(p,size) void *p; unsigned size;	将 p 所指的已分配内存区的大小改为 size,size 可以比原来分配的空间大或小	返回指向该内存区的指针,若重新分配失败则返回 NULL

6. 其他函数

有些函数由于不便归入某一类,所以单独列出。使用这些函数时要在源程序文件中加预处理命令:

```
# include < stdlib.h> 或# include  "stdlib.h"
```

函数名称	函数与形参类型	函数功能	返回值
abs	int abs(num) int num;	计算整数 num 的绝对值	返回计算结果
atof	double atof(str) char *str;	将 str 所指向的字符串转换为一个 double 型的值	返回双精度计算结果

续表

函数名称	函数与形参类型	函数功能	返回值
atoi	int atoi(str) char *str;	将 str 所指向的字符串转换为一个 int 型的值	返回转换结果
atol	long atol(str) char *str;	将 str 所指向的字符串转换为一个 long 型的值	返回转换结果
exit	void exit(status) int status;	终止程序运行，将 status 的值返回调用的进程	无
itoa	char *itoa(n,str,radix) int n,radix; char *str;	将整数 n 的值按照 radix 进制转换为等价的字符串，并将结果存入 str 指向的字符串中	返回一个指向 str 的指针
labs	long labs(num) long num;	计算长整数 num 的绝对值	返回计算结果
ltoa	char * ltoa(n,str,radix) long int n; int radix; char *str;	将长整数 n 的值按照 radix 进制转换为等价的字符串，并将结果存入 str 指向的字符串中	返回一个指向 str 的指针
rand	int rand()	产生 0 到 RAND_MAX 之间的伪随机数。RAND_MAX 在头文件中定义	返回一个伪随机(整)数
random	int random(num) int num;	产生 0 到 num 之间的随机数	返回一个随机(整)数
randomize	void randomize()	初始化随机函数。使用时要求包含头文件 time. h	无
system	int system(str) char *str;	将 str 所指向的字符串作为命令传递给 DOS 的命令处理器	返回所执行命令的退出状态
strtod	double strtod(start,end) char *start; char * *end;	将 start 所指向的数字字符串转换成 double 型的值，直到出现不能转换为浮点数的字符为止，剩余的字符串赋给指针 end(HUGE_VAL 包含在头文件 math. h 中，是数学函数溢出标志值)	返回转换结果。若未转换，则返回 0；若转换出错，返回 HUGE_VAL 表示上溢，或返回 -HUGE_VAL 表示下溢

续表

函数名称	函数与形参类型	函数功能	返回值
strtol	long int strtol(start,end,radix) char *start; char **end; int radix;	将 start 所指向的数字字符串转换成 long 型的值,直到出现不能转换为长整型数的字符为止,剩余的字符串赋给指针 end。转换时,数字的进制由 radix 确定(LONG_MAX、LONG_MIN 是在头文件 limits.h 中定义的 long 型可表示的最大值和最小值)	返回转换结果。若未转换,则返回 0;若转换出错,返回 LONG_MAX 表示上溢,或返回 LONG_MIN 表示下溢

参考文献

[1] 沈丽容，章春芳. C程序设计教程[M]. 南京：东南大学出版社，2015.

[2] 张黎宁，沈丽容. C程序设计案例教程[M]. 北京：高等教育出版社，2015.

[3] King K N. C语言程序设计现代方法[M]. 吕秀峰，黄倩，译. 2版. 北京：人民邮电出版社，2021.

[4] Brian W. Kernighan，Dennis M. Ritchie. C程序设计语言：典藏版[M]. 徐宝文，李志，译. 2版. 北京：机械工业出版社，2019.

[5] Stephen P. C Primer Plus（第6版）：中文版[M]. 姜佑，译. 北京：人民邮电出版社，2020.

[6] Eric S. Roberts. C语言的科学和艺术[M]. 翁惠玉，张冬茉，杨鑫，等译. 北京：机械工业出版社，2005.